高等学校教学用书

无机化学学习指导

周祖新 主编
郭晓明 康诗钊 王爱民 编

化学工业出版社
·北京·

本书是与无机化学教学同步配合的学习指导书，共分为八章，内容包括化学热力学基础、化学反应速率和化学平衡、酸碱平衡和沉淀溶解平衡、氧化还原反应——电化学基础、物质结构基础、配位化合物、主族元素、副族元素等。每章均设有中学化学知识链接、基本要求、知识要点、习题、答案及解析等。

本书有判断题、选择题、填充题、问答题、推断题、计算题、制备题等，题型新颖，知识点覆盖全面。

本书可作为一般理工科大学化学、化工、生物、材料和医药等专业学生学习无机化学的辅助教材和教师教学参考书，也可供考研应试者或相关行业技术人员阅读。

图书在版编目（CIP）数据

无机化学学习指导/周祖新主编. —北京：化学工业出版社，2009.8（2019.11 重印）

高等学校教学用书

ISBN 978-7-122-05855-3

Ⅰ. 无…　Ⅱ. 周…　Ⅲ. 无机化学-高等学校-教学参考资料　Ⅳ. O61

中国版本图书馆 CIP 数据核字（2009）第 088557 号

责任编辑：刘俊之　　文字编辑：向　东

责任校对：凌亚男　　装帧设计：刘丽华

出版发行：化学工业出版社（北京市东城区青年湖南街 13 号　邮政编码 100011）

印　　装：北京虎彩文化传播有限公司

787mm×1092mm　1/16　印张 11¼　字数 280 千字　2019 年11月北京第 1 版第 5 次印刷

购书咨询：010-64518888　　售后服务：010-64518899

网　　址：http://www.cip.com.cn

凡购买本书，如有缺损质量问题，本社销售中心负责调换。

定　　价：25.00 元

前　言

无机化学是化学、化工、生物、材料、医学及其它专业大学生的一门必修基础课，它对培养相关专业人才的综合能力和构筑其整体知识结构具有重要的作用。

无机化学作为研究物质的组成、性质、结构和反应的科学内容较为庞杂，在有限的时间内（一般为50～80学时）要较好地掌握这些知识有一些难度。随着近年来高校招生规模的不断扩大，学生总体水平已不同于以往；另外，随着大学新校区的建设，大学新生大部分被安排在郊区的新校区，找老师辅导咨询问题比较困难。为了使学生能深入浅出地学好无机化学，更准确、牢固地理解和掌握无机化学课程的基础知识和重点内容，培养正确的思维方法，有效地提高学生的学习水平、应试能力和知识应用能力，我们特编写了这本学习指导书。

为了适应不同层次学生的要求，我们编写本书的指导思想是起点低、习题有一定梯度、涉及一些实际应用。每章首先有简述中学应掌握知识的“中学链接”，然后是本章的基本要求、基本内容，并对重点做进一步说明；习题及解析中对每道题都有解题思路或解题技巧部分，使学生在解题中能做到触类旁通、举一反三；为了适应培养应用型人才的要求，在应用举例中，阐述了一些基本原理在生产、生活中的应用。

本书可作为一般理工科大学化学、化工、生物、材料和医药等专业学生学习无机化学的辅助教材和教师教学参考书，也可供考研应试者或相关行业技术人员阅读。

由于编者水平有限，加之时间仓促，肯定存在不当之处，敬请读者批评指正。

编　者

2009年4月

目录

第一章　化学热力学基础 …… 1
中学链接 …… 1
基本要求 …… 1
知识要点 …… 1
一、热力学第一定律 …… 1
二、焓与焓变 …… 2
三、热化学方程式 …… 2
四、盖斯定律 …… 3
五、标准摩尔生成焓和标准摩尔焓变 …… 3
六、熵 …… 4
七、吉布斯自由能变 …… 4
习题 …… 6
答案与解析 …… 10

第二章　化学反应速率和化学平衡 …… 18
中学链接 …… 18
基本要求 …… 18
知识要点 …… 19
一、化学反应速率 …… 19
二、化学平衡 …… 20
习题 …… 21
答案与解析 …… 28

第三章　酸碱平衡和沉淀溶解平衡 …… 42
中学链接 …… 42
一、电解质 …… 42
二、水的电离和溶液的 pH 值 …… 42
三、盐类水解 …… 43
基本要求 …… 43
知识要点 …… 43
一、酸碱质子理论 …… 43
二、弱酸、弱碱的解离平衡计算 …… 44
三、同离子效应、缓冲溶液和盐效应 …… 45
四、沉淀-溶解平衡 …… 45
习题 …… 46
答案与解析 …… 52

第四章　氧化还原反应——电化学基础 …… 69
中学链接 …… 69
基本要求 …… 69
知识要点 …… 70
一、氧化还原基本概念 …… 70
二、氧化还原方程式的配平 …… 70
三、原电池 …… 70
四、电极电势 …… 71
五、能斯特方程 …… 71
六、电极电势的应用 …… 71
七、元素电势图 …… 72
习题 …… 72
答案与解析 …… 77

第五章　物质结构基础 …… 93
中学链接 …… 93
基本要求 …… 94
知识要点 …… 94
一、原子结构 …… 94
二、原子的电子层结构和元素周期律 …… 95
三、分子结构基础 …… 96
四、晶体结构 …… 98
习题 …… 98
答案与解析 …… 104

第六章　配位化合物 …… 115
中学链接 …… 115
基本要求 …… 115
知识要点 …… 115
一、配合物的基本概念、组成和命名 …… 115
二、配合物的价键理论 …… 115
三、内轨型与外轨型 …… 116
四、配合物的配位平衡 …… 116
五、配位平衡与其它平衡的关系 …… 116
习题 …… 116
答案与解析 …… 121

第七章　元素化学（1）主族元素 …… 133
中学链接 …… 133
一、金属元素 …… 133
二、非金属元素 …… 134

基本要求……………………………………………… 136
知识要点……………………………………………… 136
一、卤素…………………………………………… 136
二、氧族元素……………………………………… 137
三、氮族元素……………………………………… 138
四、硼、碳、锡、铅及其化合物………… 138
习题…………………………………………………… 139
答案与解析………………………………………… 144

第八章 元素化学（2）副族元素 ……… 155
中学链接…………………………………………… 155
基本要求…………………………………………… 155
知识要点…………………………………………… 156
一、过渡元素通性……………………………… 156
二、铬、锰………………………………………… 156
三、铁系元素……………………………………… 157
四、铜、锌、汞…………………………………… 157
习题…………………………………………………… 158
答案与解析………………………………………… 163

参考文献 ……………………………………………… 171

第一章　化学热力学基础

中 学 链 接

1. 反应热

在化学反应过程中，放出或吸收的热量都属于反应热。反应热通常是以一定状态（固、液或气）、一定量物质（以摩尔为单位）在反应中放出或吸收的热量来衡量。如：

$$2KClO_3(\text{固}) \longrightarrow 2KCl(\text{固}) + 3O_2(\text{气}) + Q$$

反应热跟反应物、生成物的聚集状态有关。如：

$$H_2(\text{气}) + \frac{1}{2}O_2(\text{气}) \longrightarrow H_2O(\text{气}) + Q \quad Q = 241.82\text{kJ}$$

$$H_2O(\text{液}) \longrightarrow H_2(\text{气}) + \frac{1}{2}O_2(\text{气}) - Q \quad Q = 285.83\text{kJ}$$

2. 能量守恒定律（中学物理）

能量既不能凭空产生，也不会凭空消失，只能从一个物体转移到另一物体，或从一种形式转变为另一种形式，而能量总值不变。

基 本 要 求

1. 基本概念

体系和环境、组分与相、状态和状态函数、热力学能（内能）和热力学能变、焓和焓变、熵和熵变、吉布斯自由能变。

2. 热力学第一定律的应用

包括体系的热力学能变、化学反应热效应、热化学方程式、盖斯定律、标准生成焓。

3. 吉布斯自由能变判断反应方向

包括过程进行的方式、温度对反应方向的影响等。

知 识 要 点

一、热力学第一定律

文字表述：系统的热力学能变化等于系统从环境吸收的热量加上环境对系统所做的功。

数学表达式：
$$\Delta U = \pm Q \pm W$$

热力学能（又称内能）是系统所含有能量的总和，由于物质内部的结构至今未研究穷尽，故热力学能的绝对值现无法确知，但其变化值是其与环境的能量交换值。热和功是系统和环境之间能量传递的两种形式，能量传递具有方向性，如热是高温物体把能量传递给低温物体，体积功是高压物体把能量传给低压物体。在判断 Q 和 W 前的正负号时的原则是：以体系为中心，体系得到为正，体系失去为负。热和功都不是状态函数。功有多种形式，但在化学变化过程中，常见的是由于体积变化所做的体积功。

二、焓与焓变

物质发生化学变化时，常常伴有热量的放出或吸收。化学热力学中，常把反应物和生成物的温度相同，且反应过程中系统只做体积功时所吸收或放出的热量称为化学反应热。由于工程技术上碰到的大部分化学反应通常是在定容或定压条件下进行，下面就从热力学第一定律来分析定容反应热和定压反应热的特点。

1. 定容反应热

系统变化时体积不变且不做非体积功时，

$$W=-p\Delta V=0 \quad \Delta U=Q+W=Q_V$$

在不做非体积功的条件下，定容反应的热效应在数值上等于系统热力学能的变化。

2. 定压反应热

保持恒定压力的气相反应（外压不变，系统的压力等于外压），均为定压过程。为保持系统定压，一般来说系统的体积会发生变化。定压下，系统只做体积功时，以 Q_p 表示定压反应热，则

$$\Delta U=Q_p+W=Q_p-p\Delta V$$

$$Q_p=\Delta U+p\Delta V=(U_2-U_1)+p(V_2-V_1)=(U_2+pV_2)-(U_1+pV_1)=H_2-H_1=\Delta H$$

在热力学中把 $U+pV$ 定义为焓，以符号 H 表示，即

$$H=U+pV$$

定压下，系统只做体积功时的热效应在数值上等于系统的焓变。焓是状态函数的组合，故也是状态函数。

$$\text{化学反应中，}\Delta H=\Delta U+p\Delta V=\Delta U+\Delta nRT$$

Δn 为产物和反应物间气体分子数之差。若 $\Delta n=0$，即反应式中无气体参与或产物气体分子数和反应物气体分子数相同，此时，$\Delta H=\Delta U$。通常 $p\Delta V$ 相对于 ΔU 很小。

焓 H 的物理意义可认为是系统热力学能与潜在的做体积功能力之和。

三、热化学方程式

表示化学反应及其反应的标准摩尔焓变的化学反应方程式，叫做热化学方程式，例如，

$$2H_2(g)+O_2(g)=\!=\!=2H_2O(g) \quad \Delta_r H_m^{\ominus}(298.15K)=-483.64kJ\cdot mol^{-1}$$

式中，$\Delta_r H_m^{\ominus}$ 称为反应的标准摩尔焓变，$kJ\cdot mol^{-1}$（或 $J\cdot mol^{-1}$）。左下标“r”表示反应（reaction），右下标“m”表示 1mol 反应，即表示各物质按所写化学反应方程式进行了完全反应。如上述反应是指 2mol $H_2(g)$ 与 1mol $O_2(g)$ 完全反应生成 2mol $H_2O(g)$ 为 1mol 的反应。注意 1mol 的反应的意义与化学计量方程有关。上标“$\ominus$”表示反应是在标准态时进行的。

标准状态（简称标准态）是热力学上为了便于比较和应用而选定的一套标准条件。温度为任意，压力 $p^{\ominus}=100kPa$，浓度 $c^{\ominus}=1mol\cdot L^{-1}$ 或纯液体，固体为纯固体。

书写热化学方程式时应注意以下几点：

① 必须注明化学反应方程式中各物质的聚集状态，通常以 g、l、s 表示气(g)、液(l)、固(s) 态，以 aq 表示水溶液（aqua）。

② 同一反应，以不同的计量方程式表示时，其热效应不同。如

$$2H_2(g)+O_2(g)=\!=\!=2H_2O(g) \quad \Delta_r H_m^{\ominus}\ (298.15K)\ =-483.64kJ\cdot mol^{-1}$$

$$H_2(g)+\frac{1}{2}O_2(g)=\!=\!=H_2O(g)\quad \Delta_r H_m^{\ominus}(298.15K)=-241.82kJ\cdot mol^{-1}$$

这是因为反应的热效应是1mol反应（根据所给方程式）时所放出或吸收的热量，前者表示2mol $H_2(g)$ 与1mol $O_2(g)$ 完全反应生成2mol $H_2O(g)$ 时放出的热量；而后者表示1mol $H_2(g)$ 与1/2mol $O_2(g)$ 完全反应生成1mol $H_2O(g)$ 时放出的热量。

③ 注明反应的温度和压力，若为298.15K和100kPa时可不予注明。

四、盖斯定律

“一个化学反应不管是一步完成的，还是分为数步完成的，其热效应总是相同的。”这叫做盖斯定律。可见，对于恒容或恒压化学反应来说，只要反应物和产物的状态确定了，反应的热效应 Q_V 或 Q_p 也就确定了。虽然 Q_V、Q_p 本身不是状态函数，但是在数值上等于 ΔU 和 ΔH，具有状态函数的特点，实际上盖斯定律是“内能和焓是状态函数”这一结论的进一步体现。盖斯定律的重要意义在于能使热化学方程式像普通代数式一样计算，据此，可计算一些很难直接用或尚未用实验方法测定的反应热效应。

此外，根据正逆反应的代数和为零可以得出一个推论：正逆反应的热效应数量相等，正负号相反。

五、标准摩尔生成焓和标准摩尔焓变

用盖斯定律求算反应热，需要知道许多反应的热效应，要将反应分解成几个反应，有时这是个很复杂的过程。如果知道了反应物和产物的状态函数 H 的值，反应的 $\Delta_r H_m$ 即可由产物的焓值减去反应物的焓值而得到。从焓的定义式看到 $H=U+pV$，由于有 U 的存在，H 值不能实际求得。人们采取了一种相对的方法去定义物质的焓值，从而求出反应的 $\Delta_r H_m$。

1. 物质的标准摩尔生成焓

化学热力学规定，某温度下，由处于标准状态的各种元素的指定单质生成标准状态下单位物质的量（即1mol）某纯物质的热效应，叫做这种温度下该纯物质的标准摩尔生成焓，用符号 $\Delta_f H_m^{\ominus}$ 表示，其单位为 $kJ\cdot mol^{-1}$。当然处于标准状态下的各元素的指定单质的标准摩尔生成焓为零。

标准摩尔生成焓的符号 $\Delta_f H_m^{\ominus}$ 中，ΔH 表示恒压下的摩尔反应热效应，f是formation的字头，有生成之意，$\ominus$表示物质处于标准状态。

2. 反应的标准摩尔焓变

在标准条件下反应或过程的摩尔焓变叫做反应的标准摩尔焓变，以 $\Delta_r H_m^{\ominus}$ 表示，根据盖斯定律和标准摩尔生成焓的定义，可以得出关于298.15K时反应标准焓变 $\Delta_r H_m^{\ominus}$(298.15K)的一般计算规则。

有了标准摩尔生成焓就可以很方便地计算出许多反应的热效应。对于一个恒温恒压下进行的化学反应来说，都可以将其途径设计成：

反应物→指定单质→产物

即

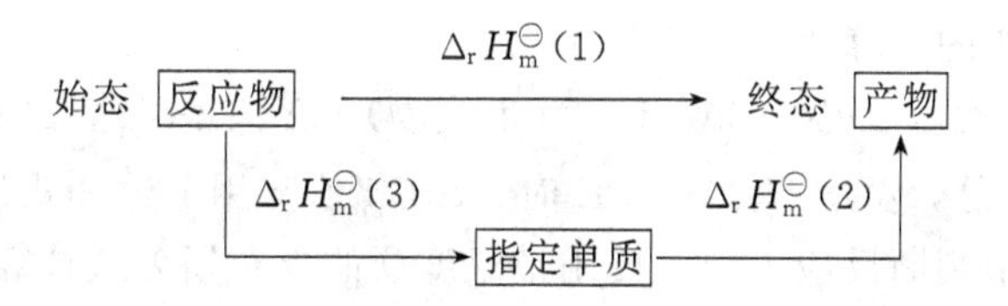

$$\Delta_r H_m^{\ominus}(1) = \Delta_r H_m^{\ominus}(2) + \Delta_r H_m^{\ominus}(3)$$

$$\Delta_r H_m^{\ominus}(298.15K) = \sum \nu_B \Delta_f H_m^{\ominus}(298.15K)(生成物) - \sum \nu_B \Delta_f H_m^{\ominus}(298.15K)(反应物)$$

如果系统温度不是 298.15K，而是其它温度，则反应的 $\Delta_r H_m^{\ominus}$ 是会有所改变的，但一般变化不大。在近似计算中，往往就近似地将 $\Delta_r H_m^{\ominus}$（298.15K）作为其它温度 T 时的 $\Delta_r H_m^{\ominus}(T)$。

六、熵

在大量微观粒子（分子、原子、离子等）所构成的体系中，熵就代表了这些微观粒子之间无规排列的程度，或者说熵代表了系统的混乱度。

① 同一物质：S(高温)$>$$S$(低温)，$S$(低压)$>$$S$(高压)，$S(g) > S(l) > S(s)$，$S(aq) > S(s)$。

② 相同条件下的不同物质：分子结构越复杂，熵值越大。

③ S（混合物）$>$$S$(纯净物)。

④ 对于化学反应，由固态物质变成液态物质或由液态物质变成气态物质（或气体物质的量增加的反应），熵值增加。

⑤ 化学反应中熵变的计算

$$\Delta_r S_m^{\ominus}(298.15K) = \sum \nu_B S_m^{\ominus}(298.15K)(生成物) - \sum \nu_B S_m^{\ominus}(298.15K)(反应物)$$

物质的熵值随温度的升高而增加，但当温度升高时，产物的熵增与反应物的熵增相差不大，基本抵消，所以化学反应的熵变和焓变一样，可近视地将 $\Delta_r S_m^{\ominus}$（298.15K）作为其它温度 T 时的 $\Delta_r S_m^{\ominus}(T)$。

七、吉布斯自由能变

化学反应系统的放热（$\Delta_r H_m^{\ominus} < 0$）和熵增加（$\Delta_r S_m^{\ominus} > 0$）反应都有利于反应的正向进行。判断化学反应的方向，要综合考虑系统的 $\Delta_r H_m^{\ominus}$ 和 $\Delta_r S_m^{\ominus}$ 两个影响因子。

吉布斯自由能，用符号 G 表示，它反映了系统做有用功的能力，是一个重要的热力学函数，定义为：

$$G = H - TS$$

恒温过程中，化学反应的吉布斯自由能变可表示为：

$$\Delta_r G = \Delta_r H - T\Delta_r S$$

封闭系统中，恒温恒压和只做体积功的条件下，化学反应自发性的吉布斯自由能变判据为：

$\Delta_r G < 0$ 反应自发进行

$\Delta_r G = 0$ 反应达到平衡

$\Delta_r G > 0$ 反应不能自发进行，逆反应可以自发进行

（1）标准摩尔生成自由能变　与标准摩尔生成焓相似，化学热力学规定，某温度下，由处于标准状态的各种元素的指定单质生成标准状态下某纯物质单位物质的量（即 1mol）的自由能变，叫做此温度下该纯物质的标准生成自由能，用符号 $\Delta_f G_m^{\ominus}$ 表示，其单位为 $kJ \cdot mol^{-1}$。当然，处于标准状态下的各元素的指定单质的标准摩尔生成自由能变为零。

（2）标准态、298.15K 时吉布斯自由能变的计算　与标准摩尔焓变的计算公式类似，可得标准摩尔自由能变的计算式为：

$$\Delta_r G_m^{\ominus}(298.15K) = \sum \nu_B \Delta_f G_m^{\ominus}(298.15K)(生成物) - \sum \nu_B \Delta_f G_m^{\ominus}(298.15K)(反应物)$$

与 $\Delta_r H$ 和 $\Delta_r S$ 不同的是，温度非 298.15K 时，$\Delta_r G_m^{\ominus}$ 值与用上述公式计算出的值相差较大，不能用该公式计算值来判断反应方向，要用带温度项的吉布斯公式计算。

（3）任意温度时吉布斯自由能变的计算

在标准态时：

$$\Delta_r G_m^{\ominus} = \Delta_r H_m^{\ominus} - T\Delta_r S_m^{\ominus}$$

式中，$\Delta_r G_m^{\ominus}$，$\Delta_r H_m^{\ominus}$ 和 $\Delta_r S_m^{\ominus}$ 均为温度 T 时的值。由前述可知：$\Delta_r H_{mT}^{\ominus} \approx \Delta_r H_{m298}^{\ominus}$，$\Delta_r S_{mT}^{\ominus} \approx \Delta_r S_{m298}^{\ominus}$，所以吉布斯方程可近似表示成：

$$\Delta_r G_{mT}^{\ominus} = \Delta_r H_{m298}^{\ominus} - T\Delta_r S_{m298}^{\ominus}$$

对于焓变和熵变不同的任意反应，焓变和熵变既可以为正值，又可以为负值或零，温度也可高可低，不同条件对反应方向的影响概括起来有下列 6 种情况。

① 若反应是放热（$\Delta_r H < 0$）和熵增加（$\Delta_r S > 0$）

$$\Delta_r G_m = \Delta_r H - T\Delta_r S < 0$$

即放热和熵增加的反应在任何温度下都能自发进行。

② 若反应是吸热（$\Delta_r H > 0$）和熵减少（$\Delta_r S < 0$）

$$\Delta_r G = \Delta_r H - T\Delta_r S > 0$$

即吸热和熵减少的反应在任何温度下都不能自发进行。

③ 若反应是放热（$\Delta_r H < 0$）和熵减少（$\Delta_r S < 0$）

要反应自发进行，$\Delta_r G = \Delta_r H - T\Delta_r S < 0$

$$T < \Delta_r H / \Delta_r S \quad （因 \Delta_r S < 0，计算时不等号反向）$$

即放热和熵减少的反应在低温度下能自发进行，在高温下不能自发进行，$\Delta_r H/\Delta_r S$ 值是转变温度。

④ 若反应是吸热（$\Delta_r H > 0$）和熵增加（$\Delta_r S > 0$）

要反应自发进行，$\Delta_r G_m = \Delta_r H - T\Delta_r S < 0$

$$T > \Delta_r H / \Delta_r S$$

即吸热和熵增加的反应在低温度下不能自发进行，在高温下能自发进行，$\Delta_r H/\Delta_r S$ 值是转变温度。

⑤ 若反应的熵变化不大（$\Delta_r S \approx 0$），即反应前后均为固态或液态，或者反应前后气体体积不变。

要反应自发进行，$\Delta_r G = \Delta_r H - T\Delta_r S < 0$

$$\Delta_r H < 0$$

即对于熵变化不大的反应，可用 $\Delta_r H$ 作为判断反应是否能自发进行的判据，放热反应（$\Delta_r H < 0$）自发进行，吸热反应（$\Delta_r H > 0$）不自发。

⑥ 若反应或过程的热效应为零（$\Delta_r H = 0$），即恒容孤立体系。

要反应自发进行，$\Delta_r G = \Delta_r H - T\Delta_r S < 0$

$$\Delta_r S > 0$$

即在孤立体系中的反应或过程永远向熵增加的方向进行，直至熵值达到最大值。这就是所谓的熵增加原理或热力学第三定律。

⑦ 若物质在标准态时发生相变，此时为平衡态，$\Delta_r G = 0$，可计算相变点的温度，即物质的熔点或沸点。

$$\Delta_r G = \Delta_r H - T\Delta_r S = 0 \quad T(沸点) = \frac{\Delta_r H}{\Delta_r S} = \frac{\Delta_f H(g) - \Delta_f H(l)}{S(g) - S(l)}$$

习　题

一、判断题

1. 系统的状态发生改变时，至少有一个状态函数发生了变化。（　）

2. 弹式量热计所测得的热效应，应是恒压热效应 Q_p。（　）

3. 化学反应的 Q_V 和 Q_p 都与反应的途径无关，故它们也是状态函数。（　）

4. 广度性质的量一定具有加和性。（　）

5. 金刚石和臭氧都是单质，因此它们 $\Delta_f H_m^\ominus$ 值为零。（　）

6. 指定单质在标准态时 $\Delta_f H_m^\ominus$、$\Delta_f G_m^\ominus$ 为零，但 $S_m^\ominus$ 不为零。（　）

7. 化学反应中，$\Delta_r H_m^\ominus = \Delta_r U_m^\ominus + p\Delta V$ 故 $\Delta_r H_m^\ominus$ 值 $>$ $\Delta_r U_m^\ominus$ 值。（　）

8. 凡体系温度升高一定吸热，温度不变则体系既不吸热也不放热。（　）

9. 物体的温度越高，所含热量也越多。（　）

10. $\Delta_r S_m^\ominus$ 为负值的反应均不能自发进行。（　）

11. 如果反应的 $\Delta_r G_m^\ominus > 0$，则该反应在热力学上是不可能发生的。（　）

12. 接近绝对零度时，所有的放热反应都将成为自发反应。（　）

13. NH_4Cl 的分解反应是个吸热反应，故 NH_4Cl 的标准生成焓是正值。（　）

14. 盐的结晶过程使溶液的混乱度降低，所以结晶总是熵减的过程，是非自发的。（　）

15. 有一理想晶体，微观粒子排列完整且有严格的顺序。这种情况下，微观状态数只有一种，其熵值应该为零。（　）

二、选择题（单选）

1. 在下列物理量中，不是状态函数的是（　）。

A. U　　B. G　　C. Q　　D. S

2. 下列各组量的绝对值可以直接测定的是（　）。

A. H、V　　B. G、p　　C. U、T　　D. p、S

3. 若某一封闭体系经过一系列变化，最后又回到初始状态，则体系的（　）。

A. $Q=0$　$W=0$　$\Delta U=0$　$\Delta H=0$　　B. $Q\neq 0$　$W=0$　$\Delta U=0$　$\Delta H=Q$

C. $Q=-W$　$\Delta U=Q+W$　$\Delta H=0$　　D. $Q\neq -W$　$\Delta U=Q+W$　$\Delta H=0$

4. 环境对体系做了 10kJ 的功，且从环境获得 5kJ 的热，则体系的 ΔU 为（　）。

A. -15kJ　　B. -5kJ　　C. $+5$kJ　　D. $+15$kJ

5. 在 373K 和 100kPa 下，变化过程为 $H_2O(l) \rightleftharpoons H_2O(g)$，下列关系式能成立的是（　）。

A. $\Delta U = \Delta H$　　B. $\Delta U > \Delta H$　　C. $\Delta U < \Delta H$　　D. $\Delta H < 0$

6. 盖斯定律认为化学反应热效应与过程无关，这种说法之所以正确是因为（　）。

A. 反应在放热且恒温下进行　　B. 反应在吸热且恒温下进行

C. 反应在恒压（或恒容）无非体积功的条件下进行　　D. 反应热是一个状态函数

7. 下列物质的 $\Delta_f H_m^\ominus$ 等于零的是（　）。

A. $Cl_2(g)$　　B. $Cl_2(aq)$　　C. $Cl^-(aq)$　　D. $Cl_2(l)$

8. 根据热力学规定，下列哪些物质的标准生成焓为零（　）。

A. C（石墨）　B. $Br_2(g)$　C. 红磷　D. $CO_2(g)$

9. 下列方程式中，能正确表示 AgBr(s) 的 $\Delta_f H_m^{\ominus}$ 的是（　　）。

A. $Ag(s)+\frac{1}{2}Br_2(g) = AgBr(s)$　B. $Ag(s)+\frac{1}{2}Br_2(l) = AgBr(s)$

C. $2Ag(s)+Br_2(l) = 2AgBr(s)$　D. $Ag^+ + Br^- = AgBr(s)$

10. 298K 下，对指定单质的下列叙述中，正确的是（　　）。

A. $\Delta_f H_m^{\ominus} \neq 0$，$\Delta_f G_m^{\ominus}=0$，$S_m^{\ominus}=0$　B. $\Delta_f H_m^{\ominus} \neq 0$，$\Delta_f G_m^{\ominus} \neq 0$，$S_m^{\ominus} \neq 0$

C. $\Delta_f H_m^{\ominus}=0$，$\Delta_f G_m^{\ominus}=0$，$S_m^{\ominus} \neq 0$　D. $\Delta_f H_m^{\ominus}=0$，$\Delta_f G_m^{\ominus}=0$，$S_m^{\ominus}=0$

11. 已知（1）$CuCl_2(s)+Cu(s) = 2CuCl(s)$　$\Delta_r H_m^{\ominus}=170kJ \cdot mol^{-1}$

（2）$Cu(s)+Cl_2 = CuCl_2(s)$　$\Delta_r H_m^{\ominus}=-206kJ \cdot mol^{-1}$

则 $\Delta_f H_m^{\ominus}$(CuCl，s) 应为（　　）。

A. $36kJ \cdot mol^{-1}$　B. $-36kJ \cdot mol^{-1}$　C. $18kJ \cdot mol^{-1}$　D. $-18kJ \cdot mol^{-1}$

12. 已知反应 $H_2(g)+O(g) = H_2O(g)$　$\Delta_r H_m^{\ominus}$（1）

$H_2(g)+\frac{1}{2}O_2(g) = H_2O(g)$　$\Delta_r H_m^{\ominus}(2)$

$2H(g)+O(g) = H_2O(g)$　$\Delta_r H_m^{\ominus}(3)$

其焓变之间的关系正确的是（　　）。

A. $\Delta_r H_m^{\ominus}(2)<\Delta_r H_m^{\ominus}(1)<\Delta_r H_m^{\ominus}(3)$　B. $\Delta_r H_m^{\ominus}(2)>\Delta_r H_m^{\ominus}(1)>\Delta_r H_m^{\ominus}(3)$

C. $\Delta_r H_m^{\ominus}(2)>\Delta_r H_m^{\ominus}(3)>\Delta_r H_m^{\ominus}(1)$　D. $\Delta_r H_m^{\ominus}(2)<\Delta_r H_m^{\ominus}(3)<\Delta_r H_m^{\ominus}(1)$

13. 在标准状态下，下列绝对熵值的顺序正确的是（　　）。

A. 玻璃(s) ≈金属铜(s) ≈金刚石(s)　B. 玻璃(s) >金刚石(s) >金属铜(s)

C. 玻璃(s) >金属铜(s) > 金刚石(s)　D. 金属铜(s) >玻璃(s) > 金刚石(s)

14. 下列物质中，摩尔熵（$S_m^{\ominus}$）最大的是（　　）。

A. NaCl　B. Na_2O　C. Na_2CO_3　D. Na_3PO_4

15. 下列物质在 0K 时的标准熵为 0 的是（　　）。

A. 理想溶液　B. 理想气体　C. 完美晶体　D. 纯液体

16. 如果 X 是原子，X_2 是实际存在的分子，反应 $2X(g) \longrightarrow X_2$ 的 $\Delta_r G_m^{\ominus}$ 值应该是（　　）。

A. 正值　B. 负值　C. 零　D. 不一定

17. 某一反应 $\Delta_r H_m^{\ominus}>0$，$\Delta_r S_m^{\ominus}>0$，假设 $\Delta_r H_m^{\ominus}$ 与 $\Delta_r S_m^{\ominus}$ 不随温度变化，则下列说法正确的是（　　）。

A. 高温自发，低温不自发　B. 低温自发，高温不自发

C. 任何温度均不自发　D. 任何温度均自发

18. 在等温、等压下，某化学反应在低温下自发进行，而在高温下不自发，则该反应（　　）。

A. $\Delta_r H_m^{\ominus}>0$，$\Delta_r S_m^{\ominus}<0$　B. $\Delta_r H_m^{\ominus}>0$，$\Delta_r S_m^{\ominus}>0$

C. $\Delta_r H_m^{\ominus}<0$，$\Delta_r S_m^{\ominus}>0$　D. $\Delta_r H_m^{\ominus}<0$，$\Delta_r S_m^{\ominus}<0$

19. 如果反应的 $\Delta_r H_m^{\ominus}$ 为正值，反应成为自发过程必须满足的条件是（　　）。

A. $\Delta_r S_m^{\ominus}>0$，高温　B. $\Delta_r S_m^{\ominus}>0$，低温

C. $\Delta_r S_m^{\ominus}<0$，高温　D. $\Delta_r S_m^{\ominus}<0$，低温

20. 用 $\Delta_r S_m^{\ominus}$ 判断反应进行的方向的条件是（　　）。

A. 等压　　B. 等温、等压　　C. 孤立体系　　D. 标准状态

21. 用 $\Delta_r G_m^\ominus$ 判断反应进行的方向的条件是（　　）。

A. 等压或等容　　B. 等温、等压

C. 等温、等压，不做其它功　　D. 等温、等压，做体积功

22. 化学反应中，其数值随温度变化而有较大变化的是（　　）。

A. $\Delta_r H_m^\ominus$　　B. $\Delta_r G_m^\ominus$　　C. $\Delta_r S_m$　　D. $\Delta_r U_m$

23. 下列关于化学反应熵变 $\Delta_r S_m^\ominus$ 与温度关系的叙述中正确的是（　　）。

A. 化学反应的熵变与温度无关　　B. 化学反应的熵变与温度有关

C. 化学反应的熵变随温度升高而显著增加　　D. 化学反应的熵变随温度变化不明显

24. 将固体溶于水中，溶液变冷，则该过程的 ΔG，ΔH，ΔS 的符号依次为（　　）。

A. ＋　－　－　　B. ＋　＋　－　　C. －　＋　－　　D. －　＋　＋

25. 估算下列反应中 $\Delta_r S_m^\ominus > 0$ 的是（　　）。

A. $CO(g) + Cl_2(g) = COCl_2(g)$　　B. $2SO_2(g) + O_2(g) = 2SO_3(g)$

C. $NH_4HS(s) = NH_3(g) + H_2S(g)$　　D. $2HBr(g) = H_2(g) + Br_2(l)$

三、填充题

1. 状态函数的性质之一是：状态函数的变化值与体系的__________有关；与__________无关。在 U、H、S、G、T、p、V、Q、W 中，属于状态函数的是__________。在上述状态函数中，属于广度性质的是__________，属于强度性质的是__________。

2. 按系统与环境间发生交换情况的不同，可将系统分为__________、__________和__________等三类。

3. 炭火炉燃烧炽热时，往炉膛底的热炭上喷洒少量水的瞬间，炉膛的火会更旺，这是因为生成的__________燃烧，使得瞬间的火更旺。若燃烧同质量的炭，喷洒水和未喷洒水的炭火炉放出的热量是__________的，因为根据盖斯定律，____________________，其反应热是相同的。

4. 1mol 水在 100℃，101.325kPa 下变为水蒸气汽化热为 40.58kJ，假定水蒸气为理想气体，蒸发过程不做非体积功，则 $H_2O(l) \rightleftharpoons H_2O(g)$ 相变过程中的 $W=$__________，$\Delta U=$__________，$\Delta_r S_m^\ominus=$__________，$\Delta_r G_m^\ominus=$__________。而反应 $2H_2O(g) = 2H_2(g) + O_2(g)$，$\Delta_r G_m^\ominus$（298K）$= 457.2kJ \cdot mol^{-1}$，则 $\Delta_f G_m^\ominus$（H_2O，g，298K）＝__________。

5. 下列变化过程中熵变值是（正或负）。H_2SO_4 溶于水：__________，乙烯生成聚乙烯__________，固体表面吸附气体：__________，干冰的升华：__________，海水淡化的反渗透技术：__________，在冰中放入食盐，使冰融化__________。

四、问答题

1. 什么是热化学方程式？热力学中为什么要建立统一的标准态？什么是热力学标准态？对气体，“标准状态”和“标准状况”含义有何不同？

2. 遵守热力学第一定律的过程，在自然条件下并非都可发生，说明热力学第一定律并不是一个普遍的定律，这种说法对吗？

3. 为什么单质的 $S_m^\ominus(T)$ 不为零？如何理解物质的 $S_m^\ominus(T)$ 是“绝对值”，而物质的 $\Delta_f H_m^\ominus$ 和 $\Delta_f G_m^\ominus$ 为相对值？

4. $\Delta_r G_m^\ominus(T)$ 和 $\Delta_r G_m(T)$ 其意义、作用和计算方法有何不同？

五、计算题

1. 低温下某 1mol 液体物质吸收热量 36.5kJ，在 0℃、100kPa 时变为理想气体，计算此过程的 W、Q、ΔU 各是多少。

2. 在 25℃时，将 0.92g 甲苯置于一含有足够 O_2 的绝热刚性密闭容器中燃烧，最终产物为 CO_2 和液态水，过程放热 39.43kJ，试求下列化学反应的标准摩尔焓变。

$$C_7H_8(l)+9O_2(g) \longrightarrow 7CO_2(g)+4H_2O(l)$$

3. 已知 100kPa 时

项　　目	$C_2H_5OH(l)$	$C_2H_5OH(g)$
$\Delta_f H_m^\ominus/kJ \cdot mol^{-1}$	−277.6	−235.3
$S_m^\ominus/J \cdot mol^{-1}$	161	282

通过计算，求乙醇的正常沸点。

4. 已知下列热化学反应方程式：

① $C_2H_2(g)+\frac{5}{2}O_2(g) \longrightarrow 2CO_2(g)+H_2O(l)$　$\Delta_r H_m^\ominus(1)=-1300kJ \cdot mol^{-1}$

② $C(s)+O_2(g) \longrightarrow CO_2(g)$　$\Delta_r H_m^\ominus(2)=-394kJ \cdot mol^{-1}$

③ $H_2(g)+\frac{1}{2}O_2(g) \longrightarrow H_2O(l)$　$\Delta_r H_m^\ominus(3)=-286kJ \cdot mol^{-1}$

计算 $\Delta_f H_m^\ominus$（C_2H_2，g）。

5. 已知反应为

① $Fe_2O_3(s)+3CO(g)=\!=\!=2Fe(s)+3CO_2(g)$　$\Delta_r H_m^\ominus(1)=-27.6kJ \cdot mol^{-1}$

② $3Fe_2O_3(s)+CO(g)=\!=\!=2Fe_3O_4(s)+CO_2(g)$　$\Delta_r H_m^\ominus(2)=-58.58kJ \cdot mol^{-1}$

③ $Fe_3O_4(s)+CO(g)=\!=\!=3FeO(s)+CO_2(g)$　$\Delta_r H_m^\ominus(3)=38.07kJ \cdot mol^{-1}$

不查表计算下列反应的 $\Delta_r H_m^\ominus$：

$$FeO(s)+CO(g)=\!=\!=Fe(s)+CO_2(g)$$

6. (1) 写出 $H_2(g)$，$CO(g)$，$CH_3OH(l)$燃烧反应的热化学方程式；(2) 甲醇的合成反应为：$CO(g)+2H_2(g) \longrightarrow CH_3OH(l)$。利用 $\Delta_c H_m^\ominus(CO,g)$，$\Delta_c H_m^\ominus(H_2,g)$，$\Delta_c H_m^\ominus(CH_3OH,l)$，计算该反应的 $\Delta_r H_m^\ominus$。[$\Delta_c H_m^\ominus(CO,g)=-282.98kJ \cdot mol^{-1}$，$\Delta_c H_m^\ominus(H_2,g)=-285.83kJ \cdot mol^{-1}$，$\Delta_c H_m^\ominus(CH_3OH,l)=-726.51kJ \cdot mol^{-1}$]

7. 已知下列物质的生成焓：

	$NH_3(g)$	$NO(g)$	$H_2O(g)$
$\Delta_f H_m^\ominus/kJ \cdot mol^{-1}$	−46.11	90.25	−241.82
$\Delta_f G_m^\ominus/kJ \cdot mol^{-1}$	−16.45	86.55	−228.57

试计算在 25℃标准状态下，6mol $NH_3(g)$ 氧化为 $NO(g)$ 及 $H_2O(g)$ 的反应热效应，判断该反应在 25℃标准状态下的自发性。

8. 制造半导体材料时发生如下反应，并已知相应的热力学数据

	$SiO_2(s)$	$+2C(s)$	$=\!=\!=Si(s)$	$+2CO(g)$
$\Delta_f H_m^\ominus/kJ \cdot mol^{-1}$	−903.5	0	0	−110.5
$\Delta_f G_m^\ominus/kJ \cdot mol^{-1}$	−850.7	0	0	−137.2

通过计算回答下列问题：(1) 标准态下，298.15K 时，反应能否自发进行？(2) 标准态下，

自发进行时的温度。

9. 电子工业中清洗硅片上的 $SiO_2(s)$ 反应是

$$SiO_2(s)+4HF(g)=\!=\!=SiF_4(g)+2H_2O(g)$$

$$\Delta_r H_m^{\ominus}(298.15K)=-94.0kJ \cdot mol^{-1}$$

$$\Delta_r S_m^{\ominus}(298.15K)=-75.8J \cdot mol^{-1}$$

设 $\Delta_r H_m^{\ominus}$ 和 $\Delta_r S_m^{\ominus}$ 不随温度而变，试求此反应自发进行的温度条件；有人提出用 HCl(g) 代替 HF，试通过计算判定此建议可行否？

10. 用 $BaCO_3$ 热分解制取 BaO 要求温度很高。如果在 $BaCO_3$ 中加入一些炭粉，分解温度可明显降低。试通过计算来解释这一现象。已知

项　目	$BaCO_3$	BaO	CO_2	CO	C
$\Delta_f H_m^{\ominus}/kJ \cdot mol^{-1}$	−1216	−553.5	−393.5	−110.5	0
$S_m^{\ominus}/J \cdot mol^{-1}$	112	70.4	213.6	197.6	5.7

11. 在 298.15K 和标准状态下进行如下反应

$$A(g)+B(g) \longrightarrow 2C(g)$$

若该反应通过两种途径来完成：途径Ⅰ，系统放热 $184.6kJ \cdot mol^{-1}$，但没有做功；途径Ⅱ，系统做了最大功，同时吸收 $6.0kJ \cdot mol^{-1}$ 的热量。试分别求两途径的 Q、W、$\Delta_r H^{\ominus}$、$\Delta_r U^{\ominus}$、$\Delta_r S^{\ominus}$ 和 $\Delta_r G^{\ominus}$。

答案与解析

一、判断题

1. （√）解析：一个系统的状态有一套状态函数来完整地描述，状态与描述其情形的状态函数一一对应，当系统的状态发生变化时，也既变成了另一种状态，则有另一套完整的状态函数来描述，状态发生改变，描述两种不同状态的状态函数肯定会有所不同。

2. （×）解析：弹式量热计为体积固定的金属刚性结构，把反应物置入其内封闭后反应，不管反应是否有气体生成或气体分子数的变化，系统的体积无任何变化，故体积功 $p\Delta V$ 也应为零，$\Delta U=Q+W=Q_V$，可见，其热效应为恒容热效应。

3. （×）解析：Q_V 和 Q_p 分别是恒容热效应和恒压热效应，其途径分别是等容过程和等压过程，途径已经规定了，故它们不是状态函数。

4. （√）解析：由广度性质的特点决定。

5. （×）解析：定义规定。虽然臭氧也是氧元素的单质，但指定氧元素的 $\Delta_f H_m^{\ominus}$ 为零的是氧气，氧气变成臭氧还有焓变，故臭氧的 $\Delta_f H_m^{\ominus}$ 不为零；金刚石的情况也相似，虽然金刚石的化学性质比石墨稳定，但其热力学稳定性比石墨低，指定 $\Delta_f H_m^{\ominus}$ 为零的是石墨。

6. （√）解析：定义规定。

7. （×）解析：化学反应中，“ΔV”有正有负，即有体积增加也有体积减小，在 $p\Delta V$ 为负值时，$\Delta_r U_m^{\ominus}$ 值 $>\Delta_r H_m^{\ominus}$ 值。

8. （×）解析：体系温度变化与 ΔU 密切相关，只要体系的 $\Delta U>0$，不管是吸热还是放热（如吸热体系得到更多的功），体系的温度总是升高的。若体系的热量变化与功正好抵消，

那么体系吸放热时，温度不变。

9. （×）解析：热或热量是指由于温差而在体系与环境之间的能量交换，它是指交换的能量，而非物质本身的温度高低。

10. （×）解析：反应的自发性是由 ΔG 决定，而非其它热力学函数决定。

11. （×）解析：$\Delta_r G_m^{\ominus}>0$，在 298K、标准态时反应不自发，因为 $\Delta_r G_m=\Delta_r H_m-T\Delta_r S_m$，若在某一温度时，$\Delta_r H_m-T\Delta_r S_m<0$，反应能自发。

12. （√）解析：这是因为 $\Delta_r G_m=\Delta_r H_m-T\Delta_r S_m$，$T\approx 0$ 时，$\Delta_r G_m\approx\Delta_r H_m$，$\Delta_r H_m<0$，$\Delta_r G_m<0$。即只要反应放热均能自发进行。

13. （×）解析：NH_4Cl 分解的产物不是指定单质，故 NH_4Cl 的标准摩尔生成焓是负值。

14. （×）解析：同 10，虽结晶时混乱度降低，但只要放出足够的热量，使 $\Delta_r G_m=\Delta_r H_m-T\Delta_r S_m<0$，反应能自发。

15. （×）解析：微观粒子的微观运动状态，除了交换相对位置外，其本身的振动，分子内各原子的振动均影响其微观状态数，故即使其排列整齐，只要不是绝对零度，其熵值不为零。

二、选择题

1. (C) 解析：Q 的量与途径有关，如等压热效应与等容热效应常不相同。

2. (D) 解析：因 U 的绝对值无法测定，有 U 参与组合的其它热力学函数，如，$H=U+pV$，$G=H-TS$ 也无法直接测定，但压力 p 和熵 S 可测定（绝对零度时，完美晶体的熵值为零，随着温度的升高，可通过统计热力学方法或热温熵方法计算或测定 S）。

3. (C) 解析：经过一系列过程又回到初始状态，状态没改变，状态函数也不变。要保证状态函数 ΔU 不变，体系所接受的热和功必须数量相等，符号相反。

4. (D) 解析：以体系为中心，体系得到为正，体系失去为负。热和功都是体系得到的，均为正号。

5. (C) 解析：$\Delta U=\pm Q\pm W=\Delta H+p\Delta V$，水由液体变为气体，体系压缩了环境，即体系对环境做功，W 前的符号为负，所以 $\Delta U<\Delta H$。

6. (C) 解析：盖斯定律所涉及反应在恒压（或恒容）无非体积功的条件下进行，过程已确定。

7. (A) 解析：根据 $\Delta_f H_m^{\ominus}$ 的定义，该物质在标准态下所处稳定态为标准。

8. (A) 解析：理由同 7，该物质一定要单质。

9. (B) 解析：根据 $\Delta_f H_m^{\ominus}$ 的定义，由指定单质生成 1mol 该物质时的焓变。

10. (C) 解析：根据相关的定义。

11. (D) 解析：由[(1)+(2)]/2=D

12. (B) 解析：由稳定的双原子气态分子变为不稳定的气态单原子需要吸收较多能量，反应（2）实际上是 H_2 和 O_2 变为 H 原子和 O 原子后再反应生成水，要先吸收较多能量后再反应放出能量，故放出的总能量较少，反应（1）中 H_2 要变为 H 原子后再反应生成水，放出能量较多，反应（3）中本身是气态原子，不需花费能量先裂解分子，故放出能量最多。

13. (C) 解析：玻璃为非晶态物质，混乱度大，铜为金属晶体，混乱度较小，金刚石为原子晶体，混乱度最小。

14. (D) 解析：相同状态下的分子，组成越简单，所含原子数越少，熵值越小。

15. (C) 解析：根据相关的定义。

16. (B) 解析：X_2 是实际存在的分子，反应 $2X(g) \longrightarrow X_2$ 在标准态时的反应是自发的。

17. (A)

18. (D)

19. (A) 解析：17～19 三题相似，$\Delta_r G_m = \Delta_r H_m - T\Delta_r S_m < 0$ 反应才能自发 ，若 $\Delta_r H_m > 0$，$\Delta_r S_m > 0$（17 题）要使反应自发，只有 $T\Delta_r S_m > \Delta_r H_m$，$T > \Delta_r H_m / \Delta_r S_m$，即高温自发，低温不自发；若相反，低温自发，高温不自发（18 题），$-T\Delta_r S_m$ 这一项在高温时肯定是较大的正值，则 $\Delta_r S_m < 0$，低温时自发，$-T\Delta_r S_m$ 是正值，$\Delta_r H_m$ 肯定是负值，即 $\Delta_r H_m < 0$；若 $\Delta_r H_m > 0$（19 题），反应要自发，$\Delta_r G_m = \Delta_r H_m - T\Delta_r S_m < 0$，$T\Delta_r S_m > \Delta_r H_m$，要 T 大，$\Delta_r S_m > 0$。

20. (C) 解析：$\Delta_r G_m = \Delta_r H_m - T\Delta_r S_m < 0$ 反应才能自发，只有 $\Delta_r H_m \approx 0$ 时，即孤立体系，$\Delta_r G_m \approx -T\Delta_r S_m < 0$，此时，只要 $\Delta_r S_m > 0$，就能保证 $\Delta_r G_m < 0$，反应自发。

21. (C) 解析：$\Delta_r G_m$ 判断反应自发性的规定。

22. (B) 解析：有关规定。

23. (D) 解析：有关规定。

24. (D) 解析：固体已溶于水，过程已自发，ΔG 为负值；溶液变冷，热量被体系所吸收，使环境（如溶解固体的烧杯）温度降低，ΔH 为正值；溶解为混乱度增大的过程，ΔS 为正值。

25. (C) 解析：估算化学反应的熵增加或减少，只需观察反应前后气体分子数的变化，因为气体物质的摩尔熵值远远大于固体或液体的摩尔熵值，反应后气体分子数增加，熵值增加。

三、填充题

1. 始态和终态，途径。U、H、S、G、T、p、V。U、H、S、G、V。T、p。

2. 敞开体系、封闭体系、孤立体系。

3. H_2，相等，只要反应物和产物相同，其热效应也相同。

4. -3.10kJ，37.48kJ，$108.75\text{J} \cdot \text{mol}^{-1} \cdot \text{K}^{-1}$，0，$228.6\text{kJ} \cdot \text{mol}^{-1}$。

解析：水在正常沸点时蒸发，体积扩大，压缩环境，体积对环境做功，

$$W = -p\Delta V \approx -\Delta nRT = -1 \times 8.314 \times (100 + 273.15) \times 10^{-3} = -3.10\text{kJ}$$

$$\Delta U = Q_p + W = 40.58 - 3.10 = 37.48\text{kJ}$$

正常沸点时蒸发，两相处于平衡态，此时，$\Delta G = 0$，$\Delta G_m = \Delta H_m - T\Delta S_m = 0$

$$\Delta S_m = \Delta H_m / T = 40.58 \times 10^3 / 373.15 = 108.75\text{J} \cdot \text{mol}^{-1} \cdot \text{K}^{-1}，\Delta G = 0。$$

水的生成自由能 $\Delta_f G_m^0(H_2O, g, 298K)$，正好是其逆反应的一半，

$$\Delta_f G_m^0(H_2O, g) = -457.2\text{kJ} \cdot \text{mol}^{-1}/2 = -228.6\text{kJ} \cdot \text{mol}^{-1}$$

5. +，−，−，+，−，+。

解析：H_2SO_4 溶于水，与水混合，混乱度增加；乙烯生成聚乙烯，分子数减少，气体分子变为液体或固体，混乱度减小；固体表面吸附气体，气体分子较有序地排列在固体表面，混乱度减小；干冰的升华，固体变为气体，混乱度增加；海水淡化的反渗透技术，反渗透后，溶液中的水变为纯水，海水中盐浓度增加，混乱度减小；在冰中放入食盐，使冰融

化，冰和食盐两纯净物混成混合物，固体的冰变成液体，混乱度增加。

四、问答题

1. 标明了物质的物理状态、反应条件和反应热的化学方程式被称为热化学方程式。化学反应的热效应随反应条件及有关物质的物理状态的不同而异，因而有必要规定统一的标准，或称标准态。根据国家标准，热力学标准态是指在温度 T 和标准压力 $p^{\ominus}$（100kPa）下该物质的状态，为了完善标准态的定义，IUPAC（国际纯粹和应用化学联合会）推荐优先选择 298.15K 作为参考温度。

研究气体定律时所规定的气体的标准状况，是指气体在压力为标准大气压（1atm＝101.325kPa），温度为 0℃时所处的状况。例如中学教材中提到的"在标准状况下，1mol 任何气体所占体积为 22.4L"。指单位物质的量的理想气体在 101.325kPa 和 0℃的体积。所以"标准状态"和"标准状况"其含义是不同的。

2. 这种说法是错误的。热力学第一定律的实质是能量守恒，它是一个普遍适用的原理，自然界发生的过程都遵守热力学第一定律。热力学第一定律在化学中的应用主要是求算反应热。遵守热力学第一定律的过程，在自然条件下并非都可发生。热力学第一定律并不能告诉我们可能自动发生的哪一个反应，即它不能告诉我们在某种条件下化学反应的方向，以及其进行到什么程度。如果一个过程违反了热力学第二定律，即使遵守热力学第一定律，该过程也不能发生。

3. 熵是体系无序性或混乱度的度量，以符号 S 表示，也是状态函数。体系的混乱度越大，熵值越大；体系越有序，熵值越小。对纯净物质的完整晶体，在 0K 时物质的任何热运动停止了，这时可以说体系内部完全有序，因此热力学把绝对零度时，任何纯净物质完整晶体的熵值定为零，用 $S(0)=0$ 表示。既然在 0K 时任何物质的熵值都有相同的起点，那么将物质从 0K 加热到某温度 T 时，其熵变为 $\Delta S=S(T)-S(0)$，由此可以得到各物质在 T 时的熵值，称为绝对熵。在标准状态下，单位物质的量的物质 B 在 T 时的熵值叫标准摩尔熵，符号 $S_{m}^{\ominus}$（B，物态，T），单位为 $J\cdot mol^{-1}\cdot K^{-1}$。

按上述概念，T 温度下单质的 $S_{m}^{\ominus}(T)$ 不为零。

对物质的 $\Delta_f H_m^{\ominus}$ 和 $\Delta_f G_m^{\ominus}$ 而言，由 H 和 G 的定义可知

$$H\equiv U+pV$$

$$G\equiv H-TS=U+pV-TS$$

由于 H 和 G 中都包含有热力学能，即内能 U，而内能 U 的绝对值无法测定，这就决定了物质的焓和吉布斯自由能的绝对值无法测定，只能从标准态下的指定单质的焓和吉布斯自由能的值为基准，来测定其相对值。

热力学规定标准状态下指定单质的 $\Delta_f H_m^{\ominus}=0$，指定单质的 $\Delta_f G_m^{\ominus}=0$，定义在温度 T 和标准状态下，有指定单质生成 1mol 物质的反应焓变为该物质的标准摩尔生成焓，以符号 $\Delta_f H_m^{\ominus}$（B，物态，T）表示。定义在温度 T 和标准状态下，有指定单质生成 1mol 物质的反应吉布斯自由能变为该物质的标准摩尔生成吉布斯自由能变，以符号 $\Delta_f G_m^{\ominus}$（B，物态，T）表示。

4. $\Delta_r G_m^{\ominus}(T)$ 是指反应体系中各物质都处于标准态（规定气体分压为 100kPa，溶液的浓度为 $1.0mol\cdot kg^{-1}$）下，且温度为 T，反应进度 $\xi=1$ 时的反应吉布斯自由能变。它仅表示标准状态下反应自发进行的趋势。$\Delta_r G_m^{\ominus}(T)<0$ 时，温度 T 和标准状态下，反应能自发进行。此外，对一定的反应，温度一定时，$\Delta_r G_m^{\ominus}(T)$ 是一个定值。

在 298.15K 时，$\Delta_r G_m^{\ominus}(298.15K)=\sum\nu_i\Delta_f G_m^{\ominus}$(反应物)$-\sum\nu_i\Delta_f G_m^{\ominus}$ (生成物)

在温度为 T 时，$\Delta_r G_m^{\ominus}(T)\approx\Delta_r H_m^{\ominus}(298.15K)-T\Delta_r S_m^{\ominus}$ (298.15K)

而 $\Delta_r G_m(T)$ 是指反应体系中各物质处于任意状态（分压或溶液浓度不是标准状态），且温度为 T，反应进度 $\xi=1$ 时的反应吉布斯自由能变。由于它表示实际条件下体系自发进行的趋势，所以可作为任意状态下化学反应方向的判据，当 $\Delta_r G_m(T)<0$ 时，温度 T 和标准状态下，反应能自发进行。

$\Delta_r G_m(T)$ 可利用热力学等温方程式计算（统计热力学可证明）

$$\Delta_r G_m(T)=\Delta_r G_m^{\ominus}(T)+RT\ln Q$$

式中，Q 为浓度商。

五、计算题

1. 解 $W=-p\Delta V\approx-\Delta nRT=-1\times8.314\times273.15\times10^{-3}=-2.27\text{kJ}$

$$Q=36.5\text{kJ},\ \Delta U=Q_p+W=36.5-2.27=34.23\text{kJ}$$

提示：热力学第一定律应用时，注意正负号。

2. 解 $M_r(C_7H_8)=92$

$$n(C_7H_8)=\frac{m(C_7H_8)}{M(C_7H_8)}=\frac{0.92\text{g}}{92\text{g}\cdot\text{mol}^{-1}}=0.010\text{mol}$$

$$\Delta_r U_m=-39.43/0.010=-3943\text{kJ}\cdot\text{mol}^{-1}$$

$$\Delta_r H_m=\Delta_r U_m+\Delta n(g)RT=-3943-2\times8.314\times298.15\times10^{-3}=-3948\text{kJ}\cdot\text{mol}^{-1}$$

解题思路：放出的热量为 0.92g 甲苯完全燃烧，要计算摩尔焓变，先换算成 1mol 甲苯放出的热量；在刚性密闭容器中，体积不变，所放热量为等容热效应，在数值上等于 ΔU，由于本反应为气体分子数减少的反应，若在等压下，体系的体积会缩小，环境会对体积做功，根据热力学第一定律，$\Delta U=Q_p+W$，W 为正值，$Q_p=\Delta_r H_m=\Delta U-W$

$\Delta_r H_m$ 与 $\Delta_r U_m$ 相差不多，$(\Delta_r H_m-\Delta_r U_m)/\Delta_r H_m=[-3948-(-3943)]/3948\times100\%=0.13\%$，虽然相差不大，但计算时不能忽略。

3. 解 $\Delta_r H_m^{\ominus}=\Delta_f H_m^{\ominus}(C_2H_5OH,g)-\Delta_f H_m^{\ominus}(C_2H_5OH,l)$

$$=(-235.3)-(-277.6)=42.3\text{kJ}\cdot\text{mol}^{-1}$$

$$\Delta_r S_m^{\ominus}=S_m^{\ominus}(C_2H_5OH,g)-S_m^{\ominus}(C_2H_5OH,l)$$

$$=282-161=121\ \text{J}\cdot\text{mol}^{-1}\cdot\text{K}^{-1}$$

$$T(\text{沸点})\approx\Delta_r H_m^{\ominus}/\Delta_r S_m^{\ominus}=42.3\times10^3/121=350\text{K}$$

解题思路：公式 $\Delta G_m=\Delta H_m-T\Delta S_m$ 不仅适用于化学反应，也适用于相变或其它过程。在标准大气压，正常相变点时，相变过程为可逆平衡过程，此时 $\Delta G_m=0$，只要知道两相的 $\Delta_r H_m^{\ominus}$ 和 $\Delta_r S_m^{\ominus}$，就可计算出相变温度（熔点或沸点），T（相变点）$\approx\Delta_r H_m^{\ominus}/\Delta_r S_m^{\ominus}$。

4. 解 $\Delta_r H_m^{\ominus}(1)=2\Delta_f H_m^{\ominus}(CO_2,g)+\Delta_f H_m^{\ominus}(H_2O,l)-\Delta_f H_m^{\ominus}(C_2H_2,g)$

$$\Delta_f H_m^{\ominus}(C_2H_2,g)=2\Delta_f H_m^{\ominus}(CO_2,g)+\Delta_f H_m^{\ominus}(H_2O,l)-\Delta_f H_m^{\ominus}(1)$$

$$=2\times(-394)+(-286)-(-1300)=226\text{kJ}\cdot\text{mol}^{-1}$$

解题思路：已知热化学方程式 $\Delta_r H_m^{\ominus}$ (2)，$\Delta_r H_m^{\ominus}$ (3) 分别是 $CO_2(g)$ 和 $H_2O(l)$ 的生成反应，因此 $\Delta_f H_m^{\ominus}$ (CO_2，g) $=\Delta_r H_m^{\ominus}$ (2)，$\Delta_f H_m^{\ominus}$ (H_2O，l) $=\Delta_r H_m^{\ominus}$ (3)。然后再根据公式

$\Delta_r H_m^{\ominus}(298.15K)=\sum\nu_B\Delta_f H_m^{\ominus}$(298.15K，生成物)$-\sum\nu_B\Delta_f H_m^{\ominus}$(298.15K，反应物)

计算出 $\Delta_f H_m^{\ominus}(C_2H_2,\ g)$。

5. 解　由［反应①×3－反应②－反应③×2］/6 得

$$FeO(s)+CO(g)=\!=\!=Fe(s)+CO_2(g)$$

则

$$\begin{aligned}\Delta_r H_m^{\ominus}&=[3\Delta_r H_m^{\ominus}(1)-\Delta_r H_m^{\ominus}(2)-2\Delta_r H_m^{\ominus}(3)]/6\\&=[3\times(-27.6)-(-58.58)-2\times 38.07]/6\\&=-16.73\text{kJ}\cdot\text{mol}^{-1}\end{aligned}$$

解题思路：所给方程式与目标方程式 $FeO(s)+CO(g)=\!=\!=Fe(s)+CO_2(g)$ 关系不明显，可以目标方程式的主要物质如 FeO 或 Fe 为目标，通过四则运算，拼凑出目标方程式。本题可以反应①为基础（反应①的产物就是目标产物），减掉非目标物质的反应物（减反应②），加上目标反应物的反应③的逆反应，再加上适当的系数，使运算后达到目标方程式（如反应①减反应②时，为使非目标产物 Fe_2O_3 消去，反应①需×3，为使剩余的其它物质符合目标方程式的比例，减去反应③×2，最后所得方程式除 6 就得到了目标方程式）。根据盖斯定律，方程式四则运算，热效应也按此四则运算。

6. 解　(1) $H_2(g)+\frac{1}{2}O_2(g)\longrightarrow H_2O(l)$　$\Delta_r H_m^{\ominus}=\Delta_c H_m^{\ominus}=-285.83\text{kJ}\cdot\text{mol}^{-1}$

$CO(g)+\frac{1}{2}O_2(g)\longrightarrow CO_2(g)$　$\Delta_r H_m^{\ominus}=\Delta_c H_m^{\ominus}-282.98\text{kJ}\cdot\text{mol}^{-1}$

$CH_3OH(l)+\frac{3}{2}O_2(g)\longrightarrow CO_2(g)+2H_2O(l)$　$\Delta_r H_m^{\ominus}=\Delta_c H_m^{\ominus}-726.51\text{kJ}\cdot\text{mol}^{-1}$

(2) $\Delta_r H_m^{\ominus}(298.15\text{K})=\sum\nu_B\Delta_c H_m^{\ominus}(298.15\text{K},\text{反应物})-\sum\nu_B\Delta_c H_m^{\ominus}(298.15\text{K},\text{生成物})$

$$\begin{aligned}&=-282.98+2\times(-285.83)-(-726.5)\\&=-128.14\text{kJ}\cdot\text{mol}^{-1}\end{aligned}$$

解题思路：可燃物的摩尔燃烧焓 $\Delta_c H_m^{\ominus}$，是指 1mol 可燃物完全燃烧时的焓变，即可燃物中的元素被氧化成稳定的高价氧化物。如 $C\rightarrow CO_2(g)$、$H\rightarrow H_2O(l)$、$N\rightarrow N_2(g)$ 等。

类似于用标准摩尔生成焓计算反应的热效应。对于一个恒温恒压下进行的化学反应来说，可以将其途径设计成：

反应物→完全燃烧物→产物

即

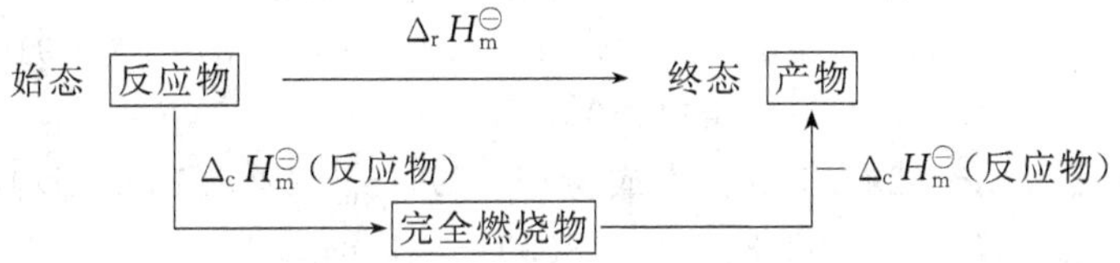

始态 [反应物] —— $\Delta_r H_m^{\ominus}$ ——→ 终态 [产物]

[反应物] —— $\Delta_c H_m^{\ominus}$(反应物) ——→ [完全燃烧物] —— $-\Delta_c H_m^{\ominus}$(反应物) ——→ [产物]

根据盖斯定律

$$\Delta_r H_m^{\ominus}(298.15\text{K})=\sum\nu_B\Delta_c H_m^{\ominus}(\text{反应物})-\sum\nu_B\Delta_c H_m^{\ominus}(\text{生成物})$$

7. 解　(1) 反应方程式为

$$4NH_3(g)+5O_2(g)\longrightarrow 4NO(g)+6H_2O(g)$$

由化学反应热效应与标准摩尔生成焓间的关系式可知：

$$\Delta_r H_m^{\ominus}=\sum\nu_B\Delta_f H_m^{\ominus}(\text{生成物})-\sum\nu_B\Delta_f H_m^{\ominus}(\text{反应物})$$

代入数据

$$\begin{aligned}\Delta_r H_m^{\ominus}&=4\times 90.25+6\times(-241.82)-4\times(-46.11)\\&=-905.48\text{kJ}\end{aligned}$$

由上面计算可知：1mol $NH_3(g)$ 氧化产生的热效应为

$$\Delta_r H_m^{\ominus}/4=-905.48/4=-226.37\text{kJ}\cdot\text{mol}^{-1}$$

所以氧化 6mol $NH_3(g)$ 的热效应为 $\Delta H=-226.37\times 6=-1358.22\text{kJ}$

（2）标准态时

$$\begin{aligned}\Delta_r G_m^{\ominus}(298.15\text{K}) &= \sum\nu_B\Delta_f G_m^{\ominus}(298.15\text{K},生成物)-\sum\nu_B\Delta_f G_m^{\ominus}(298.15\text{K},反应物)\\ &=4\times86.55+6\times(-228.57)-4\times(-16.45)\\ &=-959.42\text{kJ}\cdot\text{mol}^{-1}<0\end{aligned}$$

反应在298.15K、标准态时能自发。

8. 解 （1）

$$\begin{aligned}\Delta_r G_m^{\ominus}(298.15\text{K}) &= \sum\nu_B\Delta_f G_m^{\ominus}(298.15\text{K},产物)-\sum\nu_B\Delta_f G_m^{\ominus}(298.15\text{K},反应物)\\ &=2\times(-137.2)-(-850.7)=576.3\text{kJ}\cdot\text{mol}^{-1}\end{aligned}$$

反应在298.15K、标准态时不能自发。

（2）

$$\begin{aligned}\Delta_r H_m^{\ominus}(298.15\text{K}) &= \sum\nu_f\Delta_c H_m^{\ominus}(反应物)-\sum\nu_f\Delta_c H_m^{\ominus}(生成物)\\ &=2\times(-110.5)-(-903.5)=682.5\text{kJ}\cdot\text{mol}^{-1}\end{aligned}$$

$$\Delta_r G=\Delta_r H-T\Delta_r S$$

$$\Delta_r S=\frac{\Delta_r H-\Delta_r G}{T}=\frac{682.5-576.3}{298.15}=0.3562\text{kJ}\cdot\text{mol}^{-1}\cdot\text{K}^{-1}$$

要反应自发进行，$\Delta_r G=\Delta_r H-T\Delta_r S<0$

$$T>\Delta_r H/\Delta_r S=682.5/0.3562=1916.1\text{K}$$

解题思路：298.15K时反应能否自发，只需计算$\Delta_r G_m^{\ominus}$（298.15K）值。其它温度时判断反应的自发性，要根据公式$\Delta_r G=\Delta_r H-T\Delta_r S$，该式在任意温度下都成立，根据该式，可计算出298.15K时反应的$\Delta_r S$。$\Delta_r H$和$\Delta_r S$在不同温度时变化不大，代入公式就可计算出自发反应所需的最低温度。$\Delta_r S$的标准单位是$\text{J}\cdot\text{mol}^{-1}\cdot\text{K}^{-1}$，但在代入$T>\Delta_r H/\Delta_r S$计算温度时，$\Delta_r H$的单位要化成$\text{J}\cdot\text{mol}^{-1}$，需乘$10^3$，这里经常会出错，故$\Delta_r S$的单位仍是$\text{kJ}\cdot\text{mol}^{-1}\cdot\text{K}^{-1}$能避免出错。

9. 解 （1）要反应自发进行，$\Delta_r G=\Delta_r H-T\Delta_r S<0$

$$T<\Delta_r H/\Delta_r S=-94.0\times10^3/(-75.8)=1240.1\ \text{K}$$

（2）若用HCl来代替，则反应为：

$$SiO_2(s)+4HCl(g)=\!=\!=SiCl_4(g)+2H_2O(g)$$

$$\begin{aligned}\Delta_r H_m^{\ominus}(298.15\text{K}) &= \sum\nu_i\Delta_f H_m^{\ominus}(生成物)-\sum\nu_i\Delta_f H_m^{\ominus}(反应物)\\ &=-657.01+2\times(-241.82)-4\times(-92.31)-(-910.94)\\ &=139.53\text{kJ}\cdot\text{mol}^{-1}>0\end{aligned}$$

$$\begin{aligned}\Delta_r S &= \sum\nu_B S_m^{\ominus}(298.15\text{K，生成物})-\sum\nu_B S_m^{\ominus}(298.15\text{K，反应物})\\ &=330.73+2\times188.83-4\times186.91-41.84\\ &=-81.09\ \text{J}\cdot\text{mol}^{-1}\cdot\text{K}^{-1}<0\end{aligned}$$

$\Delta_r G=\Delta_r H-T\Delta_r S>0$，反应在任何温度下都不能自发，故不能用HCl来代替HF。

10. 解 （1）$BaCO_3(s)\longrightarrow BaO(s)+CO_2(g)$

$$\begin{aligned}\Delta_r H_m^{\ominus} &= \sum\nu_i\Delta_f H_m^{\ominus}(反应物)-\sum\nu_i\Delta_f H_m^{\ominus}(生成物)\\ &=-553.5+(-393.5)-(-1216)\\ &=269\text{kJ}\cdot\text{mol}^{-1}\end{aligned}$$

$$\begin{aligned}\Delta_r S &= \sum\nu_B S_m^{\ominus}(生成物)-\sum\nu_B S_m^{\ominus}(反应物)\\ &=70.4+213.6-122\\ &=162\ \text{J}\cdot\text{mol}^{-1}\cdot\text{K}^{-1}\end{aligned}$$

$$T>\Delta_r H/\Delta_r S=269\times10^3/162=1.66\times10^3\text{K}$$

（2）$BaCO_3(s)+C(s)\longrightarrow BaO(s)+2CO(g)$

$$\Delta_r H_m^\ominus = -553.5+2\times(-110.5)-(-1216)$$
$$=441.5\text{kJ}\cdot\text{mol}^{-1}$$
$$\Delta_r S = 70.4+2\times197.6-122-5.7$$
$$=347.9\ \text{J}\cdot\text{mol}^{-1}\cdot\text{K}^{-1}$$
$$T>\Delta_r H/\Delta_r S=441.5\times10^3/347.9=1.27\times10^3\text{K}$$

分解温度由 1.56×10^3K 降至 1.27×10^3K，这是由于加入的碳与分解的产物 CO_2 发生了反应的偶合。

11. 解　途径Ⅰ

$$Q=-184.6\text{kJ}\cdot\text{mol}^{-1}$$
$$W=0$$
$$\Delta_r U^\ominus=Q-W=-184.6\text{kJ}\cdot\text{mol}^{-1}$$
$$\Delta_r H^\ominus=\Delta_r U^\ominus=-184.6\text{kJ}\cdot\text{mol}^{-1}$$

体系做最大功，即 $\Delta_r G^\ominus=\Delta_r H^\ominus-T\Delta_r S^\ominus=0$

$$\Delta_r S^\ominus=\frac{Q_r}{T}=\frac{6.0\times10^3}{298.15}=20.12\ \text{J}\cdot\text{mol}^{-1}\cdot\text{K}^{-1}$$

$$\Delta_r G^\ominus=\Delta_r H^\ominus-T\Delta_r S^\ominus=-184.6-\frac{298.15\times20.12}{1000}=-190.6\text{kJ}\cdot\text{mol}^{-1}$$

途径Ⅱ

$$Q=6.0\text{kJ}\cdot\text{mol}^{-1}$$
$$W=Q-\Delta_r U^\ominus=6.0-(-184.6)=190.6\text{kJ}\cdot\text{mol}^{-1}$$

$\Delta_r H^\ominus$、$\Delta_r U^\ominus$、$\Delta_r S^\ominus$ 和 $\Delta_r G^\ominus$ 和同途径Ⅰ。

解析：因 H、U、S 和 G 是状态函数，同一过程通过不同途径来完成时，其 ΔH、ΔU、ΔS 和 ΔG 是相同的，所以本题中这些量有的可以通过途径Ⅰ求得，有的可以通过途径Ⅱ求得。但是 Q 和 W 不是状态函数，途径不同，Q 和 W 就不同，所以途径Ⅰ和途径Ⅱ的 Q 和 W 一定要分别计算。途径Ⅱ中系统做最大功时就是可逆过程，此时 $\Delta_r S^\ominus=Q/T$。

第二章 化学反应速率和化学平衡

中 学 链 接

1. 化学反应速率

(1) 表示方法 $v=\frac{\Delta c}{\Delta t}$ 单位：$mol \cdot L^{-1} \cdot min^{-1}$或$mol \cdot L^{-1} \cdot s^{-1}$

用单位时间内反应物浓度的减小或生成物浓度的增加来表示。

(2) 特点

① v是平均值，且大于0。

② 用不同物质表示同一反应，v值可以不同。

③ 速率之比等于方程式的化学计量数之比。

(3) 影响因素

① 内因：反应物的本性，如结构、性质。

② 浓度：增加反应物浓度可加快反应速度（固体和纯液体的浓度视为定值）。

③ 压强：增大压强气体体积缩小，相当于增加浓度，反应速率加快。

④ 温度：温度升高反应速率加快。

⑤ 催化剂：加快化学反应速率（一般指正催化剂）。

⑥ 其它：固体颗粒大小、光波、射线等。

2. 化学平衡

(1) 概念 一定条件下的可逆反应中，正反应速率和逆反应速率相等，反应混合物各组分含量保持不变的状态。平衡的建立与途径无关。

(2) 平衡标志

① v(正)$=v$(逆)，平衡建立的前提。

② 各组分含量保持不变。

(3) 平衡特征 “逆”、“等”、“动”、“定”、“变”。

即反应可逆，正逆反应速率相等，反应处于动态平衡，该平衡在一定条件下维持，外界条件改变，平衡可发生移动。

(4) 平衡移动

① 移动原因：条件改变导致v(正)$\neq v$(逆)。

② 移动方向：v(正)$>v$(逆)平衡向右移动；

v(正)$=v$(逆)平衡不移动；

v(正)$<v$(逆)平衡向左移动。

(5) 影响平衡移动的因素 浓度、压强、温度——勒沙特里原理。

基 本 要 求

1. 化学反应速率

① 化学反应速率的表示法、基元反应、非基元反应、反应速率方程。

② 浓度、气体压力、温度、催化剂对反应速率的影响。

③ 活化能、活化分子、活化分子百分数、有效碰撞与反应速率关系。

2. 化学平衡

① 分压定律。

② 化学平衡的特征和意义、平衡关系式的表达。

③ 多重平衡规则和化学平衡的移动。

④ 有关化学平衡的计算。

知　识　要　点

一、化学反应速率

1. 化学反应速率方程式

对任一反应　$aA+bB \longrightarrow dD+eE$

反应速率定义为：

$$v=-\frac{1}{e}\times\frac{dc(E)}{dt}=-\frac{1}{d}\times\frac{dc(D)}{dt}=\frac{1}{a}\times\frac{dc(A)}{dt}=\frac{1}{b}\times\frac{dc(B)}{dt}$$

速率方程式为　$v=kc^{x}(A)c^{y}(B)$

式中，浓度指数 x、y 分别为反应物 A、B 的反应级数，各反应物浓度指数之和称为该反应的级数 n，即 $n=x+y$。若是基元反应，即一步反应直接转化为方程式中产物的反应，x、y 与化学方程式中物质前的系数 a、b 相等，若非基元反应，即反应物要通过多于一步反应才能转化为方程式中产物的复杂反应，反应级数 x、y 由实验确定。

k 为反应速率常数，由反应本性和温度决定，与反应物浓度无关，在数值上等于反应物浓度均为单位浓度（$1mol \cdot L^{-1}$）时的值，其单位为 $(mol \cdot L^{-1})^{1-(x+y)} \cdot s^{-1}$，或 $(mol \cdot L^{-1})^{(1-n)} \cdot s^{-1}$ [因 $k=v/c^{x}(A)c^{y}(B)$]，从 k 的单位也可求得反应级数。

若把速率方程式改为　$v=k[c(A)/c_{o}]^{x}[c(B)/c_{o}]^{y}$，$c_{o}$ 为标准浓度，为 $1mol \cdot L^{-1}$，这样 k 的单位为 $mol \cdot L^{-1} \cdot s^{-1}$，不会因反应级数不同而变化，处理问题更简单。

2. 浓度对反应速率的影响

由反应速率方程式可知，通常反应物浓度越大，反应速率也越大（固体和纯液体的浓度为定值），具体影响程度根据反应级数确定。

3. 温度对反应速率的影响——Arrhenius 公式

化学反应速率随着温度的升高加快，表现在反应速率方程式中的速率常数 k 随温度 T 的增加而增加，1889 年瑞典化学家 Arrhenius 提出了反映 k 与 T 关系的 Arrhenius 公式。

$$k=Ae^{-E_{a}/RT} \quad 或 \quad \ln k=\ln A-\frac{E_{a}}{RT}$$

从 Arrhenius 公式可以得出如下重要结论。

① 温度一定时，E_{a} 大的反应值 k 小，反应速率小，如 $E_{a}>400kJ \cdot mol^{-1}$，为慢反应；反之，$E_{a}$ 小的反应 k 值大，反应速率大，如 $E_{a}<40kJ \cdot mol^{-1}$，为快反应。

② 当某反应 E_{a} 一定时，温度 T 升高，速率常数 k 增大，反应速率加快。

③ 对同一反应，在低温区升高温度 k 值增大的倍数比在高温区升高同样幅度的温度时 k 值增大的倍数大，即在低温区升温对反应速率更为敏感。

④ 对于 E_a 不同的反应，升高相同幅度的温度，E_a 大的反应，其 k 值增加的倍数多；E_a 小的反应，其 k 值增加的倍数少。即升温对活化能 E_a 大的反应更为敏感。

⑤ Arrhenius 公式中，$\lg k$ 与 $1/T$ 有线性关系

$$\lg k=\lg A-\frac{E_a}{2.303RT}$$

可通过测定不同温度时的速率常数求得反应的活化能 E_a。

4. 催化剂对反应速率的影响

① 催化剂对反应速率的影响，实际上是改变了反应进程（虽反应物和产物没变，但反应中间步骤已改变），使活化能 E_a 下降，反应速率常数 k 增加，反应速率加快。

② 催化剂同值降低正、逆反应的活化能，故同等程度增大正、逆反应的速率。

二、化学平衡

1. 分压定律

在温度不变、容器的体积不变的条件下，几种不同的气体混合成一种气体混合物时，此时混合气体的总压力等于各组分气体分压力之和。这就是道尔顿分压定律。每种气体的分压是指其单独占据总体积时所产生的压力，分压与其摩尔分数成正比。

$$p(\mathrm{A})=p(\text{总})\frac{n(\mathrm{A})}{n(\text{总})}=p(\text{总})x(\mathrm{A})$$

2. 化学平衡的特征

① 正反应速率等于逆反应速率，但反应仍在进行，是动态平衡。即 $v(\text{正})=v(\text{逆})\neq 0$。

② 反应达到平衡时，系统内各组分的浓度是一定的，不再随时间的变化而变化，不是定值更不是相等，但相关（符合平衡关系表达式）。

③ 平衡系统的组成与达到平衡状态的途径无关。

④ 平衡时系统的 $\Delta_r G_m(T)=0$，此时对反应无推动力。

⑤ 平衡是有条件的、相对的。当外界条件改变，且使 v(正) 不再等于 v(逆) 时，体系内组成会发生变化，直至重新达到新的平衡，即发生平衡移动。

3. 标准平衡常数

标准平衡常数是表明化学反应限度的一种特征常数。对于一般的化学反应：

$$a\mathrm{A(g)}+b\mathrm{B(aq)}+c\mathrm{C(s)}\rightleftharpoons d\mathrm{D(l)}+e\mathrm{E(g)}$$

其标准平衡常数表达式为（不论是基元反应或非基元反应）：

$$K^{\ominus}=\frac{[p(\mathrm{E})/p^{\ominus}]^e}{[p(\mathrm{A})/p^{\ominus}]^a[c(\mathrm{B})/c^{\ominus}]^b}$$

标准平衡常数 $K^{\ominus}$ 与反应本性和温度有关，与浓度或分压无关。$K^{\ominus}$ 的数值反映了该化学反应的本性，$K^{\ominus}$ 值大，化学反应向右进行得越彻底。因此标准平衡常数 $K^{\ominus}$ 是一定温度下，化学反应可能进行的最大限度的量度。

在书写平衡常数表达式时应注意以下几点：

① 体系中的固体或纯液体不写入该表达式中；

② 在稀溶液中进行的反应，若溶剂参与反应，由于溶剂的量很大，其浓度基本不变，近似于常数，不写入平衡表达式；

③ 标准平衡常数的表达式及 $K^{\ominus}$ 的数值与反应方程式的写法有关；

④ 正、逆反应的标准平衡常数互为倒数，$K^{\ominus}(\text{正})=1/K^{\ominus}(\text{逆})$。

反应商 Q 的书写与 $K^{\ominus}$ 相同，是各物质浓度（或分压）为任意时刻的值。

4. 多重平衡

在一定条件下，在一个反应系统中一个或多个物质同时参与两个或两个以上的化学反应（或过程），并且各反应均达到化学平衡，这种现象称为多重平衡。多重平衡的基本特征是参与多个反应的物质的浓度（或分压）必须同时满足这些平衡（即使这些平衡间毫无关系），即参与多个反应的同一物质的浓度（或分压）在这些平衡中具有同一数值。

若反应3＝反应1＋反应2，则 $K_3^{\ominus}=K_1^{\ominus}K_2^{\ominus}$

若反应3＝反应1－反应2，则 $K_3^{\ominus}=K_1^{\ominus}/K_2^{\ominus}$

5. 化学平衡的移动

化学平衡是相对的，有条件的。当外界条件改变时，化学平衡就会被破坏，直至达到新的平衡。这种由于外界条件变化导致化学平衡移动的过程，称为化学平衡的移动。

只要知道 $K^{\ominus}$ 和 Q 的相对大小或比值，就可判断化学平衡移动的方向。

$$\Delta_r G_m(T)=\Delta_r G_m^{\ominus}(T)+RT\ln Q=-RT\ln K^{\ominus}+RT\ln Q=RT\ln Q/K^{\ominus}$$

（1）浓度的影响　增大反应物或减小产物浓度时，Q 值减小，要使其重新等于 $K^{\ominus}$，反应要朝着反应物减少产物增多即向正反应方向或向右移动。反之，平衡向左移动。

（2）压力的影响　压力对平衡的影响实质是通过浓度的变化起作用。由于固液相浓度基本不随压力变化，因而改变压力对无气相参与的体系影响甚微。压力变化只对反应方程式两端气体分子总数不同的反应有影响，增加体系压力，所有气体的浓度同等倍数增加，但在由于方程式前各气体的系数可能不同，在平衡常数表达式中各物质的指数不同，导致此时 Q 与 $K^{\ominus}$ 不相等，反应会向着气体分子数减小的方向移动。

若体系中加入惰性气体使总压力增加，只要总体积不变，各物质的分压不会改变，此时 $Q=K^{\ominus}$，平衡不移动。

若在体系中加入惰性气体后总压力不变，则总体积必定增大，相当于系统减压，平衡会向着气体分子数增加的方向移动。

浓度或压力变化不改变平衡常数 $K^{\ominus}$。

（3）温度的影响　升高温度，平衡向吸热方向移动；降低温度，平衡向放热方向移动。温度变化，平衡常数也变化，可以定量讨论温度对平衡常数的影响，即

$$\ln\frac{K_2^{\ominus}}{K_1^{\ominus}}=\frac{\Delta_r H_m^{\ominus}}{R}\frac{T_2-T_1}{T_2T_1}$$

或

$$\lg\frac{K_2^{\ominus}}{K_1^{\ominus}}=\frac{\Delta_r H_m^{\ominus}}{2.303R}\frac{T_2-T_1}{T_2T_1}$$

勒沙特里原理：如果改变平衡系统的条件之一，如浓度、压力或温度，平衡就自动向着能减弱这种变化的方向移动。

由于催化剂同等程度地加快正、逆反应速度，没有打破 v(正)＝v(逆)，平衡不移动。

习　题

一、判断题

1. 对同一反应，不管用哪种反应物（或产物）的浓度变化来表示反应速率，其数值一样。　（　）

2. 一般情况下，不管是放热反应还是吸热反应，温度升高，反应速率总是增加的。（　）

3. 温度升高，分子间的碰撞频率也增加，这是温度对反应速率影响的主要原因。（　）

4. 在温度一定时，当体系中的一部分活化分子全部反应后，反应就停止。（　）

5. 虽然气体的分解反应在形式上是分子自身分解而生成产物，但仍需分子间碰撞。（　）

6. 反应速率常数的大小即反应速率的大小。（　）

7. 反应速率常数取决于反应温度，与反应物浓度无关。（　）

8. 反应活化能越大，反应速率也越大。（　）

9. 正催化剂使正反应速率增加，逆反应速率减小。（　）

10. 平衡常数很大或很小的反应都是可逆程度很小的反应。（　）

11. 达到平衡后的系统，只有外界变化改变平衡常数时，平衡才发生移动。（　）

12. 恒温恒容条件下，$2SO_2(g)+O_2(g) \rightleftharpoons 2SO_3(g)$平衡体系中加入$N_2$致使总压力增大，平衡向右移动。（　）

13. $\Delta_r G_m^{\ominus}$值越小，则说明反应的趋势越大，所以反应速率越大。（　）

14. 催化剂只能改变反应的活化能，不能改变反应的热效应。（　）

15. 某一反应平衡后，加入一些产物，在相同温度下再次达到平衡，则两次测得的平衡常数相等。（　）

16. 反应物浓度增加越多，反应的转化率也越高，变成产物也越完全。（　）

17. 转化率和平衡常数都可以表示化学反应的程度，它们都与浓度无关。（　）

18. 恒温时化学反应速率通常随时间的增加而减小。（　）

19. 混合气体中各组分的分压相等，则各组分的物质的量必然相等。（　）

20. 公式$\Delta_r G_m(T)=\Delta_r G_m^{\ominus}(T)+RT\ln Q$，若反应商$Q>K^{\ominus}$，则反应正向进行。（　）

二、选择题（单选）

1. 在$N_2+3H_2 \rightleftharpoons 2NH_3$的反应中经2s后，$NH_3$的浓度增加$0.6mol \cdot L^{-1}$，用$H_2$浓度变化表示的反应速率是（　）。

A. $0.2mol \cdot L^{-1} \cdot s^{-1}$　　B. $0.6mol \cdot L^{-1} \cdot s^{-1}$

C. $0.45mol \cdot L^{-1} \cdot s^{-1}$　　D. $0.9mol \cdot L^{-1} \cdot s^{-1}$

2. 反应$N_2(g)+3H_2(g) \rightleftharpoons 2NH_3(g)$，当用$-dc(N_2)/dt$表示其反应速率时，与此速率相当的表示是（　）。

A. $\frac{1}{2}dc(NH_3)/dt$　B. $2dc(NH_3)/dt$　C. $\frac{1}{3}dc(H_2)/dt$　D. $-\frac{1}{2}dc(NH_3)/dt$

3. 在反应$C(s)+H_2O(g) \rightleftharpoons CO(g)+H_2(g)$中，不能使正反应速率加快的是（　）。

A. 加热　B. 增加压力　C. 加入正催化剂　D. 多加入炭

4. 在容积相同的密闭容器中，发生$CO(g)+H_2O(g) \rightleftharpoons CO_2(g)+H_2(g)$的反应，开始时，正反应速率最大的是（　）。

A. 800℃，1mol CO，2mol $H_2O(g)$　　B. 800℃，1mol CO，1mol $H_2O(g)$

C. 1000℃，1mol CO，2mol $H_2O(g)$　　D. 1000℃，1mol CO，1mol $H_2O(g)$

5. 某简单反应$2A(g)+B(g) \longrightarrow C(g)$，其速率常数为$k$，当2mol A与1mol B在1L容器中，其起始速率v为（　）。

A. $4k$　　B. $2k$　　C. $1/4k$　　D. $1/2k$

6. $2A(g)+B(s) \longrightarrow 2C$ 在密闭容器中进行：若将压力增至原来的 4 倍，反应速率将为原来的（　　）。

A. 4 倍　　B. 64 倍　　C. 48 倍　　D. 无法确定

7. 某化学反应速率常数的单位是 $mol \cdot L^{-1} \cdot s^{-1}$时，则该化学反应的级数是（　　）。

A. 3　　B. 1　　C. 2　　D. 0

8. 在一定温度下某化学反应下列说法正确的是（　　）。

A. E_a 越大，v 越大　　B. $K^{\ominus}$ 越大，v 越大

C. 反应物浓度越大，v 越大　　D. $\Delta_r H^{\ominus}$ 负值越大，v 越大

9. 不能引起反应速率常数变化的下列情形是（　　）。

A. 改变反应体系的温度　　B. 改变反应体系所使用的催化剂

C. 改变反应物的浓度　　D. 改变反应的途径

10. 某一反应的活化能为 $65kJ \cdot mol^{-1}$，则其逆反应的活化能为（　　）。

A. $65kJ \cdot mol^{-1}$　　B. $-65kJ \cdot mol^{-1}$　　C. $0.0154kJ \cdot mol^{-1}$　　D. 无法确定

11. 在下列因素中，不影响化学反应速率大小的是（　　）。

A. 速率常数　　B. 反应物浓度　　C. 平衡常数　　D. 活化能

12. 化学反应 $A+2B \longrightarrow C+E$ 的反应级数（　　）。

A. 可根据方程式确定　　B. 可按质量作用定律确定

C. 由实验确定　　D. 一定是 3

13. 下列哪一种关于活化能的说法是正确的（　　）。

A. 相当于打破反应物分子原有化学键所需的最低能量

B. 相当于打破旧化学键、建立新化学键总能量代数和

C. 相当于反应物的总键能

D. 等于活化分子的临界能

14. 一般说，温度升高，反应速率明显增加，主要原因是（　　）。

A. 分子碰撞概率增加　　B. 反应物压力增加

C. 活化分子百分数增加　　D. 活化能降低

15. X 和 Y 两种物质，混合后发生下列步骤反应：$X+Y = Z$，$Y+Z = W+X+V$，由此作出的判断正确的是（　　）。

A. X 是催化剂　　B. Y 是催化剂　　C. W 是催化剂　　D. V 是催化剂

16. 升高同样的温度，反应速率增加幅度大的是（　　）。

A. 活化能小的反应　　B. 活化能大的反应　　C. 吸热反应　　D. 放热反应

17. 实际气体接近理想气体的条件是（　　）。

A. 低温、高压　　B. 高温、低压　　C. 低温、低压　　D. 高温、高压

18. 混合气体某组分的摩尔分数与体积分数在数值上的关系是（　　）。

A. 成正比　　B. 相等　　C. 成反比　　D. 无关

19. A、B 两种气体在体积为 V 的容器中混合，在温度 T 时测得压力为 p。V_A、V_B 分别为两气体的分体积，p_A、p_B 为分压力。对于它们下列关系式不能成立的是（　　）。

A. $p_A V = n_A RT$　　B. $pV_A = n_A RT$　　C. $p_A V_A = n_A RT$　　D. $p_A(V_A+V_B) = n_A RT$

20. 一个反应达到平衡的标志是（　　）。

A. 各反应物和产物的浓度等于常数　　B. 各反应物和产物浓度相等

C. 各物质浓度不随时间而改变　　　D. $\Delta_r H_m^\ominus = 0$

21. 在反应 $A+B \rightleftharpoons C+D$ 中，开始时只有 A 和 B，经过长时间反应，最终结果是（　）。

A. C 和 D 浓度大于 A 和 B　　　B. A 和 B 浓度大于 C 和 D

C. A、B、C、D 浓度不再变化　　　D. A、B、C、D 分子不再反应

22. 在一定条件下，反应的平衡常数很大，表示该反应（　）。

A. 放热很多　　B. 活化能很大　　C. 反应的可能性很大　　D. 反应速率快

23. 反应 $N_2O_4(g) \rightleftharpoons 2NO_2(g)$ 的平衡常数为 $K_1^\ominus$，相同温度下，反应 $NO_2(g) \rightleftharpoons \frac{1}{2}N_2O_4$ 的平衡常数 $K_2^\ominus$ 为（　）。

A. $K_1^\ominus$　　B. $1/K_1^\ominus$　　C. $\sqrt{K_1^\ominus}$　　D. $\frac{1}{\sqrt{K_1^\ominus}}$

24. 反应①$A+B \rightleftharpoons C+D$ 的平衡常数为 $K_1^\ominus$，反应②$D+E \rightleftharpoons B+H$ 的平衡常数为 $K_2^\ominus$，反应③$A+E \rightleftharpoons C+H$ 的平衡常数为 $K_3^\ominus$，三平衡常数之间的关系为（　）。

A. $K_3^\ominus = K_1^\ominus + K_2^\ominus$　B. $K_3^\ominus = K_1^\ominus - K_2^\ominus$　C. $K_3^\ominus = K_1^\ominus K_2^\ominus$　D. $K_3^\ominus = K_1^\ominus / K_2^\ominus$

25. 对化学平衡常数的数值（指同一种表示法）有影响的因素是（　）。

A. 反应物的浓度或分压　　　B. 体系的温度

C. 体系的总压　　　D. 实验测定的方法

26. 在不同温度下一个反应的平衡常数与温度有密切关系，它们的关系总是（　）。

A. 取决于反应的活化能　　　B. $K^\ominus$ 随温度 T 的上升而减小

C. $K^\ominus$ 随温度 T 上升而增大　　　D. $K^\ominus$ 与 T 呈函数关系

27. 一定温度下的反应 $2A(g)+B(g) \rightleftharpoons 2C(g)$，$\Delta_r H_m^\ominus < 0$，平衡时 $K^\ominus$ 将（　）。

A. 随温度升高而增大　　　B. 随温度升高而减小

C. 随产物的平衡浓度增大而增大　　　D. 随加压而减小

28. 在下列叙述中，不正确的是（　）。

A. 标准平衡常数仅是温度的函数　　　B. 催化剂不能改变平衡常数的大小

C. 平衡常数改变，平衡必定移动　　　D. 平衡移动，平衡常数必定发生变化

29. 可逆反应标准平衡常数 $K^\ominus$ 与反应标准吉布斯自由能变 $\Delta_r G_m^\ominus$ 的关系是（　）。

A. $K^\ominus = -\Delta_r G_m^\ominus$　　　B. $\Delta_r G_m^\ominus = RT\ln K^\ominus$

C. $\Delta_r G_m^\ominus = -RT\ln K^\ominus$　　　D. $K^\ominus = \exp(\Delta_r G_m^\ominus / RT)$

30. 在一定温度下 $N_2O_4(g) \rightleftharpoons 2NO_2(g)$ 达到平衡，如 N_2O_4 的分解率为 25%，此时混合气体总压力为分解前的（　）。

A. 0.25 倍　　B. 1.25 倍　　C. 0.50 倍　　D. 1.50 倍

31. 反应 $PCl_5(g) \rightleftharpoons PCl_3(g)+Cl_2(g)$，平衡时总压力为 p，分解率 $\alpha = 50\%$，$K^\ominus$ 为（　）。

A. $p/3p^\ominus$　　B. $p/2p^\ominus$　　C. $p/4p^\ominus$　　D. $2p/5p^\ominus$

32. 反应 $X(g)+Y(g) \rightleftharpoons Z(g)$，$\Delta_r H_m^\ominus < 0$，为了提高产率，应采取的反应条件是（　）。

A. 高温、高压　　B. 高温、低压　　C. 低温、低压　　D. 低温、高压

33. 反应 $CO(g)+H_2O(g) = CO_2(g)+H_2(g)$　$\Delta_r H_m^\ominus < 0$，为提高 CO 转化率，采取（　）。

A. 增加总压力　　B. 减小总压力　　C. 升高温度　　D. 降低温度

34. 反应 $CO(g)+H_2O(g) \rightleftharpoons CO_2(g)+H_2(g)$，为提高 $CO(g)$ 的转化率，可采取的措施是（　　）。

A. 增加 CO 的浓度　　B. 增加 $H_2O(g)$ 的浓度

C. 按 1∶1 增加 CO 和 $H_2O(g)$ 的浓度　　D. 以上三种方法均可

35. 反应 $NH_4HS(s) \rightleftharpoons NH_3(g)+H_2S(g)$ 在某温度下达平衡后，下列操作中平衡不移动的是（　　）。

A. 通入 $SO_2(g)$　　B. 通入 $HCl(g)$　　C. 移去一部分 $NH_4HS(s)$　　D. 增加压强

36. $E+2F \rightleftharpoons 2G(g)$，$\Delta_r H_m^{\ominus}<0$，已达平衡，当压力升高同时降低温度时可使平衡不移动，由此可知（　　）。

A. E 是固态物质　　B. F 是气态物质

C. E 是固态或液态物质　　D. F 是固态或液态物质

37. 密封容器中 A、B、C 三种气体建立了化学平衡：$A(g)+B(g) \rightleftharpoons C(g)$，相同温度下体积缩小 2/3，则平衡常数 K_p 为原来的（　　）。

A. 3 倍　　B. 2 倍　　C. 9 倍　　D. 不变

38. 在恒温时，固定体积容器中 $2NO_2(g) \rightleftharpoons N_2O_4(g)$ 达平衡，再向容器中通入一定量的 $NO_2(g)$ 后重达平衡，与第一次平衡相比，$NO_2(g)$ 的物质的量（　　）。

A. 不变　　B. 增大　　C. 减小　　D. 无法判断

39. 在一定温度下反应 $N_2O_4(g) \rightleftharpoons 2NO_2(g)$ 达平衡，下列措施能使 $N_2O_4(g)$ 解离度增加的是（　　）。

A. 使系统体积减小一半　　B. 定容下加入 $N_2(g)$

C. 加入 $N_2(g)$ 后总压不变　　D. 定容下加入 $N_2O_4(g)$

40. 在密闭容器中反应 $2NO(g)+O_2(g) \rightleftharpoons 2NO_2(g)$，$\Delta_r H_m^{\ominus}<0$，达平衡，要使正、逆反应速率均增加，且使平衡混合物颜色变深，可采取的措施是（　　）。

A. 缩小容器体积　　B. 降温　　C. 升温　　D. 通入 O_2

三、填充题

1. 根据阿伦尼乌斯公式可以判断：反应的活化能越大，反应速率就__________；温度越高，反应速率__________。升高反应温度，反应速率增加的主要原因是__________；增加反应物浓度，反应速率加快的主要原因是____________________。催化剂改变了__________，降低了__________，从而增加了__________，使反应速率加快。

2. 反应 $A(g)+2B(g) \longrightarrow C(g)$ 的速率方程为 $v=kc(A)c^2(B)$。该反应__________为基元反应，反应级数为__________。当 B 的浓度增加到原来的 2 倍时，反应速率将增加__________倍；当反应容器的体积增大到原体积的 3 倍时，反应速率为原来的__________。

3.

某基元反应	E_a（正）/kJ·mol^{-1}	E_a（逆）/kJ·mol^{-1}
A	70	20
B	16	35
C	40	45
D	20	80
E	20	30

在相同温度下，（1）正反应是吸热反应的是__________；（2）放热最多的是__________；（3）正反应速率常数最大的反应是__________；（4）反应可逆性最大的是

__________；(5) 正反应速率常数 k 随温度变化最大的是__________。

4. 合成氨反应：$3H_2+N_2 \rightleftharpoons 2NH_3$，$\Delta_r H_m^{\ominus}<0$，在一定条件下达到平衡，采取下列措施时，正逆反应速度、化学平衡及反应物的转化率等如何变化？

(1) 增加 N_2 的浓度，正反应速度__________，逆反应速度__________，平衡向__________移动，提高了__________反应物中__________的转化率，达到新平衡后，混合气体中 NH_3 的摩尔分数__________。

(2) 不断分离出氨，逆反应速度__________，正反应速度__________，平衡向__________移动，反应物 N_2 的转化率__________，平衡常数__________。

(3) 增大反应体系的压强，正反应速度和逆反应速度__________，但 v(正)__________v(逆)，平衡向__________移动，达到新平衡后，混合气体中 NH_3 的摩尔分数__________，平衡常数__________。

(4) 升高温度，正反应速度__________，逆反应速度__________，但 v(正)__________v(逆)，平衡向__________移动，达到新平衡后，混合气体中 NH_3 中的摩尔分数__________，平衡常数__________。

(5) 其它条件不变，使用催化剂，v(正) 和 v(逆)__________，但 v(正)__________v(逆)，平衡__________移动。

四、问答题

1. 什么是化学反应平均速率、瞬时速率？两种反应速率之间有何区别与联系？

2. 比较浓度、温度和催化剂对反应速率的影响，有何相同、不同之处？

3. 平衡浓度是否随温度变化？是否随起始浓度变化？

4. 平衡常数是否随起始浓度变化？转化率是否随起始浓度变化？

五、计算题

1. 反应 $2A(g)+B(g) \longrightarrow C(g)$ 为基元反应，将 2mol A(g) 和 1mol B(g) 放在一只容器中混合，将下列的速率同此时反应的初速率相比较

(1) A 和 B 都用掉一半时的速率。

(2) A 和 B 各用掉 2/3 时的速率。

(3) 在一只 1L 容器中装入 2mol A 和 2mol B 时的初速率。

(4) 在一只 1L 容器中装入 4mol A 和 2mol B 时的初速率。

2. 反应 $H_2(g)+I_2(g) \longrightarrow 2HI(g)$ 为二级反应，其反应速率方程式为 $v=kc(H_2)c(I_2)$。当 H_2 和 I_2 浓度均为 $2.0mol \cdot L^{-1}$ 时反应速率为 $0.1mol \cdot L^{-1} \cdot s^{-1}$，试求：

(1) 当 $c(H_2)=0.10mol \cdot L^{-1}$，$c(I_2)=0.50mol \cdot L^{-1}$ 时的反应速率；

(2) 当反应进行一段时间后，测得反应体系中 $c(H_2)=0.60mol \cdot L^{-1}$，$c(I_2)=0.10mol \cdot L^{-1}$，$c(HI)=0.20mol \cdot L^{-1}$，反应的起始速率是多少？

3. 反应 $NO_2(g)+O_3(g) \longrightarrow NO_3(g)+O_2(g)$ 在 298.15K 时测得的数据如下：

序号	起始浓度/$mol \cdot L^{-1}$		最初生成 O_2 的速率/$mol \cdot L^{-1} \cdot s^{-1}$
	NO_2	O_3	
1	5.0×10^{-5}	1.0×10^{-5}	0.022
2	5.0×10^{-5}	2.0×10^{-5}	0.044
3	2.5×10^{-5}	2.0×10^{-5}	0.022

（1）求反应级数；

（2）求反应的速率常数；

（3）试写出反应的速率方程式。

4. 某药物溶液的初始含量为 $5.0g \cdot L^{-1}$，在室温下放置 20 个月后含量降为 $4.2g \cdot L^{-1}$。如果药物含量降低 10%即失效，且其含量降低的反应为一级反应。求：

（1）药物的有效期为几个月？

（2）该药物的半衰期是多少？

5. 尿素的水解反应：$CO(NH_2)_2 + H_2O \longrightarrow 2NH_3 + CO_2$，无酶存在时反应的活化能为 $120kJ \cdot mol^{-1}$。当尿素酶存在时，反应速率提高了 9.4×10^{12} 倍。设有无酶存在时反应的频率因子 A 值相同。求：

（1）在 298.15K 时，由于尿素酶的加入，活化能降低了多少？

（2）无酶存在时，温度要升高到何值才能达到酶催化时的反应速率？

6. 反应 $SiH_4(g) \longrightarrow Si(s) + 2H_2(g)$ 在不同温度下的速率常数

k	0.048	2.3	49	590
T/K	773	873	973	1073

用 $\lg k$ 对 $\frac{1}{T}$ 作图，求该反应的活化能。

7. 在体积为 60.0L 的容器中，有 140g CO 和 20g H_2，若温度为 27℃，混合气体遵守理想气体方程式，计算：（1）两种气体的摩尔分数；（2）混合气体的总压；（3）CO 和 H_2 的分压。

8. 若某天日间气温为 32℃，气压为 98.40kPa，空气相对湿度为 80%。晚间气温为 20℃，气压为 99.33kPa。问晚间会从空气中凝结出百分之几的露水？（已知 32℃时水的饱和蒸气压是 4.80kPa，20℃时为 2.33kPa）

9. 反应 $H_2(g) + CO_2(g) \rightleftharpoons H_2O(g) + CO(g)$ 在 1259K 时达到平衡，平衡时 $c(H_2) = c(CO_2) = 0.440mol \cdot L^{-1}$，$c(H_2O) = c(CO) = 0.560mol \cdot L^{-1}$。求此温度下反应的经验平衡常数及开始时 H_2 和 CO_2 的浓度。

10. 反应：$PCl_5(g) \rightleftharpoons PCl_3(g) + Cl_2(g)$

（1）523K 时，将 0.7mol 的 PCl_5 注入容积为 2.0L 的密闭容器中，平衡时有 0.5mol 的 PCl_5 被分解了。试计算该温度下的平衡常数 K_c、$K^{\ominus}$ 和 PCl_5 分解百分数。

（2）若在上述容器中已达平衡后，再加入 0.10mol Cl_2，则 PCl_5 的分解百分数与未加 Cl_2 时相比有何不同？

（3）如开始时注入 PCl_5 的同时，注入 0.10mol Cl_2，则平衡时 PCl_5 的分解百分数是多少？比较（2）、（3）所得结果，可得出什么结论？

11. 反应 $N_2(g) + 3H_2(g) \rightleftharpoons 2NH_3(g)$ 在 400℃时标准平衡常数 $K^{\ominus}$ 为 1.64×10^{-4}，在平衡总压力为 5000kPa 时，混合 3 体积 H_2 和 1 体积 N_2，加入催化剂，当反应达平衡后，NH_3 的产率是多少？

12. 乙烷可按下式进行脱氢反应生成乙烯

$C_2H_6(g) \rightleftharpoons C_2H_4(g) + H_2(g)$　该反应在 1000K 时 $K_1^{\ominus} = 0.59$。

求：（1）在总压为 100kPa，$T = 1000K$ 时，求反应转化率 α_1；

（2）总压不变时，若原料中掺有 $H_2O(g)$，开始时 $C_2H_6 : H_2O = 1 : 1$，求 1000K、

100kPa 时乙烷的转化率 α_2；

(3) 原料中掺 $H_2O(g)$ 比例为多少时，转化率达到 90%？

(4) 若反应焓变 $\Delta_r H_m^{\ominus}=140kJ\cdot mol^{-1}$，求 1173K 时的平衡常数 $K_2^{\ominus}$；

(5) 求 (3) 条件下的转化率 α_3。

13. 在 294.8℃时反应：$NH_4HS(s) \rightleftharpoons NH_3(g)+H_2S(g)$的平衡常数 $K^{\ominus}=0.070$。求：

(1) 平衡时该气体混合物的总压。

(2) 在同样的温度下，NH_3 的最初分压为 25.3kPa 时，H_2S 的平衡分压是多少？

14. PCl_5 离解反应 $PCl_5(g) \rightleftharpoons PCl_3(g)+Cl_2(g)$ 的 $\Delta_r H_m^{\ominus}=116kJ\cdot mol^{-1}$。已知在 250℃和 100kPa 下，$PCl_5$ 的离解率为 80%。试判断将 0.1mol PCl_5，0.5mol PCl_3 和 0.2mol Cl_2 混合，在以下三种情况下反应的方向：

(1) 250℃和 100kPa 压力下；

(2) 250℃和 1000kPa 压力下；

(3) 350℃和 1000kPa 压力下。

15. 反应 $C(s)+2H_2(g) \longrightarrow CH_4(g)$ 的 $\Delta_r G_m^{\ominus}$ (1000K) $=19.288kJ\cdot mol^{-1}$。若参加反应的各气体摩尔分数分别为：10%CH_4、80% H_2 及 10%N_2，试问在 1000K 及 100kPa 下能否有甲烷生成？

16. 55℃，100kPa 时，N_2O_4 部分分解成 NO_2，体系平衡混合物的平均摩尔质量为 61.2g·mol^{-1}。求：(1) 解离度 α 和平衡常数 $K^{\ominus}$；

(2) 计算 55℃总压强为 10kPa 时的解离度 [$M(NO_2)=46$]。

答案与解析

一、判断题

1. (×) 解析：对于计量系数不同的反应物（或产物），在同一段反应时间内浓度的改变是按物质前系数成比例关系的，故计量系数不同时，用不同物质的浓度变化来表示反应速率其数值是不同的。

2. (√) 解析：根据 Arrhenius 公式，温度升高，化学反应速率总是增大的，只是增加的幅度不同，对于放热反应，E_a(正)$<E_a$(逆)，升高同等温度，逆反应速率增加的倍数大于正反应速率增加的倍数，若对于本来已达平衡的系统，升高温度后，由于逆反应速率增加的倍数多，净反应是由更多的产物变成反应物，平衡向左移动。

3. (×) 解析：温度升高，分子碰撞频率确实增加，但增加得不多，通过计算可知，温度每升高 10℃，分子碰撞频率平均增加 2%，而反应速率要增加到原来的 2～4 倍，显然，分子碰撞频率增加并不是反应速率加快的主要原因。主要原因是，温度升高后，分子的平均动能增加，活化分子百分数增加，有效碰撞频率增加，反应速率加快。

4. (×) 解析：在任何温度时，分子的动能总是呈正态分布，即体系中能量较高和能量较低的分子百分数较少，能量在平均值附近的分子百分数较多，即使经过一段时间反应后，分子的动能还是呈正态分布，只是能量较高的活化分子百分数减少，但并不是没有，反应速率减慢，但反应并不停止，而是进入平衡态。

5. (√) 解析：根据过渡状态理论，要进行化学反应，分子间必须经过碰撞，原分子化学键逐渐松弛，新分子化学键逐渐形成，生成不稳定的活化络合物，该活化络合物分解出产物，才算完成了一次反应。

6. （×）解析：根据反应速率方程式：$v=kc^{x}(\mathrm{A})c^{y}(\mathrm{B})$，在一定温度下，反应速率除与速率常数 k 有关外，还与反应物浓度有关。

7. （√）解析：根据 Arrhenius 公式。$k=A\mathrm{e}^{-E_a/RT}$ 可知，反应速率常数 k 取决于反应温度，与反应物浓度无关，在数值上等于反应物在单位浓度时的反应速率。

8. （×）解析：根据 Arrhenius 公式。$k=A\mathrm{e}^{-E_a/RT}$ 可知，反应活化能 E_a 越大，反应速率常数 k 越小，故反应速率也越小。

9. （×）解析：从催化剂改变反应途径可知，催化剂同等程度地降低了正、逆反应的活化能，同等倍数增加正、逆反应的速率，即加入正催化剂后，逆反应速率也以同等倍数增加。通常感觉是加入正催化剂后，正反应速率明显加快，逆反应速率加快并不感觉明显，原因是正、逆反应物质浓度变化的绝对数相差很大，如原正反应速率是 $1\times10^{-6}\,\mathrm{mol\cdot L^{-1}\cdot s^{-1}}$，原逆反应速率是 $1\times10^{-11}\mathrm{mol\cdot L^{-1}\cdot s^{-1}}$，加入正催化剂后，正、逆反应的速率均增加 10 万倍，此时，正反应速率为 $1\mathrm{mol\cdot L^{-1}\cdot s^{-1}}$，逆反应速率为 $1\times10^{-5}\,\mathrm{mol\cdot L^{-1}\cdot s^{-1}}$，净反应速率（正反应速率－逆反应速率）为 $1\mathrm{mol\cdot L^{-1}\cdot s^{-1}}$。

10. （√）解析：平衡常数很大表示正反应很彻底，逆反应程度很小，若 $K^{\ominus}$(正)$>10^{5}$，就可认为反应为单向正反应；平衡常数很小表示该反应正反应几乎不进行，而逆反应很彻底，若 $K^{\ominus}$(正)$<10^{-5}$，可认为该反应为单向逆反应。

11. （×）解析：只要原平衡中 v(正)$=v$(逆)的关系被破坏，物质浓度（或分压）发生变化，就是平衡被破坏，要进行移动。而能破坏 v(正)$=v$(逆)关系的外因，除能改变平衡常数的因子温度外，还有不改变平衡常数的因子浓度和压力。

12. （×）解析：由于体系是恒容，加入 N_2 后尽管总压力增大，但反应物和产物的分压没有变化，还是维持原平衡时的数值，故平衡不移动。

13 （×）解析：$\Delta_r G_m^{\ominus}$ 值越小，即负值越大，反应的趋势确实越大，但 $\Delta_r G_m^{\ominus}$ 值是热力学性质，与动力学性质的反应速率大小是两回事。

14. （√）解析：从催化剂改变反应途径的原理可以看出，使用催化剂后反应的活化能减小，反应物与产物的能量没有改变，故反应的热效应没有改变；从盖斯定律也可知，只要反应物与产物相同，不管经过多少步骤，有否催化剂加入，反应的热效应是相同的。

15. （√）解析：由于温度没有改变，加入一些反应物破坏原来平衡后，体系内部各物质的量会进行一些调整，最后达成平衡后反应商还是等于平衡常数。

16. （×）解析：所谓反应的转化率是指平衡时，已转化的反应物浓度除总加入的反应物浓度，反应物浓度增加越多，虽然转化的反应物的物质的量增加（分子），但分母也大，是否转化率提高，还要具体计算。若有两种反应物，加入某一反应物后，平衡右移，另一未增加的反应物转化率必提高，而添加的这种反应物转化率下降；若反应物只有一种，不管如何添加反应物，平衡时转化率不变。

17. （×）解析：转化率和平衡常数是可以表示化学反应的程度，通过转化率计算公式可知，转化率与浓度有关。

18. （√）解析：随着反应的进行，反应物由于不断消耗浓度逐渐降低，正反应速率逐渐减小。

19. （√）解析：根据分压定律，$p(\mathrm{A})=p(\text{总})x(\mathrm{A})$，组分的分压相等，组分的物质的量必然相等。

20. （×）解析：平衡时，$\Delta_r G_m(T)=\Delta_r G_m^{\ominus}(T)+RT\ln Q=0$，$\Delta_r G_m^{\ominus}(T)=-RT\ln K^{\ominus}$，

要使反应正向进行 $\Delta_r G_m(T)=\Delta_r G_m^{\ominus}(T)+RT\ln Q=-RT\ln K^{\ominus}+RT\ln Q=RT\ln Q/K^{\ominus}<0$，则 $Q<K^{\ominus}$。

二、选择题

1. (C) 解析：用 NH_3 浓度变化表示的反应速率应为 $0.6/2=0.3\text{mol}\cdot L^{-1}\cdot s^{-1}$，用 H_2 浓度变化表示应为 NH_3 变化的 3/2 倍，$0.3\times3/2=0.45\text{mol}\cdot L^{-1}\cdot s^{-1}$，因为 H_2 浓度在减少，严格地讲，应是 $-0.45\text{mol}\cdot L^{-1}\cdot s^{-1}$。

2. (A) 解析：用瞬时速率来表示反应速率时，为使反应速率的数据一致，用某物质浓度变化除以其系数，有 $v=-dc(N_2)/dt=-\frac{1}{3}dc(H_2)/dt=\frac{1}{2}dc(NH_3)/dt$。

3. (D) 解析：反应速率加快的方法一般有加热、增加反应物浓度、加入催化剂等，对于气体增加浓度是通过增加压力来实现的，对于固体，其浓度就是密度，是固定值，故不能通过增加固体物质的量来增加反应速率，但可以使固体粉碎，增加其表面积来加快反应速率。

4. (C) 解析：除了零级反应，反应物浓度大，反应速率也大，根据阿伦尼乌斯公式，温度高，反应速率快。

5. (A) 解析：因是简单反应，即反应由一个基元反应完成，故可直接使用质量作用定律并代入数据计算，$v=kc^2(A)c(B)=k\times2^2\times1=4k$。

6. (D) 解析：压力增至原来的 4 倍，A 的浓度也增加了 4 倍，反应速率肯定增加，但该反应并不知道是否是基元反应，不能直接用质量作用定律，故速率增加的程度无法确定。

7. (D) 解析：因 $v=kc^x(A)c^y(B)$，$k=v/c^x(A)c^y(B)$，其单位为 $(\text{mol}\cdot L^{-1})^{1-(x+y)}\cdot s^{-1}$，若单位是 $\text{mol}\cdot L^{-1}\cdot s^{-1}$ 时，意味着 $x+y=0$，即该反应是零级反应。

8. (C) 解析：根据反应速率方程及阿伦尼乌斯公式，与反应速率有关的是反应物浓度、温度与反应活化能，$K^{\ominus}$ 和 $\Delta_r H^{\ominus}$ 是热力学性质，与反应速率无关，而 E_a 越大，v 越小。

9. (C) 解析：根据阿伦尼乌斯公式，反应速率常数与反应温度、反应活化能有关，改变催化剂就是改变了原反应途径，改变了反应活化能，只有体系浓度变化不涉及速率常数变化。

10. (D) 解析：因该反应的热效应未知，$\Delta_r H^{\ominus}=E_a(\text{正})-E_a(\text{逆})$，故光凭 E_a(正) 还无法确定其逆反应的活化能。

11. (C) 解析：同 8，只有平衡常数是热力学性质，与反应速率无关。

12. (C) 解析：因该反应并不知道是否是基元反应，反应级数只能由实验确定。

13. (A) 解析：化学反应就是原分子化学键部分或全部被打破、原子重新组合成新分子的过程，活化能就是部分或全部打破反应物分子原有化学键，启动化学反应所需的最低能量。因为有时并不需打破全部原有化学键，故不能说相当于反应物的总键能。

14. (C) 解析：温度升高，分子碰撞频率增加对反应速率增加的贡献极为有限，主要是温度升高后，分子的平均动能增加，活化分子百分数增加，有效碰撞频率增加，反应速率加快。

15. (A) 解析：两分步反应相加后得到总反应式为 $2\text{Y}=\!=\!=\text{W}+\text{V}$，可知 X 虽参与反应，但在反应中被完全还原出来，其质量及化学性质在反应前后并未改变，这正是催化剂的性质。

16. (B) 解析：根据阿伦尼乌斯公式 $k=Ae^{-E_a/RT}$，活化能越大，温度对其影响越明显。如 $E_a>53.6kJ\cdot mol^{-1}$，温度每升高 10℃，其反应速率将大于原来的 2 倍；若 $E_a<53.6kJ\cdot mol^{-1}$，温度升高 10℃，反应速率不会大于原来的 2 倍。

17. (B) 解析：所谓理想气体是指始终符合理想气体状态方程的气体，忽略了分子本身体积大小及分子间的作用力，这就需要分子间的距离大以减小实际气体与理想气体间的误差，而要达到分子间距离大，需要高温和低压。

18. (B) 解析：根据分体积定律，$V(A)=V(总)x(A)$，$V(A)/V(总)=x(A)$，组分的体积分数相等，组分的摩尔分数必然相等。

19. (C) 解析：根据分压定律，某组分分压是其单独占有总体积时的压力，$p_AV=n_ART$ 成立；根据分体积定律，某组分的分体积是指其单独承担总压力时的体积，$pV_A=n_ART$ 成立；$V_A+V_B=V$，$p_A(V_A+V_B)=n_ART$ 成立。只有 $p_AV_A=n_ART$ 不成立。

20. (C) 解析：一个反应达到平衡的标志是 $v(正)=v(逆)$，此时各物质浓度不随时间而改变，但不是常数，更不是相等，但平衡物质浓度间有一定的关联，即符合平衡关系表达式。

21. (C) 解析：同 20 题，各组分浓度不再变化是达到平衡的标志。

22. (C) 解析：根据 $\Delta_rG_m^\ominus(T)=-RT\ln K^\ominus$，平衡常数 $K^\ominus$ 越大，$\Delta_rG_m^\ominus$ 的负值越大，反应的可能性越大。

23. (D) 解析：即使是同一化学反应，平衡常数与化学方程式的写法有关，方程式系数乘 1/2，平衡常数的指数为 1/2，即要开根号，如为逆反应，即为正反应方程式×(−1)，其平衡常数为原正反应平衡常数的−1 次方，即为原平衡常数的倒数。

24. (C) 解析：化学方程式相加，平衡常数相乘，化学方程式相减，平衡常数相除，题中反应方程式为方程式①和方程式②相加，故应两平衡常数相乘。

25. (B) 解析：化学平衡常数是化学反应特性的常数，与反应温度有关，与其它因素无关。

26. (D) 解析：$\Delta_rG_m^\ominus(T)=-RT\ln K^\ominus=\Delta_rH_m^\ominus-T\Delta_rS_m^\ominus$，$\ln K^\ominus=-\Delta_rH_m^\ominus/RT+\Delta_rS_m^\ominus/R$，可见 $K^\ominus$ 与 T 呈函数关系，主要取决于反应的 $\Delta_rH_m^\ominus$。

27. (B) 解析：同 26 题，$K^\ominus$ 只与温度有关，由于 $\ln K^\ominus=-\Delta_rH_m^\ominus/RT+\Delta_rS_m^\ominus/R$，因 $\Delta_rH_m^\ominus<0$，可见 $K^\ominus$ 将随温度 T 升高而减小。另可从平衡移动来看，升高温度，该放热反应的平衡向左移动，再次达平衡后，产物浓度减小，反应物浓度增大，代入平衡关系表达式可知，新平衡常数减小。

28. (D) 解析：能使平衡发生移动的因素有温度、浓度和压力等，但因平衡常数仅是温度的函数，只有温度改变，平衡常数才改变，其它因素使平衡移动，平衡常数不变。

29. (C) 解析：见判断题 20。

30. (B) 解析：由于该分解反应有 1 分子气体变为 2 分子气体，若题中 1mol N_2O_4 分解掉 0.25mol，就会有 0.50mol NO_2 生成，即有分解掉气体一倍的产物气体生成，此时气体总物质的量为 1.25mol×(1−0.25+2×0.25)，故压力为分解前的 1.25 倍。

31. (A) 解析：

	$PCl_5(g)\rightleftharpoons$	$PCl_3(g)+$	$Cl_2(g)$	$n(总)$
$n(平衡)/mol$	0.5	0.5	0.5	1.5
p_i	$\frac{0.5}{1.5}p$	$\frac{0.5}{1.5}p$	$\frac{0.5}{1.5}p$	

$$K^{\ominus}=\frac{[p(PCl_3)/p^{\ominus}][p(Cl_2)/p^{\ominus}]}{[p(PCl_3)/p^{\ominus}]}=\frac{1}{p^{\ominus}}\frac{[(0.5/1.5)p]^2}{(0.5/1.5)p}=p/3p^{\ominus}$$

32. (D) 解析：要提高产率，就要使平衡右移，因该反应是放热和气体分子数减小，故需要降低温度和增大压力。实际操作时，为了考虑平衡达到前的反应速率，温度不能太低。

33. (D) 解析：因该反应是放热反应，为使平衡右移，需降低温度。

34. (B) 解析：增加反应物的浓度 $H_2O(g)$，平衡右移，但单独 $H_2O(g)$ 的移动不能生成产物，它要与等物质的量 CO 的结合才能生成产物，这样，在不添加 CO 的情况下，更多 CO 的转化为产物，CO 的转化率提高。

35. (C) 解析：对于平衡体系，增减反应物或产物浓度（除固体或纯液体）、改变压强（反应前后气体分子数不同）平衡会发生移动。加入 SO_2 会和 H_2S 反应，加入 HCl 会和 NH_3 反应，间接地减小了产物 H_2S 和 NH_3 的浓度，平衡会右移，因 NH_4HS 是固体，移去一部分平衡不移动，增加压强平衡会向气体分子数减小的逆反应方向移动。

36. (D) 解析：因反应是放热的，降低温度平衡会右移，要平衡不移动，一定要有使平衡左移的外界条件，由题意加压会使平衡左移，反应物的气体分子数一定少于产物的气体分子数，则 F 不可能是气态物质。

37. (D) 解析：平衡常数 K_p 在温度不变的情况下不变。

38. (B) 解析：加入反应物平衡右移，但并不全部变成产物，还留下一部分（与原平衡时转化比例相同），两部分相加，NO_2 的物质的量增大。

39. (C) 解析：该反应为气体分子增加的反应，减小压力会使平衡右移，$N_2O_4(g)$ 解离度增加，在总压不变时加入 $N_2(g)$，体系的体积肯定增加，相当于体系减压，平衡右移，$N_2O_4(g)$ 解离度增加。加入 $N_2O_4(g)$ 会使体系平衡右移，但转化率不变，题中在定容下，总压会增加，转化率反而会减小。

40. (A) 解析：缩小容器体积相当于增加反应物与产物浓度，正、逆反应速率均增加，由于产物气体分子数减小，加压后平衡向右，红棕色的 NO_2 浓度增加，平衡混合物颜色变深。

三、填充题

1. 小，大，增加了活化分子的百分数，增加了活化分子数，反应途径，反应活化能，活化分子百分数。

2. 不一定，3，4，1/27。

解析：是否基元反应，不能仅看反应速率方程式，要由实验确定；反应级数为速率方程式中浓度项的指数之和；反应容器扩大到原来的 3 倍，各物质的浓度均减小 3 倍，为原来的 1/3，代入速率方程式后计算的反应速率为原来的 1/27。

3. A，D，B，C，A

解析：(1) $\Delta_r H_m^{\ominus}=E_a(正)-E_a(逆)$，A 中为 $70kJ\cdot mol^{-1}-20kJ\cdot mol^{-1}=50kJ\cdot mol^{-1}>0$，为吸热反应；(2) $\Delta_r H_m^{\ominus}=E_a(正)-E_a(逆)=20kJ\cdot mol^{-1}-80kJ\cdot mol^{-1}=-60kJ\cdot mol^{-1}$，负值最大，放热最多；(3) 根据阿伦尼乌斯公式 $k=Ae^{-E_a/RT}$，活化能越小，反应速率越大；(4) $E_a(正)$、$E_a(逆)$ 相差越小，正、逆反应速率相差也越小，反应的可逆程度也越大；(5) 根据阿伦尼乌斯公式 $k=Ae^{-E_a/RT}$，活化能越大，温度对其影响越明显。

4.（1）增加，不变，右，H_2，不确定。

解析：增加反应物浓度的瞬间，正反应速率增加，此瞬间产物浓度不变，故逆反应速率也不变；随后正反应速率逐渐减慢，逆反应速率逐渐增加，再次达到平衡时，净变化是更多的反应物变成了产物，即平衡右移；虽然未加入 H_2，由于平衡右移，新加入的 N_2“劫持”H_2一起变成了产物 NH_3，故 H_2 的转化率提高；产物中 NH_3 的量增加了，但由于 N_2 的加入，NH_3 的摩尔分数是否增加要根据 N_2 的加入量具体计算。

（2）下降，不变，右，提高，不变。

解析：减少产物浓度，逆反应速率减小，此瞬间反应物浓度不变，正反应速率不变，故平衡向右移动；由于有更多的反应物变成了产物，投入反应物的总量没变，故不仅 N_2 的转化率提高，H_2 的转化率也提高；由于题中并未提出温度变化，故平衡常数不变。

（3）增加，>，右，增加，不变。

解析：增大反应体系的压强，相当于同等倍数地增加了反应物和产物的浓度，正、逆反应速率均增加，题中，反应物气体分子数多，反应速率增加的倍数多，故有 v(正)>v(逆)，平衡向右移动，由于体系中没有其它物质进入，NH_3 的摩尔分数增加；同上情况，平衡常数不变。

（4）增加，增加，<，左，减少，减小。

解析：根据阿伦尼乌斯公式，升高温度，正、逆反应速率均增加，具体到放热反应，E_a(正)< E_a(逆)，可知，逆反应速率增加的倍数大于正反应增加的倍数，v(正)<v(逆)，平衡向左移动，混合气体中 NH_3 的摩尔分数降低；温度变化后，达新平衡时，产物浓度减少，反应物浓度增加，故平衡常数减小。

（5）增加，=，不。

解析：使用催化剂，降低了正、逆反应的活化能，正、逆反应的速率均增加，且增加的倍数一样，没有改变 v(正)=v(逆)的平衡特征，故平衡不移动。

四、问答题

1. 化学反应的平均速率：用单位时间内反应物或生成物浓度的变化来表示。

化学反应瞬时速率：当时间间隔趋于无限小的时候，反应物或生成物浓度的变化与反应时间的比值。

两种反应速率之间的区别：化学反应的平均速率表示该段时间内的化学反应速率，化学反应瞬时速率表示某一时刻的化学反应速率。

两种反应速率之间的联系：时间间隔越短，平均速率就越接近于瞬时速率。

2. 浓度、温度和催化剂都能影响反应速率，但改变的途径和程度有所不同。浓度在速率方程式中直接改变速率的大小，而温度和催化剂的变化是通过改变速率常数后从而影响到反应速率。根据阿伦尼乌斯公式，温度和催化剂对反应速率的影响发生在指数项，因此它们的影响要大得多。

3. 在一定条件下，化学反应达平衡后，反应系统中各物质的浓度不再随时间而变。若起始浓度变化，反应物、产物之间达到新的平衡，则平衡浓度会改变，但反应物、产物浓度（严格地讲是活度）之间的关系仍符合平衡常数的要求。若温度改变，则平衡常数会变化，平衡浓度也随着改变。

4. 平衡常数在一定温度下有一个确定的数值，不随起始浓度变化。温度一定时，起始浓度改变，平衡发生移动，系统将自发地再进行反应，趋于新的平衡，但其平衡常数不变。

平衡转化率随起始浓度变化。在化工生产中，对于多种反应物的反应，常用增加廉价原料的浓度来提高贵重或不易得原料的平衡转化率。但对于只有一种反应物的反应，增加起始浓度不能提高它的转化率。

五、计算题

1. 解 (1) $\dfrac{v}{v_0}=\dfrac{kc_A^2c_B}{kc_{A0}^2c_{B0}}=\dfrac{k(1/2c_{A0})^2(1/2c_{B0})}{kc_{A0}^2c_{B0}}=\dfrac{1}{8}$

(2) $\dfrac{v}{v_0}=\dfrac{k(1/3c_{A0})^2(1/3c_{B0})}{kc_{A0}^2c_{B0}}=\dfrac{1}{27}$

(3) $\dfrac{v}{v_0}=\dfrac{kc_A^2c_B}{kc_{A0}^2c_{B0}}=\dfrac{k\times2^2\times2}{k\times2^2\times1}=2$

(4) $\dfrac{v}{v_0}=\dfrac{kc_A^2c_B}{kc_{A0}^2c_{B0}}=\dfrac{k\times4^2\times2}{k\times2^2\times1}=8$

解析：此类题目，只需代入公式，列出比例式，同一反应在温度不变时速率常数 k 不变。

2. 解 (1) 据 $v=kc(H_2)c(I_2)$，代入题设条件，得

$$k=\frac{v}{c(H_2)c(I_2)}=\frac{0.1}{2.0\times2.0}=0.025(\text{mol}\cdot\text{L}^{-1})^{-1}\cdot\text{s}^{-1}$$

所以 $$v=0.025\times0.10\times0.50=1.25\times10^{-3}\text{mol}\cdot\text{L}^{-1}\cdot\text{s}^{-1}$$

(2) 反应进行一段时间后，$c(HI)=0.20\text{mol}\cdot\text{L}^{-1}$，根据反应式，$H_2(g)+I_2(g)\longrightarrow 2HI(g)$，$H_2$ 和 I_2 的浓度各消耗了 $0.10\text{mol}\cdot\text{L}^{-1}$，则的初始浓度为

$$c(H_2)=0.60+0.10=0.70\text{mol}\cdot\text{L}^{-1}$$

$$c(I_2)=0.10+0.10=0.20\text{mol}\cdot\text{L}^{-1}$$

所以 $$v=kc(H_2)c(I_2)=0.025\times0.70\times0.20=3.5\times10^{-3}\text{mol}\cdot\text{L}^{-1}\cdot\text{s}^{-1}$$

解析：(1) 在温度不变的情况下，速率常数 k 不随浓度而改变，在已知浓度和反应速率时求出速率常数 k，代入另一浓度时的速率方程式，就可求出不同浓度时的反应速率。

(2) 对于化学反应，尽管反应物不一定按反应方程式中的比例投入，但反应（消耗反应物或生成产物）则按反应方程式中的比例，已知产物浓度，就可推算出反应物的初始浓度，然后根据速率方程式求出反应速率。

注意上面所求出的反应速率均为投入反应物一瞬间的瞬时速率。

3. 解 (1) 该反应的速率方程式暂可写为

$$v=kc^m(NO_2)\ c^n(O_3)$$

则 $$\frac{v_1}{v_2}=\frac{kc_1^m(NO_2)c_1^n(O_3)}{kc_2^m(NO_2)c_2^n(O_3)}$$

$$=\frac{(5.0\times10^{-5})^m(1.0\times10^{-5})^n}{(5.0\times10^{-5})^m(2.0\times10^{-5})^n}=\left(\frac{1}{2}\right)^n=\frac{0.022}{0.044}=\frac{1}{2}$$

所以 $$n=1$$

同理 $$\frac{v_2}{v_3}=2^m=\frac{0.044}{0.022}=2$$

所以 $$m=1$$

反应的总级数=1+1=2 级

(2) $k_1=\dfrac{v_1}{c(NO_2)c(O_3)}=\dfrac{0.022}{5.0\times10^{-5}\times1.0\times10^{-5}}=4.4\times10^7\ (\text{mol}\cdot\text{L}^{-1})^{-1}\cdot\text{s}^{-1}$

因温度不变，在三种不同的起始浓度时，速率常数 k 不变。

(3) 速率方程式为 $v=kc(NO_2)c(O_3)$

解析：测反应级数时，若有两种反应物，通常先固定一种反应物的浓度不变，改变另一种反应物的浓度，若 NO_2 的浓度先固定，速率方程式可暂时变为 $v=kc^m(NO_2)c^n(O_3)=Kc^n(O_3)$，其中 $[K=kc^m(NO_2)]$，分别测出起始反应速率，

$$\frac{v_1}{v_2}=\frac{Kc_1^n(O_3)}{Kc_2^n(O_3)}=\frac{c_1^n(O_3)}{c_2^n(O_3)}=\left[\frac{c_1(O_3)}{c_2(O_3)}\right]^n$$

就可求得反应物 O_3 的级数 n，然后改变此反应物浓度（如 O_3），固定另一反应物浓度（如 NO_2），用相同的方法可求出 NO_2 的级数。

4. 解　(1) 该药物室温下分解为一级反应，故有

$$k=\frac{2.303}{t}\lg\frac{c_0}{c}=\frac{2.303}{20}\lg\frac{5.0}{4.2}=8.7\times10^{-3}\text{月}^{-1}$$

$$t=\frac{2.303}{k}\lg\frac{c_0}{c}=\frac{2.303}{8.7\times10^{-3}}\lg\frac{c_0}{c_0(1-10\%)}=12\text{月}$$

(2)
$$t_{1/2}=\frac{0.693}{k}=\frac{0.693}{8.7\times10^{-3}}=80\text{月}\ (\text{若}\ t_0=0)$$

解析：对于一级反应，由　$v=-\dfrac{dc}{dt}=kc$，$\dfrac{dc}{c}=-kdt$

积分得 $\ln\dfrac{c_0}{c}=k(t_1-t_0)$　$2.303\lg\dfrac{c_0}{c}=kt_1$（若 $t_0=0$）

由该式可知，对于一级反应，反应掉一定比例的反应物与原反应物起始浓度 c_0 无关，如反应掉 $n\%\times c_0$，代入该式中，反应物起始浓度 c_0 正好约去，得

$$t_{n\%}=\frac{2.303}{k}\lg\frac{c_0}{c}=\frac{2.303}{k}\lg\frac{c_0}{n\%\times c_0}=-\frac{2.303}{k}\lg n\%$$

农药的分解失效、药物的失效、生物体中的很多酶促反应、原子的放射性（如 ^{14}C 衰变为 ^{12}C，以测定文物年代）均为一级反应，只要知道反应的特性（即速率常数 k），就可方便地求出其半衰期 $t_{1/2}$；或通过测出现时浓度来求出反应已进行的时间。

$$t_{1/2}=\frac{2.303}{k}\lg\frac{c_0}{c}=\frac{2.303}{k}\lg\frac{c_0}{0.5c_0}=\frac{0.693}{k}$$

5. 解　(1) 设酶存在时速率常数为 k_1，无酶存在时速率常数为 k_2，则

$$\ln k_1=-\frac{E_{a1}}{RT}+\ln A\quad \ln k_2=-\frac{E_{a2}}{RT}+\ln A$$

$$\ln\frac{k_1}{k_2}=\frac{E_{a2}-E_{a1}}{RT}=\frac{\Delta E_a}{RT}$$

$$\Delta E_{a2}=RT\ln\frac{k_1}{k_2}=8.314\times298.15\times\ln(9.4\times10^{12})=74\text{kJ}\cdot\text{mol}^{-1}$$

(2) 无酶存在时温度需升高到 T_3，才能使 $\dfrac{k_3}{k_2}=9.4\times10^{12}$。

$$\ln\frac{k_3}{k_2}=\frac{E_a}{R}\frac{T_3-T_2}{T_2T_3}=\frac{120.0\times10^3}{8.314}\frac{T_3-298.15}{298.15\times T_3}$$

$$T_3=778\text{K}$$

解析：在浓度不变时，反应速率的改变体现在反应速率常数 k，根据 Arrhenius 公式

$$k=Ae^{-E_a/RT}\ \text{或}\ \ln k=\ln A-\frac{E_a}{RT}\ \text{或}\ \ln\frac{k_2}{k_1}=\frac{E_a}{R}\frac{T_2-T_1}{T_2T_1}$$

在 k_1、k_2、T_1、T_2、E_a 这五个数据中，只要任意知道了其中四个数据，第五个数据即可根据上式求出。经常通过测定相同温度时反应的初速率，来求反应的活化能。

6. 解 用所给数据求相应的 lg$k$ 和$\frac{1}{T}$

lg$k$	−1.3188	0.3617	1.6902	2.7709
$(1/T)/K^{-1}$	1.29×10^{-3}	1.15×10^{-3}	1.03×10^{-3}	9.32×10^{-4}

根据
$$\lg k=-\frac{E_a}{2.303RT}+\lg A$$

作图略，该直线方程斜率$=-\frac{E_a}{2.303R}$

$$E_a=-2.303R\times\text{斜率}=-2.303\times8.314\times\text{斜率}\ (\text{kJ}\cdot\text{mol}^{-1})$$

解析：测定反应活化能用作图法更准确，如 lg$k$ 和 $1/T$ 各点并非精确地在一直线上，可用拟合方法作一直线，这样比两点法测反应活化能要准确。

7. 解 (1)
$$n(\text{CO})=\frac{m(\text{CO})}{M(\text{CO})}=\frac{140}{28}=5.0\text{mol}$$
$$n(\text{H}_2)=\frac{m(\text{H}_2)}{M(\text{H}_2)}=\frac{20}{2.00}=10.0\text{mol}$$
$$x(\text{CO})=\frac{n(\text{CO})}{n(\text{CO})+n(\text{H}_2)}=\frac{5.0}{5.0+10.0}=0.333$$
$$x(\text{H}_2)=1-x(\text{CO})=1-0.333=0.667$$

(2)
$$p=\frac{nRT}{V}=\frac{[n(\text{CO})+n(\text{H}_2)]RT}{V}$$
$$=\frac{(5.0+10.0)\times8.314\times(273.15+27)}{60.0}=6.24\times10^5\text{Pa}$$

(3)
$$p(\text{CO})=x(\text{CO})p=0.333\times6.24\times10^5=2.08\times10^5\text{Pa}$$
$$p(\text{H}_2)=x(\text{H}_2)p=0.667\times6.24\times10^5=4.16\times10^5\text{Pa}$$

解析：混合气体中各组分摩尔数之比即为各组分分压之比，组分分压为总压乘以该组分的摩尔分数。

8. 解 日间
$$p(\text{水汽})=4.80\times80\%=3.84\text{kPa}$$
$$p(\text{干空气})=98.40-3.84=94.56\text{kPa}$$

晚间
$$p'(\text{水汽})=2.33\text{kPa}$$
$$P'(\text{干空气})=99.33-2.33=97.00\text{kPa}$$

因为混合气体中：
$$p_1/p_2=n_1/n_2$$

所以日间
$$\frac{n(\text{干空气})}{n(\text{水汽})}=\frac{p(\text{干空气})}{p(\text{水汽})}=\frac{94.56}{3.84}$$

夜间
$$\frac{n'(\text{干空气})}{n'(\text{水汽})}=\frac{p'(\text{干空气})}{p'(\text{水汽})}=\frac{97.00}{2.33}$$

若以 94.56mol 干空气为准，它到夜间能凝结出的露水为
$$3.84-94.56\times\frac{2.33}{97.00}=1.57\text{mol}$$

所以日间潮空气中能结露的摩尔分数为
$$\frac{1.57}{3.84}\times100\%=40.9\%$$

解析：混合气体中各组分分压之比即为各组分物质的量之比，解此题时，只要先求出日间相对湿度为80%的单位质量空气中所含水汽量，然后求出晚间空气中所含饱和水汽量，二者之差即为凝结出的露水量，并由此求得晚间结露的百分数。

9. 解　$H_2(g)+CO_2(g) \rightleftharpoons H_2O(g)+CO(g)$

平衡浓度/mol·L^{-1}　0.440　0.440　0.560　0.560

$$K_c=\frac{c(H_2O)c(CO)}{c(H_2)c(CO_2)}=\frac{0.560^2}{0.440^2}=1.62$$

$$K_p=K_c(RT)^{\Delta n}=K_c(RT)^0=1.62$$

开始时，$c(H_2)=c(CO_2)=0.440+0.560=1.00\text{mol}\cdot\text{L}^{-1}$

解析：平衡浓度或平衡分压代入平衡关系表达式，平衡常数有三种，分别是浓度平衡常数 K_c，压力平衡常数 K_p 和标准平衡常数 $K^{\ominus}$。浓度平衡常数 K_c 和压力平衡常数 K_p 为经验平衡常数，它们之间的关系为 $K_p=(RT)^{\Delta n}K_c$，Δn 为产物与反应物的气体分子数之差。对于溶液中进行的反应，由于每个浓度相除以标准浓度 1mol·L^{-1}，故 $K^{\ominus}$ 和 K_c 在数值上相等，但单位可能不同；对于用压力来表示的气相反应，由于每个分压除以标准压力 $p^{\ominus}$（100kPa），故和 K_p 在数值上一般不相等，$K_p=p^{\ominus\Delta n}K^{\ominus}$，由于本题中 $\Delta n=0$，$K_c=K_p=K^{\ominus}$。

10. 解　(1)　$PCl_5(g) \rightleftharpoons PCl_3(g)+Cl_2(g)$

平衡浓度/mol·L^{-1}　$\frac{0.70-0.50}{2.0}$　$\frac{0.50}{2.0}$　$\frac{0.50}{2.0}$

$$K_c=\frac{c(PCl_3)c(Cl_2)}{p(PCl_5)}=0.62\text{mol}\cdot\text{L}^{-1}，\alpha=71\%$$

$$PCl_5(g) \rightleftharpoons PCl_3(g)+Cl_2(g)$$

平衡分压　$0.20\frac{RT}{V}$　$0.5\frac{RT}{V}$　$0.5\frac{RT}{V}$

$$K^{\ominus}=\frac{[p(PCl_3)/p^{\ominus}]\ [p(Cl_2)/p^{\ominus}]}{[p(PCl_5)\ /p^{\ominus}]}=27.2$$

(2)　$PCl_5(g) \rightleftharpoons PCl_3(g) + Cl_2(g)$

新平衡浓度/mol·L^{-1}　$0.10+y$　$0.25-y$　$0.25+\frac{0.10}{2}-y$

$$K_c=\frac{(0.25-y)(0.30-y)}{(0.10+y)}\text{mol}\cdot\text{L}^{-1}=0.62\text{mol}\cdot\text{L}^{-1}$$（T 不变，K_c不变）

$$y=0.01\text{mol}\cdot\text{L}^{-1}，\alpha(PCl_5)=68\%$$

(3)　$PCl_5(g) \longrightarrow PCl_3(g)+Cl_2(g)$

平衡浓度/mol·L^{-1}　$0.35-z$　z　$0.050+z$

$$K_c=\frac{(0.050+z)z}{0.35-z}=0.62\text{mol}\cdot\text{L}^{-1}$$

$$z=0.24\text{mol}\cdot\text{L}^{-1}，\alpha(PCl_5)=68\%$$

比较（2）、（3）结果，说明最终浓度及转化率只与始、终态有关，与加入过程无关。

解析：①写出方程式。②计算变化浓度及平衡浓度，所给物质浓度是任意的，但变化浓度严格按计量方程式计算，平衡浓度=起始浓度+转化浓度。③平衡浓度代入平衡关系表达式，求出平衡常数。注意：在平衡关系表达式中的分压（或浓度）为平衡分压（或浓度），与它的来源无关，可以是反应生成的，也可以是外面注入的。

11. 解 设初始时为 $n$mol，转化率为 α，

$$N_2(g)+3H_2(g)\rightleftharpoons 2NH_3(g)$$

	$N_2(g)$	$3H_2(g)$	$2NH_3(g)$
初始	n	$3n$	0
变化	$-n\alpha$	$-3n\alpha$	$2n\alpha$
平衡	$n(1-\alpha)$	$3n(1-\alpha)$	$2n\alpha$

$$n(总)=n(1-\alpha)+3n(1-\alpha)+2n\alpha=2n(2-\alpha)$$

$$p(N_2)=\frac{n(N_2)}{n(总)}p(总)=\frac{n(1-\alpha)}{2n(2-\alpha)}p(总)=\frac{1-\alpha}{4-2\alpha}p(总)$$

$$p(H_2)=\frac{n(H_2)}{n(总)}p(总)=\frac{3n(1-\alpha)}{2n(2-\alpha)}p(总)=\frac{3(1-\alpha)}{4-2\alpha}p(总)$$

$$p(NH_3)=\frac{n(NH_3)}{n(总)}p(总)=\frac{2n\alpha}{2n(2-\alpha)}p(总)=\frac{2\alpha}{4-2\alpha}p(总)$$

$$p(总)=p(N_2)+p(H_2)+p(NH_3)=5000\text{kPa}$$

$$p(H_2)=3p(N_2)\quad p(总)=4p(N_2)+p(NH_3)=5000\text{kPa}\quad p(NH_3)=5000-4p(N_2)$$

$$K^{\ominus}=\frac{[p(NH_3)/p^{\ominus}]^2}{[p(H_2)/p^{\ominus}]^3[p(N_2)/p^{\ominus}]}=p^{\ominus 2}\frac{[5000-4p(N_2)]^2}{[3p(N_2)]^3p(N_2)}=1.64\times10^{-4}$$

$p^{\ominus}=100\text{kPa}$ 代入

求出 $p(N_2)=1062\text{kPa}$

代入 $p(N_2)=\frac{1-\alpha}{4-2\alpha}p(总)$　$\alpha=0.261=26.1\%$

即氨的产率为 26.1%。

解析：对于已知总压的气相体系，要表示出各物质的分压，为此要表示出各物质的物质的量和算出体系的总物质的量，根据分压定律，总压乘摩尔分数即为其分压；本题中 H_2 和 N_2 以 1∶3 投入，也以 1∶3 反应，其比例始终不变，分压代入平衡关系表达式，计算出平衡时各物质的分压及转化率。

12. 解 (1)

	$C_2H_6(g)$	$\rightleftharpoons$ $C_2H_4(g)$	+ $H_2(g)$	$n(总)$
$n(平衡)$	$1-\alpha_1$	α_1	α_1	$1+\alpha_1$
p_i	$\frac{1-\alpha_1}{1+\alpha_1}p(总)$	$\frac{\alpha_1}{1+\alpha_1}p(总)$	$\frac{\alpha_1}{1+\alpha_1}p(总)$	

$$K^{\ominus}=\frac{\frac{\alpha_1}{1+\alpha_1}\frac{p(总)}{p^{\ominus}}\times\frac{\alpha_1}{1+\alpha_1}\frac{p(总)}{p^{\ominus}}}{\frac{1-\alpha_1}{1+\alpha_1}\times\frac{p(总)}{p^{\ominus}}}=\frac{\alpha_1{}^2}{(1+\alpha_1)(1-\alpha_1)}\times\frac{p(总)}{p^{\ominus}}=0.59$$

$p(总)=p^{\ominus}=100\text{kPa}$ 代入

$\alpha_1=60.92\%$

(2) 加入等摩尔比 $H_2O(g)$ 后，转化率为 α_2，

	$C_2H_6(g)$	$\rightleftharpoons$ $C_2H_4(g)$	+ $H_2(g)$	$n(总)$
$n(平衡)$	$1-\alpha_2$	α_2	α_2	$2+\alpha_2$
p_i	$\frac{1-\alpha_2}{2+\alpha_2}p(总)$	$\frac{\alpha_2}{2+\alpha_2}p(总)$	$\frac{\alpha_2}{2+\alpha_2}p(总)$	

$$K_1^{\ominus}=\frac{\frac{\alpha_2}{2+\alpha_2}\frac{p(总)}{p^{\ominus}}\times\frac{\alpha_2}{2+\alpha_2}\frac{p(总)}{p^{\ominus}}}{\frac{1-\alpha_2}{2+\alpha_2}\times\frac{p(总)}{p^{\ominus}}}=\frac{\alpha_2{}^2}{(2+\alpha_2)(1-\alpha_2)}\times\frac{p(总)}{p^{\ominus}}=0.59$$

$$p(总)=p^{\ominus}=100\text{kPa}\ 代入$$

$$\alpha_2=69.6\%$$

(3) 设原料中 $C_2H_6:H_2O=1:x$ 时转化率达到 90%，则

	$C_2H_6(g)$ $\rightleftharpoons$	$C_2H_4(g)$ +	$H_2(g)$	n(总)
n(平衡)	0.1	0.9	0.9	$x+1.9$
p_i	$\frac{0.1}{x+1.9}p(总)$	$\frac{0.9}{x+1.9}p(总)$	$\frac{0.9}{x+1.9}p(总)$	

$$K_1^{\ominus}=\frac{\frac{0.9}{x+1.9}\frac{p(总)}{p^{\ominus}}\times\frac{0.9}{x+1.9}\frac{p(总)}{p^{\ominus}}}{\frac{0.1}{x+1.9}\times\frac{p(总)}{p^{\ominus}}}=\frac{0.9^2}{0.1(x+1.9)}\times\frac{p(总)}{p^{\ominus}}=0.59$$

$$p(总)=p^{\ominus}=100\text{kPa}\ 代入$$

$$得\quad x=11.83$$

(4)

$$\lg\frac{K_2^{\ominus}}{K_1^{\ominus}}=\frac{\Delta_r H_m^{\ominus}}{2.303R}\ \frac{T_2-T_1}{T_1T_2}$$

$$\lg\frac{K_2^{\ominus}}{0.59}=\frac{140\times10^3}{2.303\times8.314}\ \frac{1173-1000}{1000\times1173}$$

$$K_2^{\ominus}=7.07$$

(5) 由 (1) 推导得 $K_2^{\ominus}=\frac{\alpha_3{}^2}{(1+\alpha_3)(1-\alpha_3)}\times\frac{p(总)}{p^{\ominus}}=7.07$

$$\alpha_3=93.6\%$$

解析：对于总压一定的气相反应，加入惰性气体后，气体的总物质的量增加，各组分的摩尔分数减少，反应物和产物的分压也减少，用分压定律重新表示出各物质的分压（设平衡转化率为 α），代入平衡关系表达式，计算出平衡转化率。体系温度变化，利用平衡常数与温度关系，可求出不同温度下的平衡常数（可认为反应焓变 $\Delta_r H_m^{\ominus}$ 与温度无关）。从计算结果可知，对于气体分子数增加的反应，可通入惰性气体达到与系统减压相同的目的，使平衡向右移动；对于本题吸热反应，也可通过升高温度使平衡右移。

13. 解 (1)

	$NH_4HS(s)\rightleftharpoons NH_3(g)+H_2S(g)$	
平衡分压/kPa	x	x

$$K^{\ominus}=\frac{p(NH_3)}{p^{\ominus}}\frac{p(H_2S)}{p^{\ominus}}=\left(\frac{x}{p^{\ominus}}\right)^2=0.070$$

$$则\quad x=0.26\times100\text{kPa}=26\text{kPa}$$

平衡时该气体混合物的总压为 52kPa。

(2) T 不变，$K^{\ominus}$ 不变。

	$NH_4HS(s)\rightleftharpoons NH_3(g)+H_2S(g)$	
平衡分压/kPa	$25.3+y$	y

$$K^{\ominus}=\frac{p(NH_3)}{p^{\ominus}}\frac{p(H_2S)}{p^{\ominus}}=\frac{25.3+y}{p^{\ominus}}\frac{y}{p^{\ominus}}=0.070$$

$$y=17\text{kPa}$$

H_2S 的平衡分压为 17kPa。

解析：对于多相反应，固体物质的增减不影响平衡（只要固相存在，多少不限），故固

体物质的量不写入平衡关系表达式，该题（1）中标准平衡常数已知，$NH_4HS(s)$ 是唯一的起始物质，产物 NH_3 和 H_2S 的物质的量应相等，设为未知数 x，代入平衡关系表达式，即可求出各分压和总压。若反应开始前，注入产物，则分解程度会减小，但由于温度不变，再次达到平衡时，平衡常数不变，设此时分解的物质分压为 y，表达出各物质的分压，代入平衡关系表达式，求出各物质分压。注意：在平衡关系表达式中的分压（或浓度）为平衡分压（或浓度），与它的来源无关，可以是反应生成的，也可以是外面注入的。

14. 解　（1）为了求 250℃和 100kPa 时的标准平衡常数 $K^{\ominus}$，设起始 PCl_5 为 1mol

	$PCl_5(g) \rightleftharpoons PCl_3(g)$	+	$Cl_2(g)$	n(总)
平衡时 n/mol	0.20　　0.80		0.80	1.80

所以

$$p(PCl_5)=\frac{0.20}{1.80}\times100=11.1\text{kPa}$$

$$p(PCl_3)=p(Cl_2)=\frac{0.80\times100}{1.80}=44.4\text{kPa}$$

$$K^{\ominus}=\frac{[p(PCl_3)/p^{\ominus}][p(Cl_2)/p^{\ominus}]}{[p(PCl_5)/p^{\ominus}]}=\frac{1}{p^{\ominus}}\frac{p^2(PCl_3)}{p(PCl_5)}=\frac{44.4^2}{100\times11.1}=1.78$$

所给条件下

$$n(\text{总})=0.1+0.5+0.2=0.8\text{mol}$$

$$Q_1=\frac{[p(PCl_3)/p^{\ominus}][p(Cl_2)/p^{\ominus}]}{[p(PCl_5)/p^{\ominus}]}=\frac{1}{p^{\ominus}}\frac{p(PCl_3)p(Cl_2)}{p(PCl_5)}$$

$$=\frac{1}{100}\frac{\left(\frac{0.5}{0.8}\times100\right)\times\left(\frac{0.2}{0.8}\times100\right)}{\frac{0.1}{0.8}\times100}=1.3<K^{\ominus}$$

反应向右进行。

（2）
$$Q_2=\frac{1}{p^{\ominus}}\frac{p(PCl_3)p(Cl_2)}{p(PCl_5)}=\frac{1}{100}\frac{\left(\frac{0.5}{0.8}\times1000\right)\times\left(\frac{0.2}{0.8}\times1000\right)}{\frac{0.1}{0.8}\times1000}=13>K^{\ominus}$$

反应向左进行。

（3）分压同（2），$Q_3=Q_2=13$

$$\lg\frac{K_2^{\ominus}}{K_1^{\ominus}}=\frac{\Delta_r H_m^{\ominus}}{2.303R}\frac{T_2-T_1}{T_1T_2}$$

$$\lg\frac{K_2^{\ominus}}{1.78}=\frac{116\times10^3}{2.303\times8.314}\ \frac{100}{523.15\times623.15}$$

$$K^{\ominus}=128.47>Q_3$$

反应向右进行。

解析：对于反应物和产物均存在，但处于非标准态（非标准浓度或标准压力）时，判断继续反应的方向，要根据等温方程式，平衡时，$\Delta_r G_m(T)=\Delta_r G_m^{\ominus}(T)+RT\ln Q=0$，$\Delta_r G_m^{\ominus}(T)=-RT\ln K^{\ominus}$，要使反应正向进行 $\Delta_r G_m(T)=\Delta_r G_m^{\ominus}(T)+RT\ln Q=-RT\ln K^{\ominus}+RT\ln Q=RT\ln Q/K^{\ominus}<0$，根据所给条件，求出压力商 Q，只要 $Q<K^{\ominus}$，$\Delta_r G_m(T)<0$ 反应就向右进行。若 $Q>K^{\ominus}$，反应向左进行。

15. 解　$\Delta_r G_m^{\ominus}(1000\text{K})=19.288=-RT\ln K^{\ominus}$

$$\ln K^{\ominus}=-\frac{\Delta_r G_m^{\ominus}(1000\text{K})}{RT}=-\frac{19.288\times10^3}{8.314\times1000}=-2.3199$$

$$K^{\ominus}=0.09828$$

$$Q=\frac{p(CH_4)/p^{\ominus}}{[p(H_2)/p^{\ominus}]^2}=\frac{10/100}{(80/100)^2}=0.1563>K^{\ominus}$$

故题中反应不能向右进行，即在 1000K 及 100kPa 不能有甲烷生成。

解析：由等温方程式可得 $\Delta_r G_m^{\ominus}(T)=-RT\ln K^{\ominus}$，已知该温度时的 $\Delta_r G_m^{\ominus}$，即可计算出此时的 $K^{\ominus}$，$K^{\ominus}$ 和压力商 Q 比较，判断反应方向。

16. 解　(1) 设平衡时 N_2O_4 的分解百分率为 α_1，

$$\begin{array}{lll} N_2O_4(g) \rightleftharpoons & 2NO_2(g) & n(总) \\ 1-\alpha_1 & 2\alpha_1 & 1+\alpha_1 \end{array}$$

$$平均摩尔质量=\frac{1-\alpha_1}{1+\alpha_1}M(N_2O_4)+\frac{2\alpha_1}{1+\alpha_1}M(NO_2)$$

$$=\frac{1-\alpha_1}{1+\alpha_1}\times 92+\frac{2\alpha_1}{1+\alpha_1}\times 46=61.2$$

$$\alpha_1=50\%$$

$$K^{\ominus}=\frac{[p(NO_2)/p^{\ominus}]^2}{p(N_2O_4)/p^{\ominus}}=\frac{1}{p^{\ominus}}\frac{\left[\frac{2\alpha_1}{1+\alpha_1}p(总)\right]^2}{\frac{1-\alpha_1}{1+\alpha_1}p(总)}$$

$$=\frac{p(总)}{p^{\ominus}}\frac{(2\alpha_1)^2}{(1-\alpha_1)(1+\alpha_1)}=\frac{100}{100}\frac{4\times 0.25}{(1-0.5)(1+0.5)}=1.333$$

(2)
$$K^{\ominus}=\frac{p'(总)}{p^{\ominus}}\frac{(2\alpha_2)^2}{(1-\alpha_2)(1+\alpha_2)}=\frac{10}{100}\times\frac{4\alpha_2^2}{1-\alpha_2^2}=1.333$$

$$\alpha_2=87.7\%$$

解析：气体平均摩尔质量为气体摩尔分数乘其摩尔质量的代数和。以此求出此温度时的平衡转化率，表示出各组分的分压，代入平衡关系表达式，求出平衡常数。在此温度下，改变压力，平衡会移动，转化率会改变，但平衡常数及与转化率间关系的公式均不改变，然后代入改变了的压力数据，求出转化率。

第三章　酸碱平衡和沉淀溶解平衡

中　学　链　接

一、电解质

1. 概念

在溶液中或熔融态时能导电的化合物。导电原因：其中有自由移动的离子。酸、碱、盐都是电解质。

（1）酸　电解质电离时电离出的阳离子全部是 H^+ 的电解质。

（2）碱　电解质电离时电离出的阴离子全部是 OH^- 的电解质。

（3）盐　酸碱中和的产物，由金属阳离子和酸根阴离子组成。

2. 强电解质

在溶液中全部电离成离子，无电解质以分子形式存在。电离方程式用“$=\!=\!=$”表示，如 $NaCl = Na^+ + Cl^-$。强酸、强碱和大部分盐均为强电解质。

3. 弱电解质

在溶液中部分电离成离子，溶液中还存在未电离的电解质分子。电离方程式用“$\rightleftharpoons$”表示。如 $HAc \rightleftharpoons H^+ + Ac^-$。弱酸、弱碱和部分盐［如 Hg_2Cl_2，$Pb(Ac)_2$ 等］为弱电解质。

4. 弱电解质的电离平衡

弱电解质在电离过程中建立的平衡。

5. 电离度

电离平衡时弱电解质已电离的分子数占原弱电解质分子总数的百分比。

书写离子方程式时应遵循下列原则：

① 凡是弱电解质（包括弱酸、弱碱和水）难溶物和气体都应写成分子式；

② 只有易溶强电解质要写成离子；

③ 未参加反应的离子都不写入；

④ 离子方程式配平时，不仅离子个数要配平，电荷数也要配平。

二、水的电离和溶液的 pH 值

1. 水的电离

水也是弱电解质，在 25℃时有 $H_2O \rightleftharpoons H^+ + OH^-$

$$[H^+]=[OH^-]=10^{-7}\,mol\cdot L^{-1}，平衡常数\ K_w^{\ominus}=[H^+]\times[OH^-]=10^{-14}$$

$$pH=-\lg[H^+]=-\lg 10^{-7}=7$$

2. 溶液的 pH 值

$$pH=-\lg[H^+]=-\lg\{K_w^{\ominus}/[OH^-]\}$$

在 25℃时，水溶液的酸碱性和 H^+、OH^- 浓度的关系归纳如下：

$c(H^+)=c(OH^-)=10^{-7}\,mol\cdot L^{-1}$　　　　$pH=7.0$　　溶液为中性

$c(H^+)>c(OH^-)$　$c(H^+)>10^{-7}mol \cdot L^{-1}$　$pH<7.0$　溶液为酸性

$c(H^+)<c(OH^-)$　$c(H^+)<10^{-7}mol \cdot L^{-1}$　$pH>7.0$　溶液为碱性

三、盐类水解

1. 原理

盐的（“弱”）离子与水电离出的 H^+ 或 OH^- 结合成弱电解质，从而破坏水的电离平衡。

2. 类型

① 强碱弱酸盐，如 NaAc，$Ac^- + H_2O \rightleftharpoons HAc + OH^-$　水解后溶液呈碱性；

② 强酸弱碱盐，如 NH_4Cl，$NH_4^+ + H_2O \rightleftharpoons NH_3 \cdot H_2O + H^+$　水解后溶液呈酸性；

③ 弱酸弱碱盐，如 NH_4Ac，$NH_4^+ + Ac^- + H_2O \rightleftharpoons HAc + NH_3 \cdot H_2O$　水解后溶液的酸碱性由弱酸弱碱的相对强弱而定。

3. 特点

吸热，一般程度较小（除双水解）。

基　本　要　求

① 酸碱质子理论，判断酸碱相对强弱，用化学平衡原理分析水、弱酸、弱碱的解离平衡。

② 根据水的离子积常数，弱酸、弱碱的解离平衡求溶液的 pH 值和平衡组成，解离度等。

③ 同离子效应对平衡移动的影响，缓冲溶液的原理和 pH 值计算。

④ 溶度积常数的意义及与溶解度的关系，溶度积规则及应用（判断沉淀的生成、溶解和转化）。

知　识　要　点

一、酸碱质子理论

1. 定义

凡能给出质子（H^+）的物质都是酸；凡能接受质子的物质都是碱。例如：

$$\underset{\text{酸}}{HF} \rightleftharpoons \underset{\text{质子}}{H^+} + \underset{\text{碱}}{F^-} \qquad \underset{\text{酸}}{NH_4^+} \rightleftharpoons \underset{\text{碱}}{NH_3} + \underset{\text{质子}}{H^+}$$

① 酸碱不是孤立的，酸给出质子后变成碱，碱接受质子后变成酸，对应呈共轭关系。

② 酸碱反应的实质是质子的转移。

有的物质既能给出质子，又能接受质子，为两性物质。如 H_2O、HCO_3^-、$H_2PO_4^-$ 等。

2. $K_a^{\ominus}$ 与 $K_b^{\ominus}$ 的关系

（1）

$$HA \rightleftharpoons H^+ + A^-$$

$$K_a^{\ominus}(HA) = \frac{c(H^+) \times c(A^-)}{c(HA)}$$

（2）

$$A^- + H_2O \rightleftharpoons HA + OH^-$$

$$K_b^{\ominus}(A^-)=\frac{c(HA)\times c(OH^-)}{c(A^-)}$$

两式相乘得

$$K_a^{\ominus}(HA)K_b^{\ominus}(A^-)=\frac{c(H^+)\times c(A^-)}{c(HA)}\frac{c(HA)\times c(OH^-)}{c(A^-)}=c(H^+)c(OH^-)=K_w^{\ominus}$$

共轭酸碱的强弱相互抑制，即酸的酸性越强，其共轭碱的碱性越弱；反之亦然。

盐类的水解实质就是酸碱质子反应。

3. 水的解离平衡和溶液的pH值

$$H_2O \rightleftharpoons H^+ + OH^-$$

$$25℃时\quad K_w^{\ominus}=c(H^+)c(OH^-)=10^{-14}$$

两边取负对数 $$pH+pOH=14$$

水的离子积不仅适用于纯水，对于电解质的稀溶液同样适用。若在水中加入少量盐酸，H^+浓度增加，水的解离平衡向左移动，OH^-浓度则随之减少。达到新平衡时，溶液中 $c(H^+)>c(OH^-)$，但 $c(H^+)c(OH^-)=K_w^{\ominus}$ 这一关系依然存在。并且 $c(H^+)$ 越大，$c(OH^-)$越小，但 $c(OH^-)$ 不会等于零。反之，若在水中加入少量氢氧化钠溶液，OH^-浓度增加，平衡亦向左移动，此时 $c(H^+)<c(OH^-)$，仍满足 $c(H^+)c(OH^-)=K_w^{\ominus}$。同样，$c(OH^-)$ 越大，$c(H^+)$ 越小，但 $c(H^+)$ 不会等于零。即水溶液中，$c(H^+)$ 和$c(OH^-)$永远存在，且浓度是一个此消彼长的关系。

$$pH=-\lg c(H^+)=14-pOH$$

二、弱酸、弱碱的解离平衡计算

1. 一元弱酸、弱碱的解离平衡计算

一元弱酸是指每个弱酸分子只能解离出一个 H^+ 的弱酸，如 HAc，其解离平衡和解离平衡常数表达式为：

$$HAc(aq) \rightleftharpoons H^+(aq) + Ac^-(aq)$$

$$K_a^{\ominus}=\frac{c(H^+)c(Ac^-)}{c(HAc)}$$

若酸不是太弱，$c(HAc)K_a^{\ominus}>20\,K_w^{\ominus}$，则 $c(H^+)\approx c(Ac^-)$

$$c(H^+)=\sqrt{c(HAc)K_a^{\ominus}}$$

若弱酸浓度不是太小，$c(HAc)/\,K_a^{\ominus}\geqslant 400$

则 $$c(H^+)=\sqrt{c_0(HAc)K_a^{\ominus}}$$

对一元弱碱 $$c(OH^-)=\sqrt{c_{b0}K_b^{\ominus}}$$

解离度 $$\alpha=\frac{已解离的弱电解质浓度}{解离前弱电解质浓度}\times 100\%$$

可计算得 $$\alpha=\sqrt{\frac{K_a^{\ominus}}{c_0}}$$

2. 多元弱酸、弱碱的解离平衡计算

多元弱酸、弱碱在水溶液中分步解离，由于 $K_{a1}^{\ominus}\gg K_{a2}^{\ominus}\gg K_{a3}^{\ominus}$，计算 H^+ 或 OH^- 浓度时可只计算一级解离，即近视成一元弱酸弱碱。但其多元酸根浓度的计算则要根据多级解离计

算，如二元酸酸根浓度 $c(A^{2-})\approx K_{a2}^{\ominus}$。

三、同离子效应、缓冲溶液和盐效应

1. 同离子效应

在弱电解质溶液中，加入与该弱电解质有共同离子的易溶强电解质而使弱电解质解离平衡向左移动，从而降低弱电解质解离度的现象叫同离子现象。

2. 盐效应

在弱电解质溶液中加入易溶强电解质，引起弱电解质解离度稍增大的现象叫盐效应。

3. 缓冲溶液

（1）概念　pH 值不因少量外来酸、碱的加入或者溶液稀释而明显变化的溶液叫做缓冲溶液。

（2）组成　弱酸及其共轭碱（如 HAc-NaAc）或弱碱及其共轭酸（如 NH_3-NH_4Cl）。

（3）作用原理　溶液中存在着大量的未解离的弱酸（或弱碱）分子及其共轭碱（或共轭酸）。此溶液中的弱酸（或弱碱）好比 H^+（或 OH^-）的仓库，当外界引起 $c(H^+)$ [或 $c(OH^-)$]降低时，弱酸（或弱碱）就及时地解离出 H^+（或 OH^-）；当外界引起 $c(H^+)$ [或 $c(OH^-)$] 增加时，大量存在的共轭碱（或共轭酸）则将其“吃掉”，从而维持溶液的 pH 基本不变。

（4）缓冲溶液 pH 值的计算

$$\mathrm{pH}=\mathrm{p}K_{a}^{\ominus}-\lg\frac{c(\text{酸})}{c(\text{盐})}\quad\text{或}\quad\mathrm{pOH}=\mathrm{p}K_{b}^{\ominus}-\lg\frac{c(\text{碱})}{c(\text{盐})}$$

四、沉淀-溶解平衡

1. 溶度积

在一定温度下，难溶电解质在水溶液中达到沉淀-溶解平衡时，有

$$A_nB_m(s)\rightleftharpoons nA^{m+}(aq)+mB^{n-}(aq)$$

溶度积的表达式简写为　$K_{sp}^{\ominus}(A_nB_m)=\{c(A^{m+})\}^n\{c(B^{n-})\}^m$

2. 溶度积 $K_{sp}^{\ominus}$ 与溶解度 S（以 $mol\cdot L^{-1}$ 为单位）的关系

$$A_nB_m(s)\rightleftharpoons nA^{m+}(aq)+mB^{n-}(aq)$$

c(平衡)　　　　nS　　　　mS

$$K_{sp}^{\ominus}(A_nB_m)=\{c(A^{m+})\}^n\{c(B^{n-})\}^m=(nS)^n(mS)^m=m^mn^nS^{(m+n)}$$

$$S=\sqrt[(m+n)]{\frac{K_{sp}^{\ominus}}{m^mn^n}}$$

对 AB 型（如 AgCl、$BaSO_4$），$n=m=1$

$$S=\sqrt{K_{sp}^{\ominus}}$$

对 AB_2 型或 A_2B 型 [如 PbI_2、$Mg(OH)_2$、Ag_2CrO_4]，$n=1$，$m=2$，或 $n=2$，$m=1$

$$S=\sqrt[3]{\frac{K_{sp}^{\ominus}}{4}}$$

3. 沉淀-溶解平衡的移动或溶度积规则

当 $Q>K_{sp}^{\ominus}$ 时，沉淀从溶液中析出，直至溶液达到饱和；

当 $Q=K_{sp}^{\ominus}$ 时，溶液饱和，处于平衡状态；

当 $Q<K_{sp}^{\ominus}$ 时，溶液未饱和，无沉淀析出，若有沉淀，会溶解，直至饱和。

影响沉淀-溶解平衡，使 $Q \neq K_{sp}^{\ominus}$ 的因素是改变难溶电解质的离子浓度，可以通过同离子效应和盐效应使难溶电解质溶解度变化，也可以通过改变溶液 pH 值，生成配合物，发生氧化还原反应和转化成另一种沉淀的方法，间接改变离子浓度，使沉淀-溶解平衡发生移动。

习　题

一、判断题

1. 电解质的强弱是根据它在水溶液中的导电能力强弱来划分的，导电能力强的是强电解质，导电能力弱的是弱电解质。（　）

2. 酸或碱在水中的电离是一种较大的分子拆开而形成较小离子的过程，这是吸热反应。温度升高将有利于电离。（　）

3. 酸性水溶液中不含 OH^-，碱性水溶液中不含 H^+。（　）

4. 在一定温度下，改变溶液的 pH 值，水的离子积不变。（　）

5. $1\times10^{-5}\,mol\cdot L^{-1}$ 的盐酸溶液冲稀 1000 倍，溶液的 pH 值等于 8.0。（　）

6. 使甲基橙显黄色的溶液一定是碱性的。（　）

7. HAc 的解离度随稀释时电解质浓度的降低而增大，H^+ 浓度也增大。（　）

8. H_2S 溶液中，$[H^+]=2[S^{2-}]$。（　）

9. 将氨水和 NaOH 溶液的浓度各稀释为原来 1/2 时，则两种溶液中 $[OH^-]$ 浓度均减小为原来的 1/2。（　）

10. 分别中和 $0.1mol\cdot L^{-1}$ 的 HCl 和 HAc，所用 NaOH 的量是相同的。（　）

11. 强酸和弱酸混合在一起，溶液的酸度总是由强酸决定的。（　）

12. 在 HAc 溶液中加入 HCl，由于同离子效应，HAc 的解离度减小，使溶液的 pH 增加。（　）

13. 弱酸的酸性越弱，其共轭碱的碱性就越强。（　）

14. 水解过程实际上是水的自偶电离过程。（　）

15. 阳离子水解总是显酸性，阴离子水解总是显碱性。（　）

16. 强酸弱碱盐的水溶液，实际上是一种弱酸水溶液。（　）

17. 两性电解质（即酸式盐）既可酸式电离，也可碱式电离。（　）

18. 两性物质溶液的 pH 值基本上与溶液的浓度无关。（　）

19. 由 Na_2HPO_4 和 NaH_2PO_4 两种盐溶液也可以组成缓冲体系。（　）

20. 缓冲溶液能抵抗外来酸碱影响，保持 pH 值绝对不变的溶液。（　）

21. 任何酸（或碱）与其相应的可溶性盐都可以组成缓冲溶液。（　）

22. 浓度很高的酸或碱溶液也有缓冲能力，也可看成缓冲溶液。（　）

23. 在缓冲溶液中，只要每次外来酸碱的量不多，溶液始终具有缓冲能力。（　）

24. 在缓冲比固定的情况下，缓冲溶液的浓度越大，缓冲容量也越大。（　）

25. 难溶电解质溶在水中的部分是全部电离的，可按强电解质处理其平衡。（　）

26. 用水稀释含 $BaSO_4$ 固体的水溶液时，$BaSO_4$ 的溶度积不变，浓度也不变。（　）

27. 两种难溶电解质，$K_{sp}^{\ominus}$ 较大者，其溶解度也较大。（　）

28. $K_{sp}^{\ominus}$ 是由热力学关系得到的，恒温时，与难溶电解质在溶液中的环境无关。（　）

29. 某离子完全沉淀是指其全部变成了沉淀。（　）

30. 当向溶液中滴加沉淀剂时，几种均能与其生成沉淀的离子，$K_{sp}^{\ominus}$小的首先沉淀。（　）

二、选择题（单选）

1. 在溶液导电性实验装置里，分别注入醋酸和氨水，灯光明暗程度相似，如果把这两溶液混合后再试验，则灯光（　）。

A. 明暗不变　B. 变暗　C. 变亮　D. 完全不亮

2. 下列物质能导电的是（　）。

A. $MgCl_2$ 晶体　B. 液氨　C. 氨水　D. AgCl 固体

3. 25℃时，在 $1mol \cdot L^{-1}$ HCl 中，水的 $K_w^{\ominus}$ 值是（　）。

A. 10^{-14}　B. 0　C. $>10^{-14}$　D. $<10^{-14}$

4. pH=1 的溶液是 pH=5 溶液的 $[H^+]$ 的倍数是（　）。

A. 5 倍　B. 4 倍　C. 4000 倍　D. 10000 倍

5. pH=5 的溶液中，$c(H^+)$ 和 $c(OH^-)$ 的比例是（　）。

A. $c(H^+):c(OH^-)=5:7$　B. $c(H^+):c(OH^-)=100:1$

C. $c(H^+):c(OH^-)=10^4:1$　D. $c(H^+):c(OH^-)=1:10^4$

6. 将 pH=2 和 pH=11 的强酸和强碱溶液等体积混合，所得溶液的 pH 值为（　）。

A. 1.35　B. 3.35　C. 2.35　D. 6.50

7. 下列离子中最强的质子碱是（　）。

A. OH^-　B. CN^-　C. Ac^-　D. CO_3^{2-}

8. 下列各物质间不是酸碱共轭对的是（　）。

A. H_3O^+，OH^-　B. $CH_3NH_3^+$，CH_3NH_2　C. NH_3，NH_4^+　D. NH_3，NH_2^-

9. 指示剂在某溶液中显碱色，则溶液为（　）。

A. 碱性　B. 中性　C. 强碱性　D. 酸碱性并不明确

10. pH 值相同，物质的量浓度最大的是（　）。

A. HCl　B. H_3PO_4　C. H_2SO_4　D. CH_3COOH

11. 用同一种 NaOH 溶液中和同体积、同 pH 值的盐酸和醋酸，需 NaOH 体积为（　）。

A. 相等　B. 中和盐酸用得多　C. 中和醋酸用得多　D. 无法比较

12. $0.1mol \cdot L^{-1}$ HAc 溶液加水稀释后，下列说法不正确的是（　）。

A. 解离度增大　B. H^+ 数目增大　C. H^+ 浓度增大　D. 导电能力减弱

13. 一种酸的强度与它在水溶液中性质有关的是（　）。

A. 浓度　B. 解离度　C. 解离常数　D. 溶解度

14. 决定 HAc-NaAc 缓冲体系 pH 值的主要因素是（　）。

A. 弱酸的浓度　B. 弱酸盐的浓度　C. 弱酸及其盐的总浓度　D. 弱酸的电离常数

15. 为了使 NH_3 的离解度增大，应采用的方法中较显著的为（　）。

A. 增加 NH_3 的浓度　B. 减小 NH_3 的浓度　C. 加入 NH_4Cl　D. 加入 NaCl

16. 将 NaAc 晶体加到 1L $0.1\ mol \cdot L^{-1}$ HAc 溶液中，则（　）。

A. $K_{HAc}^{\ominus}$增大　B. $K_{HAc}^{\ominus}$减小　C. pH 值增大　D. pH 值减小

17. 在 H_2S 溶液中，增大溶液的 pH 值，则 $c(S^{2-})$（　）。

A. 增大　B. 减小　C. 不变　D. 无法判断

18. H_2S 的 $K_{a1}^{\ominus}=8.9\times10^{-8}$，$K_{a2}^{\ominus}=1.1\times10^{-12}$，0.1mol·$L^{-1}$ H_2S 的 pH 值为（　　）。

A. 4.03　　B. 5.97　　C. 6.48　　D. 3.97

19. 在 0.1mol·L^{-1}的 H_2S 溶液中，S^{2-} 的浓度为（　　）。

A. 0.1mol·L^{-1}　　B. $(0.1K_{a1}^{\ominus})^{1/2}$　　C. $K_{a1}^{\ominus}$（H_2S）　　D. $K_{a2}^{\ominus}$（H_2S）

20. 在 100mL 0.1 mol·L^{-1}苯甲酸溶液中加入 10mL 1·0mol·L^{-1}的 HCl，溶液中保持不变的是（　　）。

A. 离解度　　B. pH 值　　C. 苯甲酸根离子的浓度　　D. $K_a^{\ominus}$（苯甲酸）

21. 在 0.1mol·L^{-1}氨水和 0.1 mol·L^{-1} NH_4Cl 的混合液中加入一倍的水，发生明显变化的是（　　）。

A. 解离度　　B. pH 值　　C. 氨水的浓度　　D. $K_b^{\ominus}$ 值

22. 把氨气通入稀盐酸中，当溶液的 pH 值等于 7 时（　　）。

A. 溶液中 $NH_3\cdot H_2O$ 过量　　B. 溶液中盐酸过量

C. 氨与氯化氢等物质的量混合　　D. 溶液中有白色沉淀

23. 加不足量强酸到弱碱溶液或加不足量强碱到弱酸溶液，这种溶液是（　　）。

A. 酸碱中和溶液　B. 缓冲溶液　C. 酸碱混合液　D. 单一酸或单一碱溶液

24. 下列各组混合液能组成缓冲溶液的是（　　）。

A. 等体积的 0.2mol·L^{-1}HAc 和 0.1 mol·L^{-1}NaOH

B. 等体积的 0.1mol·L^{-1}HAc 和 0.2 mol·L^{-1}NaOH

C. 等体积的 0.1mol·L^{-1}HAc 和 0.1 mol·L^{-1}NaOH

D. 0.1mol·L^{-1}HAc 和 0.1 mol·L^{-1}NaOH 按体积比 1∶2 混合

25. 无论按何种比例，都不能与 KH_2PO_4 组成缓冲体系的是（　　）。

A. HCl　　B. NaOH　　C. H_3PO_4　　D. NaH_2PO_4

26. 欲配制 pH=7.0 的缓冲溶液，应选用下列缓冲对中的（　　）。

A. HAc-NaAc（$K_a^{\ominus}=1.76\times10^{-5}$）　　B. $NaHCO_3$-Na_2CO_3（$K_{a2}^{\ominus}=5.6\times10^{-11}$）

C. NaH_2PO_4-Na_2HPO_4（$K_{a2}^{\ominus}=6.23\times10^{-8}$）D. NH_3-NH_4Cl（$K_b^{\ominus}=1.76\times10^{-5}$）

27. 某缓冲液的共轭碱的 $K_b^{\ominus}=1.0\times10^{-6}$，理论上该缓冲液的缓冲范围是（　　）。

A. pH 6～8　　B. pH 7～9　　C. pH 5～7　　D. pH 5～6

28. 在下列说法中，不正确的是（　　）。

A. 对于给定的缓冲体系，$pK_a^{\ominus}$ 值是一定的，所以 pH 值取决于缓冲比

B. 缓冲比等于 1 时，$pK_a^{\ominus}=pH$

C. 稀释缓冲液时，溶液的 pH 值基本不变，因为缓冲溶液中有抗酸和抗碱成分

D. 高浓度的强酸强碱也有一定的缓冲作用

29. 用电导实验测定强电解质的电离度总是达不到 100%，原因是（　　）。

A. 电解质本身不全部电离　　B. 正、负离子互相吸引

C. 电解质和溶剂作用　　D. 电解质不纯

30. 在一元弱酸强碱盐溶液中，其水解常数为（　　）。

A. $K_a^{\ominus}K_w^{\ominus}$　　B. $K_w^{\ominus}/K_a^{\ominus}$　　C. $K_a^{\ominus}/K_w^{\ominus}$　　D. $K_w^{\ominus 2}/c$

31. PO_4^{3-} 的水溶液中的 $K_{b1}^{\ominus}$ 等于（　　）。

A. $1/K_{a1}^{\ominus}$　　B. $K_w^{\ominus}/K_{a1}^{\ominus}$　　C. $K_w^{\ominus}/K_{a3}^{\ominus}$　　D. $1/K_{a3}^{\ominus}$

32. 下列盐的水溶液显中性的是（　　）。

A. NH_4CN　　B. $NaHCO_3$　　C. $NaNO_3$　　D. NH_4NO_3

33. 将 0.1mol·L^{-1} NaAc 溶液加水稀释时，下列各项数值中增大的是（　　）。

A. $c(Ac^-)/c(OH^-)$　B. $c(OH^-)/c(Ac^-)$　C. $c(Ac^-)$　D. $c(OH^-)$

34. 在下列物质中，其溶液的 pH 值与浓度基本无关的是（　　）。

A. NaOH　　B. Na_3PO_4　　C. NH_4Cl　　D. NH_4CN

35. 0.1mol·L^{-1}下列溶液，pH 值最大的是（　　）。

A. NaH_2PO_4　　B. Na_2HPO_4　　C. Na_3PO_4　　D. H_3PO_4

36. 当 0.2mol·L^{-1}的弱酸 HA 处于平衡状态时，下列微粒的物质的量浓度最小的是（　　）。

A. H_3O^+　　B. OH^-　　C. A^-　　D. HA

37. 在 NH_4Cl 水溶液中，离子浓度由大到小的顺序是（　　）。

A. $c(H^+)>c(OH^-)>c(NH_4^+)>c(Cl^-)$　B. $c(NH_4^+)>c(Cl^-)>c(H^+)>c(OH^-)$

C. $c(Cl^-)>c(NH_4^+)>c(H^+)>c(OH^-)$　D. $c(Cl^-)>c(NH_4^+)>c(OH^-)>c(H^+)$

38. 在饱和的 $CaSO_4$ 溶液中，下列物质不存在的是（　　）。

A. Ca^{2+}　　B. SO_4^{2-}　　C. HSO_4^-　　D. H_2SO_4

39. Fe_2S_3 的溶度积 $K_{sp}^{\ominus}$ 与溶解度 S 之间的关系为（　　）。

A. $K_{sp}^{\ominus}=S^2$　　B. $K_{sp}^{\ominus}=5S^2$　　C. $K_{sp}^{\ominus}=81S^3$　　D. $K_{sp}^{\ominus}=108S^5$

40. CaF_2 饱和溶液的浓度为 2×10^{-4}mol·L^{-1}，则 $K_{sp}^{\ominus}$（CaF_2）为（　　）。

A. 2.6×10^{-9}　　B. 3.2×10^{-11}　　C. 4×10^{-8}　　D. 8×10^{-10}

41. 饱和 AgCl 溶液中有固体 AgCl 存在，加入等体积下列溶液会使其溶解度增大的是（　　）。

A. AgCl 饱和溶液　B. 1mol·L^{-1} NaCl　C. 1mol·L^{-1} $AgNO_3$　D. 2mol·L^{-1} $NaNO_3$

42. $Mg(OH)_2$ 在下列哪种溶液中溶解度最大（　　）。

A. 纯水　B. 0.01mol·L^{-1} $MgCl_2$　C. 0.01mol·L^{-1} NH_4Cl　D. 1.00mol·L^{-1} NaCl

43. 难溶硫化物如 ZnS、CuS、HgS，有的溶于盐酸溶液，有的不溶，主要是因为它们的（　　）。

A. 酸碱性不同　　B. 溶解速率不同　　C. $K_{sp}^{\ominus}$不同　　D. 晶体结构不同

44. 向饱和 $BaSO_4$ 溶液中加入水，下列叙述中正确的是（　　）。

A. $BaSO_4$ 的溶解度增大，$K_{sp}^{\ominus}$不变　　B. $BaSO_4$ 的溶解度，$K_{sp}^{\ominus}$均增大

C. $BaSO_4$ 的溶解度不变，$K_{sp}^{\ominus}$增大　　D. $BaSO_4$ 的溶解度，$K_{sp}^{\ominus}$均不变

45. 在含有大量 $CaSO_4$ 固体的溶液中，能使 Ca^{2+} 进入溶液的最有效方法是（　　）。

A. 加入过量的 H_2SO_4　　B. 加入过量的 HNO_3

C. 加入过量的 Na_2CO_3　　D. 加入过量的 $BaCl_2$

三、填充题

1. 已知反应 $HA+HB \rightleftharpoons A^-+H_2B^+$ 的 $K^{\ominus}=1\times10^{-2}$。根据酸碱质子理论，反应式中较强的酸是________，其共轭碱为________；较强的碱是________，其共轭酸是______。在水的解离平衡中 $H_2O \rightleftharpoons H^+ + OH^-$ 的两对酸碱对分别是________、________。

2. 对一元弱酸或一元弱碱来讲，在温度不变的情况下，其 $K_a^{\ominus}$ 或 $K_b^{\ominus}$ ________，与

__________无关。若温度发生变化，$K_a^\ominus$ 与 $K_b^\ominus$ __________，但由于是在__________中，热效应__________，且温度变化范围有限，所以可不考虑__________。$K_a^\ominus$ 或 $K_b^\ominus$ 的相对大小，可衡量__________。多元弱酸是__________解离的，其各级解离常数的关系是__________。

3. 向 0.10mol·L^{-1}的氨水溶液中加入 NH_4Cl 少量固体时，电离平衡向__________移动，OH^- 浓度__________，电离度__________，若加入少量 NaOH 固体，OH^- 浓度__________，电离度__________，若加入较多 NaCl 固体，电离度__________，pH 值__________。

4. 碳酸钠是__________电解质，溶于水完全__________，电离方程式为__________，溶液中 Na^+ 与 CO_3^{2-} 的个数比__________，原因是__________，离子方程式为__________，其水溶液显__________性，pH 值__________。在 0.1mol·L^{-1} 的 Na_2CO_3 溶液中，欲使 CO_3^{2-} 的浓度尽量接近于 0.1mol·L^{-1}，则应向溶液中加入__________，这是因为__________。

5. 在 H_3PO_4 溶液中加入适量的 NaOH，可以配成__________种缓冲系不同的缓冲溶液，缓冲对分别是①__________，②__________，③__________，在②中，抗酸成分是__________，抗碱成分是__________。

6. 实验室中有 HCl，HAc（$K_a^\ominus=1.8\times10^{-5}$），NaOH，NaAc 四种相同浓度的溶液，现要配制 pH＝4.44 的缓冲溶液，共有三种配法，每种配法所用的两种溶液及其体积比分别为__________，__________，__________。

7. 在有 $BaSO_4$ 固体存在的 $BaSO_4$ 溶液中加入__________或__________，可使其溶解度减小，此现象称为__________；若加入__________，可使其溶解度增大，此现象称为__________。

8. 已知 AgCl、AgBr 和 $Ag_2C_2O_4$ 的溶度积分别为 1.77×10^{-10}、5.35×10^{-13}和 4.50×10^{-11}。某溶液中含有 KCl、KBr 和 $Na_2C_2O_4$ 的浓度均为 0.01mol·L^{-1}，向该溶液中滴加入 $AgNO_3$ 时，最先沉淀的是__________，最后沉淀的是__________；当最后一种离子沉淀时，前两种离子的浓度分别为__________、__________。

四、问答题

1. 强电解质和弱电解质有何区别？它们在水溶液中以什么形式存在？它们的解离度的含义有什么不同？

2. 缓冲溶液是如何发挥缓冲作用的？

3. 为什么 Na_2HPO_4 溶液是碱性的，而 NaH_2PO_4 溶液却是酸性的？既然 Na_2HPO_4 是碱性的，为什么溶液中的 HPO_4^{2-} 又能作酸？

4. 什么是难溶电解质的离子积、溶度积？两者有什么区别和联系？

五、计算题

1. 计算 0.100mol·L^{-1}HAc 溶液中的 H^+ 的平衡浓度和 HAc 的解离度。

2. 计算 0.10mol·L^{-1} H_2S 溶液（H_2S 的饱和溶液）中的 H^+、HS^- 和 S^{2-} 平衡浓度以及溶液的 pH。[$K_{a1}^\ominus(H_2S)=9.1\times10^{-8}$，$K_{a2}^\ominus(H_2S)=1.1\times10^{-12}$]

3. 已知 0.30mol·L^{-1}NaX 溶液的 pH 值为 9.50。计算弱酸 HX 的解离常数 $K_a^\ominus$。

4. 计算 0.10mol·L^{-1}Na_3PO_4 溶液中 PO_4^{3-} 的浓度和 pH 值。

5. 在一混合溶液中，含有 0.02mol·L^{-1} HCN、0.03mol·L^{-1} HBO_2 和 0.1mol·L^{-1} HF。试计算该混合溶液中 H^+、CN^-、BO_2^-、F^- 和 OH^- 的浓度［$K_a^\ominus$(HCN)＝6.2×10^{-10}，$K_a^\ominus$(HBO_2)＝7.5×10^{-10}，$K_a^\ominus$(HF)＝6.6×10^{-4}］。

6. 由第 1 题计算知，0.100mol·L^{-1} HAc 溶液的解离度 α 为 1.33%，在此溶液中加入 NaAc 固体，使其溶解后的浓度为 1.0mol·L^{-1}，求此时 HAc 的解离度。

7. 现有 0.20mol·L^{-1} HCl 溶液与 0.20mol·L^{-1} 氨水，在下列各情况下溶液的 pH 值是多少？

(1) 两种溶液等体积混合；

(2) 两种溶液按 2∶1 的体积混合；

(3) 两种溶液按 1∶2 的体积混合。

8. 取 100g NaOAc·$3H_2O$，加入 13mL 6.0mol·L^{-1} HOAc 溶液，然后用水稀释至 1.0L，此缓冲溶液的 pH 值是多少？若向此溶液中通入 0.10mol HCl 气体（忽略溶液体积变化），求溶液的 pH 值变化多少？

9. 取 0.10mol·L^{-1} HB 溶液 50mL，与 0.10mol·L^{-1} KOH 溶液 20mL 混合，将混合溶液加水稀释至 100mL，测得其 pH 为 5.25，试求此弱酸 HB 的解离常数。

10. 现欲配制 250mL pH 为 5.00 的缓冲溶液，问在 125mL 1.0mol·L^{-1} NaAc 溶液中应加入多少毫升 6.0mol·L^{-1} 的 HAc 溶液？

11. 现欲配制 pH 值为 5.10 的缓冲溶液，计算在 50.0mL 0.1mol·L^{-1} HAc 中应加入 0.1mol·L^{-1} NaOH 多少毫升？（设总体积为两者之和）

12. 判断下列说法是否正确：因为 Ag_2CrO_4 的 $K_{sp}^\ominus$(2.0×10^{-12}) 小于 AgCl 的 $K_{sp}^\ominus$(1.77×10^{-10})，所以 Ag_2CrO_4 比 AgCl 更难溶于水。

13. 根据 AgI 的溶度积，计算：

(1) AgI 在纯水中的溶解度（g·L^{-1}）；

(2) 在 0.0010mol·L^{-1} KI 溶液中 AgI 的溶解度（g·L^{-1}）；

(3) 在 0.010mol·L^{-1} $AgNO_3$ 溶液中 AgI 的溶解度（g·L^{-1}）。

14. 通过计算说明下列情况有无沉淀生成：

(1) 0.010mol·L^{-1} $SrCl_2$ 溶液 2mL 和 0.10mol·L^{-1} K_2SO_4 溶液 3mL 相混合；

(2) 1mL 0.0001mol·L^{-1} 的 $AgNO_3$ 溶液与 2mL 0.0006mol·L^{-1} 的 K_2CrO_4 溶液相混合；

(3) 在 100mL 0.010mol·L^{-1} $Pb(NO_3)_2$ 溶液中，加入固体 NaCl 0.5848g。（忽略体积变化）

15. 某溶液含有 Ag^+、Pb^{2+}、Sr^{2+}，各种离子浓度均为 0.10mol·L^{-1}，加入 K_2CrO_4 溶液，通过计算说明上述离子开始沉淀的顺序。当第二种离子开始沉淀时，第一种离子的浓度是多少？当第三种离子开始沉淀时，第一、第二种离子浓度各为多少？

16. 一溶液中含有 Fe^{2+} 和 Fe^{3+}。它们的浓度均为 0.05mol·L^{-1}，如果只要 $Fe(OH)_3$ 沉淀，溶液的 pH 值应控制在什么范围？能否通过控制溶液的 pH 值，使 Fe^{2+} 和 Fe^{3+} 分离？

17. 某混合溶液含 0.010mol·L^{-1} $CuCl_2$ 和 0.20mol·L^{-1} $FeCl_2$，通入 H_2S 气体达到饱和，得到的是何种沉淀？［已知 $K_{sp}^\ominus$(CuS)＝6.3×10^{-36}；$K_{sp}^\ominus$(FeS)＝6.3×10^{-18}；$K_{a1}^\ominus$(H_2S)＝9.1×10^{-8}，$K_{a2}^\ominus$(H_2S)＝1.1×10^{-12}］

18. 将 100mL 0.10mol·L^{-1} $NH_3·H_2O$ 溶液与 100mL 0.020mol·L^{-1} $MgCl_2$ 溶液混

合，是否会生成 $Mg(OH)_2$ 沉淀？如欲使生成的沉淀溶解，或是在混合时就不致生成沉淀，则在体系中应加入固体 $(NH_4)_2SO_4$ 多少克？{已知：$Mg(OH)_2$ 的 $K_{sp}^{\ominus}[Mg(OH)_2]=5.61\times10^{-12}$，$NH_3\cdot H_2O$ 的 $K_b^{\ominus}(NH_3\cdot H_2O)=1.8\times10^{-5}$。两溶液混合时体积具有加和性，加入固体 $(NH_4)_2SO_4$ 后溶液的体积不变}

19. 向浓度为 $0.1mol\cdot L^{-1}$ 的 $MnCl_2$ 溶液中慢慢滴加 Na_2S 溶液，试问是先生成 MnS 沉淀还是 $Mn(OH)_2$ 沉淀？{$K_{sp}^{\ominus}(MnS)=2.5\times10^{-10}$；$K_{sp}^{\ominus}[Mn(OH)_2]=1.9\times10^{-13}$；$K_{a1}^{\ominus}(H_2S)=9.1\times10^{-8}$，$K_{a2}^{\ominus}(H_2S)=1.1\times10^{-12}$}

20. AgI 沉淀用 $(NH_4)_2S$ 溶液处理使之转化为 Ag_2S 沉淀，该转化反应的平衡常数是多少？如在 1.0L $(NH_4)_2S$ 溶液中转化 0.010mol AgI，$(NH_4)_2S$ 溶液的最初浓度应该是多少？

答案与解析

一、判断题

1. （×）解析：强弱电解质的划分是按它在水溶液中的电离程度，在水溶液中全部电离的电解质是强电解质，部分电离的电解质是弱电解质。对于相同浓度的电解质（离子电荷数也应相同），强电解质由于全部电离，溶液中离子浓度高，导电能力比弱电解质高。有些难溶强电解质，如 AgCl、$BaSO_4$ 等，由于其本身溶解度小，溶液中离子浓度低，尽管导电能力弱，但其溶于水的部分全部电离，故是强电解质。

2. （×）解析：酸或碱在水中的电离除了分子拆开而形成较小的离子以外，离子和水生成水合离子，而后一过程经常是放热的，故反应是吸热还是放热要看两过程吸放热的总和，如 H_2SO_4、NaOH 溶于水电离成离子是放热的。

3. （×）解析：在水中，始终有 $H_2O \rightleftharpoons H^+ + OH^-$，25℃时，$K_w^{\ominus}=c(H^+)c(OH^-)=10^{-14}$。加入酸后，成酸性溶液，平衡左移，达到新平衡时，溶液中 $c(H^+)>c(OH^-)$，但 $c(H^+)c(OH^-)=K_w^{\ominus}$ 这一关系依然存在。并且 $c(H^+)$ 越大，$c(OH^-)$ 越小，但 $c(OH^-)$ 不会等于零。水溶液中，$c(H^+)$ 和 $c(OH^-)$ 永远存在，且浓度是一个此消彼长的关系。

4. （√）解析：理由同第 3 题。

5. （×）解析：对于浓度不算太低的强酸溶液，由于同离子效应，抑制了水的解离，水解离出的 H^+ 一般可以忽略，每稀释 10 倍，根据 pH 计算公式，pH 值增加 1 个单位，但稀释到一定程度，pH 值接近于 7 时，水解离出的 H^+ 不能再被忽略，即使没有外来酸的加入，水电离出的 H^+ 也能使 pH 值等于 7，所以不管如何稀释，不可能由酸性溶液变成碱性溶液。

6. （×）解析：甲基橙的变色点是 4.1 而不是 7.0，只要 pH 值大于 4.1 就呈现黄色（碱色），而此时溶液可能依然是酸性的。既然溶液在酸性时指示剂就显碱色了，那么该指示剂有什么作用哪？实际上在酸碱滴定过程中，如开始时 H^+ 浓度是 $1.0mol\cdot L^{-1}$，滴到 pH 4.1 时，剩下未滴定的酸已小于 $10^{-4}mol\cdot L^{-1}$，即不到原酸的 0.01%，此时可认为酸已完全反应掉了，误差也不大。

7. （×）解析：根据解离度与浓度关系，$\alpha=\sqrt{\dfrac{K_a^{\ominus}}{c_0}}$，解离度确实随电解质浓度的降低而增大，但 $c(H^+)=\sqrt{c_0K_a^{\ominus}}$，溶液稀释后，电解质 HAc 的浓度减小，故 H^+ 浓度降低。

8.（×）解析：H_2S溶液中，H_2S是分步解离的，$H_2S \rightleftharpoons H^+ + HS^-$，$K_{a1}^{\ominus}=9.1\times10^{-8}$，$HS^- \rightleftharpoons H^+ + S^{2-}$，$K_{a2}^{\ominus}=1.1\times10^{-12}$，可见，第二步解离是第一步解离的十万分之一左右，作为第二步解离出的S^{2-}，其浓度比第一步解离出的H^+要小十万倍，故$[H^+]\gg2[S^{2-}]$。

9.（×）解析：氨水是弱电解质，在加水稀释过程中，解离度会增大，故稀释为原来1/2时，其$[OH^-]$浓度比原来的1/2多。

10.（√）解析：虽然HAc是弱电解质，溶液中H^+浓度比HCl的要少，但在滴定过程中，随着H^+被中和，HAc会不断解离出H^+，直至完全解离，故所用NaOH的量与中和HCl是相同的。

11.（×）解析：在酸浓度均较大的情况下，由于同离子效应，本来解离度就较小的弱酸解离度更小，其解离出H^+的完全可忽略，溶液的酸度由强酸决定。但当强酸浓度很小而弱酸浓度并不小时，弱酸解离出的H^+便不能忽略，此时溶液的酸度并不是由强酸决定。

12.（×）解析：在HAc溶液中加入HCl，HAc的解离度减小，但溶液的pH值是由溶液中总H^+浓度决定的，加入HCl，即加入H^+，Ac^-浓度减小，H^+浓度肯定增加，pH值减小。

13.（√）解析：其共轭碱的$K_b^{\ominus}(A^-)=K_w^{\ominus}/K_a^{\ominus}(HA)$，$K_a^{\ominus}$越小，$K_b^{\ominus}$越大，碱性就越强。

14.（×）解析：水解过程除了水的自偶电离过程外，还有水电离出的H^+或OH^-与盐电离出的离子生成弱电解质的过程，而后一过程程度更大，促进了水的自偶电离。

15.（√）解析：阳离子水解是阳离子与水电离出的OH^-生成弱电解质的过程，破坏了水的电离平衡，水继续电离再达平衡时，溶液中$c(H^+)>c(OH^-)$，故总是显酸性；阴离子水解是阴离子与水电离出的H^+生成弱电解质的过程，破坏了水的电离平衡，水继续电离再达平衡时，溶液中$c(OH^-)>c(H^+)$，故总是显碱性。

16.（√）解析：由第15题可知，强酸弱碱盐是阳离子水解，水解后溶液总是显酸性。如NH_4Cl、$ZnCl_2$在工业上就是作为酸来使用的。

17.（×）解析：两性电解质（即酸式盐）可酸式电离，也可阴离子水解，如$HA^- \rightleftharpoons H^+ + A^{2-}$可电离出$H^+$，又可$HA^- + H_2O \rightleftharpoons H_2A + OH^-$，可水解出$OH^-$，它既可与碱反应，又可与酸反应，故呈两性。

18.（√）解析：可推导出两性物质pH值的计算公式为$pH\approx14-1/2\ (pK_a^{\ominus}+pK_b^{\ominus})$，可见，与溶液的浓度无关。

19.（√）解析：本题中，NaH_2PO_4作为弱酸，而Na_2HPO_4作为弱酸盐起作用。

20.（×）解析：缓冲溶液中加入外来酸碱时，pH值不是绝对不变，只是变化较小，可认为基本不变。

21.（×）解析：要组成缓冲溶液，一定要有抗酸成分和抗碱成分，要有较多潜在的H^+（弱酸）、OH^-（弱碱）或能把外加入的H^+、OH^-结合成弱电解质的弱酸根、弱碱离子。而强酸（或碱）已全部解离，不存在潜在的H^+、OH^-，故不能组成缓冲溶液。

22.（√）解析：浓度很高的酸或碱溶液中，外加入少量的酸或碱，对体系酸碱的总浓度影响不大，溶液的pH值基本不变，故可看成缓冲溶液。

23.（×）解析：任何缓冲溶液的缓冲能力都是有限度的，虽然每次加入少量酸或碱，但如添加无数次，相当于加入了大量的酸或碱，当溶液中的抗酸或抗碱成分都耗尽时，原缓冲溶液就不再具有缓冲能力了。

24. (√) 解析：缓冲溶液的 pH 值计算公式为：$pH = pK_a^{\ominus} - \lg[c(酸)/c(盐)]$，$c$(酸)或 c(盐) 的浓度越大，能抵抗越多的外来酸或碱，缓冲容量也越大。

25. (√) 解析：难溶电解质溶在水中的部分是全部电离的，尽管离子浓度较低，其浓度与活度更为接近，更可按强电解质处理其平衡。

26. (√) 解析：$BaSO_4$ 的溶度积是该难溶电解质本性的常数，与其所处的环境无关，由于体系中含有 $BaSO_4$ 固体，稀释后，$BaSO_4$ 固体会溶解一部分，以保持沉淀-溶解平衡，这样，只要有 $BaSO_4$ 固体存在，溶液始终是饱和溶液，浓度不变。

27. (×) 解析：对不同类型的难溶电解质，溶解度与 $K_{sp}^{\ominus}$ 的关系的计算公式不同，故不能认为 $K_{sp}^{\ominus}$ 较大者，其溶解度也较大。

28. (√) 解析：$K_{sp}^{\ominus}$ 是难溶电解质本性的常数，可以由生成该物质时的热力学关系得到，当然与其所处的环境无关。

29. (×) 解析：形成沉淀的离子，只有当其浓度商大于其溶度积 $K_{sp}^{\ominus}$ 时才生成沉淀，沉淀掉的是大于 $K_{sp}^{\ominus}$ 的部分，等于 $K_{sp}^{\ominus}$ 的部分，仍在溶液中，且几种离子浓度间是此消彼长的关系，不可能完全没有，所谓沉淀完全是相对的，是指其浓度小于 10^{-5} mol·L^{-1}。

30. (×) 解析：当沉淀剂加入时，首先与沉淀剂的离子浓度商大于 $K_{sp}^{\ominus}$ 的离子沉淀，即沉淀所需离子浓度越小，而其在溶液中浓度越大的离子首先沉淀。

二、选择题（单选）

1. (C) 解析：醋酸和氨水都是弱电解质，导电能力较弱，两者混合后生成的醋酸铵是强电解质，导电能力强。

2. (C) 解析：导电需要有自由移动的电荷，$MgCl_2$ 晶体和 AgCl 固体虽有离子带电荷，但由于是固体，不能自由移动；液氨中几乎没有离子，只有氨水中有 NH_4^+ 和 OH^-，在外电场的作用下定向运动即导电。

3. (A) 解析：温度一定时，水解离的平衡常数即 $K_w^{\ominus}$ 是个定值，不因溶液的酸碱性变化而变化。

4. (D) 解析：根据 pH 值计算公式，在远离 7 时，pH 值每增加一个单位，H^+ 浓度减小 10 倍，题中 pH 值增加了 4 个单位，H^+ 浓度减小 10^4 倍即 10000 倍。

5. (C) 解析：pH=5 时，$c(H^+) = 10^{-5}$ mol·L^{-1}，$c(OH^-) = K_w^{\ominus}/c(H^+) = 10^{-14}/10^{-5} = 10^{-9}$ mol·L^{-1}。

6. (C) 解析：等体积混合后、未反应前，$c(H^+) = 10^{-2}/2$mol·L^{-1}，$c(OH^-) = 10^{-3}/2$mol·L^{-1}，等物质的量中和后，$c(H^+) = 10^{-2}/2 - 10^{-3}/2 = 4.5 \times 10^{-3}$ mol·L^{-1}，$pH = -\lg c(H^+) = -\lg 4.5 \times 10^{-3} = 2.35$。

7. (A) 解析：下列质子碱的强度是以其 $K_b^{\ominus}(A^-)$ 大小来衡量，分别为 $K_b^{\ominus}(OH^-) = 1/K_w^{\ominus}$，$K_b^{\ominus}(CN^-) = K_w^{\ominus}/K^{\ominus}(HCN)$，$K_b^{\ominus}(Ac^-) = K_w^{\ominus}/K^{\ominus}(HAc)$，$K_b^{\ominus}(CO_3^{2-}) = K_w^{\ominus}/K_{a2}^{\ominus}(H_2CO_3)$。

8. (A) 解析：所谓酸碱共轭对是指结构相似，在组成上相差一个 H^+ 的两种微粒，若作为酸，去掉一个 H^+ 后就是其共轭碱，若作为碱，得到一个 H^+ 后就成为其共轭酸。只有 A 不符合。

9. (D) 解析：溶液中指示剂变色点并不是酸性和碱性变性点 pH7.0，有时距离 pH7.0 达到三个 pH 单位，如甲基橙变色点表示碱色是 pH 4.1。

10. (D) 解析：pH 值相同，即 H^+ 浓度相同，由于 HCl 和 H_2SO_4 是强电解质，完全

电离，对于 HCl，其浓度等于 H^+ 浓度，对二元强酸 H_2SO_4，其浓度是 H^+ 浓度的一半，H_3PO_4 是中强三元酸，CH_3COOH 是弱酸，其电离度很小，要电离出与 HCl、H_2SO_4、H_3PO_4 相同的 H^+ 浓度，其本身浓度必须最大。

11. (C) 解析：由于醋酸是弱酸，在溶液中部分电离，大部分是以分子形式存在，NaOH 在中和掉显性 H^+（由 pH 值计算）时，醋酸会继续源源不断地电离出 H^+ 与 NaOH 中和，直至醋酸全部电离，而盐酸是强电解质，本来就全部电离，只需中和掉 pH 值表示出的 H^+ 浓度后就已完全中和。

12. (C) 解析：HAc 溶液加水稀释后，电离平衡向右移动，解离度增大，H^+ 数目增大，但由于加水稀释后溶液体积增大了，根据 $c(H^+)=\sqrt{cK^{\ominus}(HAc)}$，$H^+$ 浓度应减小，导电能力减弱。

13. (C) 解析：酸的强度是表示酸本身性质的量，与该酸所处环境无关，解离常数。

14. (D) 解析：因为缓冲溶液的 $pH=pK_a^{\ominus}-\lg\dfrac{c(\text{酸})}{c(\text{盐})}$，浓度项上即使变化 10 倍，通过对数后对 pH 值的影响只有一个单位，况且由于溶解度的限制和浓度不能太低（否则无缓冲能力）的条件，浓度项对 pH 值影响有限，故 pH 值的主要因素是弱酸的电离常数。

15. (B) 解析：根据解离度计算公式 $\alpha=\sqrt{\dfrac{K_a^{\ominus}}{c_0}}$，要显著增加 NH_3 的离解度，在所给方法中只有减小 NH_3 的浓度。加入 NaCl，由于盐效应，NH_3 的离解度稍有增加，而加入 NH_4Cl，由于同离子效应，NH_3 的离解度将显著减小。

16. (C) 解析：加入 NaAc 晶体对 HAc 的解离有同离子效应，使 HAc 解离平衡强烈左移，H^+ 浓度减小，pH 值增大。至于 $K^{\ominus}$（HAc）是平衡常数，环境中加入其它物质对其无影响。

17. (A) 解析：在 H_2S 溶液中，可以推导出 $c(S^{2-})=\dfrac{c(H_2S)K_{a1}^{\ominus}K_{a2}^{\ominus}}{c^2(H^+)}$，可见，增大溶液的 pH 值即降低 H^+ 浓度，$c(S^{2-})$ 增大。

18. (A) 解析：H_2S 是二元弱酸，计算 H^+ 浓度只需计算一级电离即可，$c(H^+)=\sqrt{c(H_2S)K_{a1}^{\ominus}}$，$pH=-\dfrac{1}{2}\lg 0.1\times8.9\times10^{-8}=4.03$。

19. (D) 解析：在 H_2S 水溶液中，有 $H_2S \rightleftharpoons H^+ + HS^-$，$HS^- \rightleftharpoons H^+ + S^{2-}$，$K_{a2}^{\ominus}(H_2S)=\dfrac{c(H^+)c(S^{2-})}{c(HS^-)}$，式中 H^+ 几乎都是第一步电离出的（第二步电离出的约为第一步的十万分之一），故 $c(H^+)\approx c(HS^-)$，则 $c(S^{2-})=K_{a2}^{\ominus}(H_2S)$。

20. (D) 解析：加入 HCl 后，由于同离子效应，苯甲酸的解离平衡左移，苯甲酸的离解度、溶液 pH 值、苯甲酸根离子的浓度均会改变，只有只与电解质本性有关的 $K_a^{\ominus}$（苯甲酸）不变。

21. (C) 解析：加水稀释后，氨水的浓度为 $0.05mol\cdot L^{-1}$，发生了明显的变化；由于氨水和 NH_4Cl 构成缓冲溶液，pH 值应无明显变化，OH^- 浓度基本不变，由于溶液体积扩大了一倍，OH^- 数目也增加了一倍，氨水的解离度也增加了一倍，但由于同离子效应，氨水的解离度还是很小，根据题意，应选（C）。

22. (A) 解析：若氨与氯化氢等物质的量混合则生成 NH_4Cl，该强酸弱碱盐水解后溶液会呈酸性，pH<7，现在溶液的 pH 值等于 7，肯定碱性物质 $NH_3\cdot H_2O$ 过量。

23. (B) 解析：由于强酸或强碱为不足量，反应后就成为弱酸-弱酸盐混合液或弱碱-弱碱盐混合液，这正是缓冲溶液。

24. (A) 解析：同23题，由于强碱 NaOH 不足量，反应后的物质是生成的 NaAc 和余下的 HAc，这种弱酸-弱酸盐的溶液就是缓冲溶液。

25. (D) 解析：HCl、NaOH 在适当比例时均能与 KH_2PO_4 组成缓冲体系，如 HCl$+$$H_2PO_4^- \rightleftharpoons H_3PO_4 + Cl^-$，形成 H_3PO_4-$H_2PO_4^-$ 缓冲体系；$NaOH + H_2PO_4^- \rightleftharpoons HPO_4^{2-} + H_2O^+ Na^+$，形成 $H_2PO_4^-$-HPO_4^{2-} 缓冲体系；H_3PO_4 与 KH_2PO_4 本身组成缓冲体系；NaH_2PO_4 与 KH_2PO_4 是同一种阴离子，不能组成缓冲体系。

26. (C) 解析：欲配制 pH＝7.0 的缓冲溶液，应使弱酸的 $pK_a^\ominus$ 尽量接近 7.0，从以上所给弱酸和弱碱的 $K^\ominus$ 数据可知，用 NaH_2PO_4-Na_2HPO_4 最符合要求。

27. (B) 解析：共轭碱的 $K_b^\ominus = 1.0\times10^{-6}$，则该弱酸的 $K_a^\ominus = K_w^\ominus / K_b^\ominus = 10^{-14}/10^{-6} = 10^{-8}$，$pK_a^\ominus = -\lg K_a^\ominus = 8$，缓冲液的缓冲范围 $pH = pK_a^\ominus \pm 1 = 7 \sim 9$。

28. (C) 解析：由缓冲溶液 pH 值计算公式：$pH = pK_a^\ominus - \lg\dfrac{c(酸)}{c(盐)}$，$pK_a^\ominus$ 值一定时，pH 值取决于缓冲比$\dfrac{c(酸)}{c(盐)}$；当缓冲比$\dfrac{c(酸)}{c(盐)}=1$ 时，$pH = pK_a^\ominus$；在稀释缓冲液时，c(酸)、c(盐)同等倍数减小，故溶液的 pH 值基本不变，并非动用了缓冲溶液中有抗酸和抗碱成分。

29. (B) 解析：电解质本身全部电离，但由于正、负离子互相吸引，形成缔合型离子对，浓度越高这种倾向越大，这样多个离子的缔合型离子对，在电导实验中体现的是该集团的净电荷，比总电荷要少，故表观上是离子浓度低，电离度总是达不到 100％。

30. (B) 解析：$A^- + H_2O \rightleftharpoons HA + OH^-$，$K_h^\ominus = \dfrac{c(HA)c(OH^-)}{c(A^-)} \times \dfrac{c(H^+)}{c(H^+)} = K_w^\ominus / K_a^\ominus$。

31. (C) 解析：$PO_4^{3-} + H_2O \rightleftharpoons HPO_4^{2-} + OH^-$，$K_{h1}^\ominus = \dfrac{c(HPO_4{}^{2-})c(OH^-)}{c(PO_4{}^{3-})} \times \dfrac{c(H^+)}{c(H^+)} = K_w^\ominus / K_{a3}^\ominus$。

32. (C) 解析：$NaNO_3$ 是强酸强碱盐，不水解，水溶液显中性；NH_4CN 是弱酸弱碱盐，其中的酸相对更弱，水解呈碱性；NH_4NO_3 是强酸弱碱盐，水解呈酸性；$NaHCO_3$ 弱酸强碱盐，虽然是酸式盐，能电离出 H^+，水解倾向稍大于电离，总体呈碱性。

33. (B) 解析：$Ac^- + H_2O \rightleftharpoons HAc + OH^-$，加水稀释，平衡向右，$OH^-$ 物质的量增加，Ac^- 物质的量减小，由于稀释中体积相同，故 $c(OH^-)/c(Ac^-)$ 增大。

34. (D) 解析：弱酸弱碱盐 NH_4CN 的 pH 值计算公式为：$pH \approx 14 - 1/2(pK_a^\ominus + pK_b^\ominus)$，可见，与溶液的浓度无关。

35. (C) 解析：由于 $K_{h1}^\ominus \gg K_{h2}^\ominus \gg K_{h3}^\ominus$，$Na_3PO_4$ 的水解程度最大，pH 值最大。

36. (B) 解析：在溶液中，有下列两平衡：$H_2O \rightleftharpoons H^+ + OH^-$，$HA \rightleftharpoons H^+ + A^-$，由于是弱酸，解离度小，$c(HA) > c(A^-) \approx c(H^+)$，弱酸对水的解离产生同离子效应，水的解离度降低，$c(OH^-) < c(H^+)$。

37. (C) 解析：$NH_4Cl = NH_4^+ + Cl^-$，$NH_4^+ + H_2O \rightleftharpoons NH_3 \cdot H_2O + H^+$，$Cl^-$ 不水解掉，浓度最高，NH_4^+ 水解，但水解程度不大，由于水解出 H^+，$c(H^+) > c(OH^-)$。

38. (D) 解析：$CaSO_4$ 是微溶性物质，电离出的 SO_4^{2-} 浓度不高，HSO_4^- 是个中强电解

质，SO_4^{2-} 有少量水解，但 H_2SO_4 是强电解质，HSO_4^- 不水解，故溶液中无 H_2SO_4 分子。

39. (D) 解析：根据 $K_{sp}^{\ominus}(A_nB_m)=m^m n^n S^{(m+n)}$，每份 Fe_2S_3 溶解电离出 2 份 Fe^{3+} 和 3 份 S^{2-}，得出 $K_{sp}^{\ominus}=108S^5$，其实对这类难溶电解质只要计算指数即可，前面系数不用算。

40. (B) 解析：溶解部分完全电离，$CaF_2(s) \rightleftharpoons Ca^{2+}(aq)+2F^-(aq)$，$c(Ca^{2+})=2\times 10^{-4}mol \cdot L^{-1}$，$c(F^-)=2\times 2\times 10^{-4}mol \cdot L^{-1}$，对于 F^-，浓度不仅是溶解度的 2 倍，代入溶度积公式时，其浓度还要平方，$K_{sp}^{\ominus}(CaF_2)=c(Ca^{2+})\times c^2(F^-)=2\times 10^{-4}\times(2\times 2\times 10^{-4})^2=3.2\times 10^{-11}$。

41. (D) 解析：NaCl 或 $AgNO_3$ 的加入引起同离子效应，使 AgCl 溶解度减小，AgCl 饱和溶液加入后体系还是 AgCl 饱和溶液，溶解度不变，$2mol \cdot L^{-1}NaNO_3$ 加入后引起盐效应，溶解度增大，固体 AgCl 会有少量溶解，其溶解度增大。

42. (C) 解析：在 $MgCl_2$ 溶液中，由于同离子效应，$Mg(OH)_2$ 溶解度减小，在 NaCl 溶液中，由于有盐效应，$Mg(OH)_2$ 溶解度稍增加，但在 NH_4Cl 溶液中，由于 $Mg(OH)_2$ 溶解电离出的 OH^- 与 NH_4^+ 形成弱电解质 $NH_3 \cdot H_2O$，使溶解沉淀平衡向溶解方向移动，使 $Mg(OH)_2$ 溶解度增加较多，若 NH_4Cl 浓度足够，$Mg(OH)_2$ 可全部溶解。

43. (C) 解析：难溶硫化物溶于盐酸，是硫化物溶解电离出的 S^{2-} 与盐酸中的 H^+ 生成弱电解质 H_2S 并逸出溶液，使沉淀-溶解平衡不断向右移动，最终使硫化物溶解，而 H^+ 与 S^{2-} 结合成弱电解质 H_2S，需 S^{2-} 有较高的浓度，只有 $K_{sp}^{\ominus}$ 较大的硫化物在溶液中有相对较高的浓度的 S^{2-}，才能溶于盐酸。

44. (D) 解析：$K_{sp}^{\ominus}$ 是难溶电解质本性的常数，与环境无关，加水稀释不会改变；向饱和 $BaSO_4$ 溶液中加入水，不存在同离子效应或盐效应，其溶解度不变。

45. (D) 解析：加入过量的 H_2SO_4 产生同离子效应，$CaSO_4$ 溶解度减小，进入溶液的 Ca^{2+} 减少；加入过量的 HNO_3 或 Na_2CO_3 有盐效应，进入溶液的 Ca^{2+} 稍多，另外，由于 $CaSO_4$ 的 $K_{sp}^{\ominus}$ 大于 $CaCO_3$ 的 $K_{sp}^{\ominus}$，$CaSO_4$ 沉淀也不会转化成溶解度较小的 $CaCO_3$；加入 $BaCl_2$ 溶液后，Ba^{2+} 与 $CaSO_4$ 溶解电离出的少量 SO_4^{2-} 结合成溶度积更小的 $BaSO_4$ 沉淀，使沉淀-溶解平衡不断向右移动，最终使 $CaSO_4$ 全部溶解，$CaSO_4$ 沉淀转化为 $BaSO_4$ 沉淀，Ca^{2+} 全部进入溶液。

$$CaSO_4(s)+Ba^{2+}(aq) = BaSO_4(s)+Ca^{2+}(aq)$$

三、填充题

1. H_2B^+，HB，A^-，HA，H^+-H_2O，H_2O-OH^-。

解析：由于 $K^{\ominus}=1\times 10^{-2}$，其逆反应程度很大，根据酸碱反应是较强的酸与较强的碱生成较弱的碱与较弱的酸，H_2B^+ 是较强的酸，A^- 是较强的碱。

2. 保持不变，浓度，均发生变化，水溶液，通常不大，温度对 $K_a^{\ominus}$ 与 $K_b^{\ominus}$ 的影响，酸碱的相对强弱，分步，$K_{a1}^{\ominus} \gg K_{a2}^{\ominus} \gg K_{a3}^{\ominus}$。

3. 左，减小，减小，增加，减小，增大，增大。

解析：在氨水溶液中加入 NH_4Cl 和 NaOH 少量固体时，均有同离子现象，解离度均减小，加入 NaOH 时，相当于加入了较多的 OH^-，氨的解离平衡左移，NH_4^+ 浓度减小，但 OH^- 只左移了部分，体系中 OH^- 总浓度是增加的；加入较多 NaCl 固体，产生盐效应，氨的解离度稍增大，OH^- 浓度增加，pH 值增大。

4. 强，电离，$Na_2CO_3 = 2Na^+ + CO_3^{2-}$，大于 2∶1，$CO_3^{2-}$ 水解，$CO_3^{2-}+H_2O \rightleftharpoons$

$HCO_3^- + OH^-$，碱，大于7，少量 NaOH 溶液，NaOH 抑制了 CO_3^{2-} 的水解。

5. 3，H_3PO_4-NaH_2PO_4，NaH_2PO_4-Na_2HPO_4，Na_2HPO_4-Na_3PO_4，Na_2HPO_4，NaH_2PO_4。

6. $V(HAc):V(NaAc)=2:1$，$V(HAc):V(NaOH)=3:1$，$V(HCl):V(NaAc)=2:3$。

解析：根据 $pH=pK_a^{\ominus}-\lg\dfrac{c(HAc)}{c(Ac^-)}$，$\lg\dfrac{c(HAc)}{c(Ac^-)}=pK_a^{\ominus}-pH=4.74-4.44=0.30$，$\dfrac{c(HAc)}{c(Ac^-)}=2.0$，只要使 HAc 与 NaAc 浓度比为 2∶1，就是 pH＝4.44 的缓冲溶液。第一种配法可直接用 HAc 和 NaAc 按体积比 2∶1 配；第二种方法可利用 HAc 与 NaOH 反应生成 NaAc，剩下的 HAc 与反应生成的 NaAc 浓度比为 2∶1 时也构成 pH＝4.44 的缓冲溶液，即需剩下 2 份 HAc，反应生成 1 份 NaAc 需 1 份 HAc 和 1 份 NaOH，故需 3 份 HAc 和 1 份 NaOH；第三种方法利用 HCl 与 NaAc 反应生成 HAc，生成的 2 份 HAc 与反应后剩下的 1 份 NaAc 构成 pH＝4.44 的缓冲溶液，生成的 2 份 HAc 需 2 份 HCl 和 2 份 NaAc，共需 2 份 HCl 和 3 份 NaAc。

7. $BaCl_2$，Na_2SO_4，同离子现象，不含与有相同离子的强电解质如 $NaNO_3$，盐效应。

8. AgBr，$Ag_2C_2O_4$，$2.6\times10^{-6}mol\cdot L^{-1}$，$7.97\times10^{-9}mol\cdot L^{-1}$。

解析：对于 AgCl 和 AgBr，由于是相同类型电解质，只要根据溶度积数据就可判断出产生沉淀的先后，沉淀时需 $c(Ag^+)=K_{sp}^{\ominus}/c(X^-)$，对于 $Ag_2C_2O_4$，由于是 A_2B 型电解质，沉淀时需 $c(Ag^+)=\sqrt{K_{sp}^{\ominus}/c(C_2O_4^{2-})}$，不用计算就可判断生成 AgBr 沉淀所需 $c(Ag^+)$ 最小，首先沉淀，生成 $Ag_2C_2O_4$ 沉淀所需 $c(Ag^+)$ 最大，最后沉淀；当 $Ag_2C_2O_4$ 开始沉淀，溶液中 $c(Ag^+)=\sqrt{K_{sp}^{\ominus}/c(C_2O_4^{2-})}=\sqrt{4.50\times10^{-11}/0.01}=6.71\times10^{-5}mol\cdot L^{-1}$，此时，$c(Cl^-)=K_{sp}^{\ominus}(AgCl)/c(Cl^-)=1.77\times10^{-10}/6.71\times10^{-5}=2.6\times10^{-6}mol\cdot L^{-1}$，$c(Br^-)=K_{sp}^{\ominus}(AgBr)/c(Br)=5.35\times10^{-13}/6.71\times10^{-5}=7.97\times10^{-9}mol\cdot L^{-1}$。

四、问答题

1. 强电解质在溶液中全部离解。而弱电解质是部分离解。在水溶液中，强电解质完全以离子形式存在（离子氛），弱电解质则大多以分子形式存在，少数分子离解，以离子形式存在。

$$\text{解离度}\ \alpha=\frac{\text{已解离的弱电解质浓度}}{\text{解离前弱电解质浓度}}\times100\%$$

对于强电解质，由于“离子氛”的存在，离子不能完全自由，因此测得的离解度小于 100%（如 $0.10mol\cdot L^{-1}$ NaCl 溶液为 87%），称为“表观”离解度，反映了溶液中离子相互牵制作用的强弱程度。弱电解质的离解度则表示其真正离解的程度。

2. 缓冲溶液能起缓冲作用是与其特殊的组成有关。例如由 HAc 和 NaAc 组成的缓冲溶液中含有大量的 HAc 和 Ac^-，当向这种溶液中加入少量的酸（H^+）时，溶液中含有的大量抗酸成分 Ac^- 可以结合这些 H^+ 形成 HAc 分子，使溶液中 H^+ 浓度几乎未净增加；反之，当向这种溶液中加入少量的碱（OH^-）时，OH^- 将与溶液中的 H^+ 生成水，大量存在的抗碱成分 HAc 将迅速解离出 H^+ 以补充被结合掉的 H^+，使溶液中 OH^- 浓度几乎未净增加。所以缓冲溶液不会因少量外来酸碱的加入其 pH 值有明显的变化。

3. 因为 Na_2HPO_4 和 NaH_2PO_4 均为两性物质，根据两性物质中 pH 值计算公式可以得出：对于 Na_2HPO_4，$pH=1/2(pK_{a2}^{\ominus}+pK_{a3}^{\ominus})=1/2(7.20+12.36)=9.78$，所以 Na_2HPO_4 溶液是碱性的；对于 NaH_2PO_4，$pH=1/2(pK_{a1}^{\ominus}+pK_{a2}^{\ominus})=1/2(2.12+7.20)=4.66$，所以

NaH_2PO_4 溶液是酸性的。因 HPO_4^{2-} 可以继续电离出 H^+，根据酸碱质子理论，可以给出质子的物质是酸，因此，虽然 HPO_4^{2-} 溶液是碱性的，但溶液中的 HPO_4^{2-} 可以作酸。

4. 难溶电解质的离子积和溶度积尽管形式相同，但意义不同。离子积是溶液在任意状态时有关离子浓度幂之乘积；而溶度积是溶液处于平衡状态（或称为饱和溶液）时有关离子浓度幂之乘积。溶度积是离子积的一个特例。溶度积在一定温度下是一个常数，而离子积不是常数。利用离子积和溶度积的大小关系，可以判断沉淀的生成和溶解：离子积大于溶度积时产生沉淀；反之，沉淀溶解。

五、计算题

1. 解　查表可得 $K_a^{\ominus}(HAc)=1.76\times10^{-5}$，设解离平衡时 H^+ 的浓度为 x，则有

$$HAc(aq) \rightleftharpoons H^+(aq)+Ac^-(aq)$$

	HAc	H^+	Ac^-
初始浓度/$mol\cdot L^{-1}$	0.100	0	0
平衡浓度/$mol\cdot L^{-1}$	$0.100-x$	x	x

$$K_a^{\ominus}(HAc)=\frac{c(H^+)c(Ac^-)}{c(HAc)}$$

$$1.76\times10^{-5}=\frac{x^2}{0.100-x}$$

因为 $c/K_a^{\ominus}=\dfrac{0.100}{1.76\times10^{-5}}\geqslant500$，可作近似计算 $(0.100-x)\approx0.100$

$$1.76\times10^{-5}=\frac{x^2}{0.100}$$

$$x=\sqrt{0.100\times1.76\times10^{-5}}\approx1.33\times10^{-3}$$

$$c(H^+)\approx1.33\times10^{-3}\,mol\cdot L^{-1}$$

$$\alpha=\frac{x}{0.100}\times100\%\approx\frac{1.33\times10^{-3}}{0.100}\times100\%=1.33\%$$

解析：由于水解离出的 H^+ 浓度很小，予以忽略，$c(H^+)=c(Ac^-)=x$，这样成为一元二次方程，再利用 $c_0(HAc)-x=(0.100-x)\approx0.100$，即已解离的 HAc 分子百分比小，HAc 平衡时浓度近似于起始浓度，这样处理数据更简单，根据条件，误差也在测量容许范围之内，代入平衡关系表达式，求出结果，根据这个结果，可求出误差为 $1.33\times10^{-3}/0.100=1.33\%$。平衡时已解离的 HAc 浓度，近似于平衡时 H^+ 浓度，再代入求解离度公式，求出解离度 α。

2. 解　因为：$c/K_{a1}^{\ominus}=0.1/(9.1\times10^{-8})\geqslant500$

(1) $c(H^+)=c(H^+)_1+c(H^+)_2\approx c(H^+)_1=\sqrt{c(H_2S)K_{a1}^{\ominus}}=\sqrt{0.1\times9.1\times10^{-8}}$
$=9.5\times10^{-5}\,mol\cdot L^{-1}$

$$pH=-\lg c(H^+)=-\lg(9.5\times10^{-5})=4.0$$

(2) $c(HS^-)=c(HS^-)_1-c(HS^-)_2\approx c(HS^-)_1\approx c(H^+)=9.5\times10^{-5}\,mol\cdot L^{-1}$

(3)
$$K_{a2}^{\ominus}(H_2S)=\frac{c(H^+)c(S^{2-})}{c(HS^-)}$$

$$c(S^{2-})=\frac{K_{a2}^{\ominus}c(HS^-)}{c(H^+)}=K_{a2}^{\ominus}(H_2S)$$

$$=1.1\times10^{-12}\,mol\cdot L^{-1}$$

解析：由于 $K_{a1}^{\ominus}(H_2S)\gg K_{a2}^{\ominus}(H_2S)$，因此二级解离产生的 H^+ 和消耗的 HS^- 浓度可以

忽略不计；在二级解离平衡关系表达式中的 $c(H^+)$，并不仅仅是二级解离出的 $c(H^+)$，而是整个体系中的 $c(H^+)$，包括第一步解离出的 $c(H^+)$，故有 $c(H^+)\approx c(HS^-)$，若有外来酸加入，外来的 $c(H^+)$ 也作为体系中 $c(H^+)$ 而加入平衡关系表达式的 $c(H^+)$ 项（当然若外来酸加入对解离平衡影响也要考虑）。

3. 解 已知 $c=0.30\text{mol}\cdot\text{L}^{-1}$，$\text{pH}=9.50$

$$\text{pOH}=14-9.50=4.50,\ c(OH^-)=10^{-\text{pOH}}=10^{-4.50}=\sqrt{K_b^{\ominus}c}$$

$$K_b^{\ominus}=\frac{(10^{-4.50})^2}{0.30}=3.33\times10^{-9}$$

$$K_a^{\ominus}=\frac{K_w^{\ominus}}{K_b^{\ominus}}=\frac{1.0\times10^{-14}}{3.33\times10^{-9}}=3.0\times10^{-6}$$

解析：因为 $\text{pH}=-\lg c(H^+)$ 或 $\text{pOH}=-\lg c(OH^-)$，也可用指数形式表示 $c(H^+)=10^{-\text{pH}}$或 $c(OH^-)=10^{-\text{pOH}}$；对于弱酸弱碱，只要符合简化条件，$c(H^+)$ 或 $c(OH^-)$ 常用简化式 $c(H^+)=\sqrt{K_a^{\ominus}c}$或 $c(OH^-)=\sqrt{K_b^{\ominus}c}$。当然这样可根据溶液已知的 pH 值求出 $K_a^{\ominus}$ 或 $K_b^{\ominus}$，实际上常应用该方法来测弱酸弱碱的解离常数。该题为弱酸盐 NaX 的水解，也是 HX 的共轭碱在溶液中的行为，可利用 $K_w^{\ominus}=K_a^{\ominus}K_b^{\ominus}$ 来求 $K_a^{\ominus}$。

4. 解 已知 PO_4^{3-} 是弱碱，$c=0.10\text{mol}\cdot\text{L}^{-1}$，设 $c(OH^-)$ 为 x（$\text{mol}\cdot\text{L}^{-1}$）。

因 $$K_{b1}^{\ominus}(PO_4^{3-})=\frac{K_w^{\ominus}}{K_{a3}(PO_4{}^{3-})}=\frac{1.0\times10^{-14}}{2.2\times10^{-13}}=4.55\times10^{-2}$$

$$c/K_{b1}^{\ominus}(PO_4^{3-})=0.10/4.55\times10^{-2}=2.2<500$$

PO_4^{3-} 的第一步水解平衡为

$$PO_4^{3-}+H_2O \rightleftharpoons HPO_4^{2-}+OH^-$$

平衡浓度/$\text{mol}\cdot\text{L}^{-1}$　　$0.10-x$　　　x　　　x

$$K_{b1}^{\ominus}=\frac{c(HPO_4{}^{2-})c(OH^-)}{c(PO_4{}^{3-})}=\frac{x^2}{0.10-x}=4.55\times10^{-2}$$

解得 $$x=0.048\text{mol}\cdot\text{L}^{-1}$$

所以 $$\text{pH}=14-\text{pOH}=14-[-\lg c(OH^-)]=14-(-\lg0.048)=12.68$$

$$c(PO_4^{3-})=0.10-x=0.10-0.048=0.052\text{mol}\cdot\text{L}^{-1}$$

解析：若弱酸弱碱溶液计算 pH 值时不符合简化条件，即 $c/K^{\ominus}<500$，弱酸和弱碱平衡浓度与初始浓度的不同便不能忽略，按解离（或水解）平衡方程式求解一元二次方程；多元弱酸根水解出的 $c(OH^-)$ 只计第一步水解即可，因为 $K_{b1}^{\ominus}\gg K_{b2}^{\ominus}\gg K_{b3}^{\ominus}$。

5. 解 因 $K_a^{\ominus}(HF)\gg K_a^{\ominus}(HCN)$，$K_a^{\ominus}(HF)\gg K_a^{\ominus}(HBO_2)$，故溶液中 H^+ 主要来源于 HF 的解离。

(1) 求 H^+ 的浓度　　$HF(aq)\rightleftharpoons H^+(aq)+F^-(aq)$

$$c/K_a^{\ominus}(HF)=0.10/6.6\times10^{-4}=151.5<500$$

需用一元弱酸精确式计算

$$c(H^+)=\frac{-K_a^{\ominus}+\sqrt{K_a^{\ominus2}+4K_a^{\ominus}c}}{2}=\frac{-6.6\times10^{-4}+\sqrt{(6.6\times10^{-4})^2+4\times6.6\times10^{-4}\times0.1}}{2}$$
$$=7.7\times10^{-3}\text{mol}\cdot\text{L}^{-1}$$

$$c(F^-)\approx c(H^+)=7.7\times10^{-3}\text{mol}\cdot\text{L}^{-1}$$

(2) 求 CN^- 的浓度　　$HCN(aq)\rightleftharpoons H^+(aq)+CN^-(aq)$

$$K_a^{\ominus}(HCN)=\frac{c(H^+)c(CN^-)}{c(HCN)}$$

$$c(CN^-)=K_a^{\ominus}(HCN)\ \frac{c(HCN)}{c(H^+)}=6.2\times10^{-10}\times\frac{0.02}{7.7\times10^{-3}}=1.6\times10^{-9}\,mol\cdot L^{-1}$$

(3) 求 BO_2^- 的浓度　　$HBO_2(aq) \rightleftharpoons H^+(aq)+BO_2^-(aq)$

$$K_a^{\ominus}(HBO_2)=\frac{c(H^+)c(BO_2^-)}{c(HBO_2)}$$

$$c(BO_2^-)=K_a^{\ominus}(HBO_2)\ \frac{c(HBO_2)}{c(H^+)}=7.5\times10^{-10}\times\frac{0.03}{7.7\times10^{-3}}=2.9\times10^{-9}\,mol\cdot L^{-1}$$

(4) 求 OH^- 的浓度

$$c(OH^-)=K_w^{\ominus}/c(H^+)=10^{-14}/(7.7\times10^{-3})=1.3\times10^{-12}\,mol\cdot L^{-1}$$

解析：HCN、HBO_2 和 HF 都是弱酸，通过比较解离常数 $K_a^{\ominus}(HF)\gg K_a^{\ominus}(HCN)$，$K_a^{\ominus}(HF)\gg K_a^{\ominus}(HBO_2)$可知，HF 比 HCN 和 HBO_2 的酸性强得多。因此溶液中 H^+ 主要来源于 HF 的解离（HCN 和 HBO_2 解离出的 H^+ 可忽略不计）。本题根据一元弱酸中 $c(H^+)$ 计算公式的使用条件计算 $c(H^+)$，再根据相应的解离常数关系式即可求出 H^+、CN^-、BO_2^-、F^- 及 OH^- 的浓度。

6. 解　由于在溶液中 NaAc 完全解离其解离出的 Ac^- 浓度为$1.0mol\cdot L^{-1}$。

设此时 HAc 的解离度为 α_2，则

$$HAc(aq) \rightleftharpoons H^+(aq)+Ac^-(aq)$$

	HAc	H^+	Ac^-
初始浓度/$mol\cdot L^{-1}$	0.100	0	1.0
平衡浓度/$mol\cdot L^{-1}$	$0.100-x$	x	$1.0+x$

$$K_a^{\ominus}(HAc)=\frac{c(H^+)c(Ac^-)}{c(HAc)}=\frac{x(1.0+x)}{0.100-x}=1.76\times10^{-5}$$

由于 NaAc 的加入，大大抑制了 HAc 的解离，$x\ll0.100$

从而 $1.0+x\approx1.0$，　$0.100-x\approx0.100$

$$x=1.76\times10^{-6}\,mol\cdot L^{-1}$$

$$\alpha_2=\frac{1.76\times10^{-6}}{0.100}\times100\%=1.76\times10^{-3}\%$$

$$\frac{\alpha}{\alpha_2}=\frac{1.33}{1.76\times10^{-3}}=755.6\text{倍}$$

解离度降低了 755.6 倍，可见同离子效应对平衡的影响很大。

解析：在弱酸弱碱溶液中加入含有相同离子的易溶强电解质，使弱电解质的解离平衡左移，外加入的相关离子，全部计入弱电解质的解离平衡式中，由于弱电解质解离平衡强烈左移，平衡浓度表达式中的相关离子（除 H^+ 或 OH^-）几乎全部为外加入离子，弱电解质平衡浓度几乎为初始浓度，代入平衡关系表达式，很易求出 $c(H^+)$、$c(OH^-)$ 或其它数据。

7. 解　两种溶液混合后浓度发生了变化。

(1) 混合后：　　$c(HCl)=c(NH_3)=0.2/2=0.1mol\cdot L^{-1}$

$$HCl+NH_3 \longrightarrow NH_4Cl+H_2O$$

生成的 $c(NH_4Cl)=0.1mol\cdot L^{-1}$。设 NH_4Cl 水解生成的 $NH_3\cdot H_2O$ 浓度为 $x mol\cdot L^{-1}$，则

$$NH_4^++H_2O \rightleftharpoons NH_3\cdot H_2O+H^+$$

	NH_4^+	$NH_3\cdot H_2O$	H^+
平衡浓度/$mol\cdot L^{-1}$	$0.10-x$	x	x

$$K_h^{\ominus}=\frac{c(NH_3 \cdot H_2O)c(H^+)}{c(NH_4^+)}\times\frac{c(OH^-)}{c(OH^-)}=\frac{K_w^{\ominus}}{K^{\ominus}(NH_3 \cdot H_2O)}=\frac{1.0\times10^{-14}}{1.8\times10^{-5}}=5.6\times10^{-10}$$

$$x^2/(0.10-x)=5.6\times10^{-10}$$

由于 $c/K_h^{\ominus}>500$，　得 $0.10-x\approx0.10$

$$x=7.5\times10^{-6}\quad c(H^+)=7.5\times10^{-6}\,mol \cdot L^{-1}$$

$$pH=-\lg c(H^+)=-\lg(7.5\times10^{-6})=5.12$$

（2）$0.20mol \cdot L^{-1}$ HCl 溶液与 $0.20mol \cdot L^{-1}$ 氨水按 2∶1 的体积混合，反应后剩下 HCl，其浓度为 $0.20/3=0.0667mol \cdot L^{-1}$。

由于 HCl 是强电解质，完全解离，$c(H^+)=0.0667mol \cdot L^{-1}$

$$pH=-\lg c(H^+)=-\lg 0.0667=1.17$$

（3）$0.20mol \cdot L^{-1}$ HCl 溶液与 $0.20mol \cdot L^{-1}$ 氨水按 1∶2 的体积混合，

$$HCl+NH_3 \longrightarrow NH_4Cl+H_2O$$

反应后剩下的 $NH_3 \cdot H_2O$ 与反应生成 NH_4Cl 组成缓冲体系，$c(NH_3)=0.20/3=0.0667mol \cdot L^{-1}$，$c(NH_4^+)=0.20/3=0.0667mol \cdot L^{-1}$，则按缓冲溶液计算 pH 公式：

$$pH=14-pOH=14-\{pK^{\ominus}(NH_3)-\lg c[(NH_3)/c(NH_4^+)]\}$$

$$=14-\lg1.8\times10^{-5}+\lg(0.0667/0.0667)=9.25$$

解析：溶液混合后，浓度肯定发生变化，按稀释定律算出混合后溶液浓度；HCl 和氨水等物质的量混合，生成强酸弱碱盐 NH_4Cl，按生成 NH_4Cl 的水解浓度求混合液的 pH 值；HCl 和氨水混合时 HCl 过量，可看成纯粹是 HCl 溶液，因 NH_4Cl 在酸性溶液中的水解被抑制，根据剩下的 HCl 浓度求溶液的 pH 值；HCl 和氨水混合时氨水过量，剩下的氨水与反应生成的 NH_4Cl 组成缓冲体系，算出氨水与 NH_4Cl 的浓度，代入缓冲溶液公式算出溶液的 pH 值。

8. 解　混合并稀释后，$c(OAc^-)=[100/M(NaOAc \cdot 3H_2O)]/V=(100/136)/1=0.74mol \cdot L^{-1}$

$$c(HOAc)=(6.0\times13\times10^{-3})/1=0.078mol \cdot L^{-1}$$

NaOAc 和 HOAc 组成了缓冲溶液，可用缓冲溶液公式求混合溶液的 pH 值，

$$pH=pK_a^{\ominus}-\lg\frac{c(酸)}{c(盐)}=4.74-\lg\frac{0.078}{0.74}=5.72$$

向此溶液通入 0.10mol HCl 气体，则发生如下反应：

$$NaOAc+HCl \longrightarrow NaCl+HOAc$$

反应后：$c(HOAc)=0.078+0.10=0.18mol \cdot L^{-1}$，$c(OAc^-)=0.74-0.10=0.64mol \cdot L^{-1}$

按缓冲溶液公式 $pH=pK_a^{\ominus}-\lg\frac{c(酸)}{c(盐)}=4.74-\lg\frac{0.18}{0.64}=5.29$

$$\Delta(pH)=5.29-5.72=-0.43$$

解析：对于这种缓冲溶液，只要求出混合液中弱酸和弱酸盐的浓度比，就可代入缓冲溶液公式计算，不必再用平衡关系表达式逐步求解；在缓冲溶液中加入少量酸或碱，只要算出剩下弱酸和弱酸盐的物质的量，其摩尔比就是浓度比，代入缓冲溶液公式即可求出 pH 值。醋酸的写法有 HAc 和 HOAc，其实质都是 CH_3COOH。

9. 解　弱酸 HB 与强碱 KOH 混合后，发生反应 $HB+KOH \longrightarrow KB+H_2O$

$$c(HB)=[n(HB)-n(KOH)]/V=\frac{(50\times0.10-20\times0.10)\times10^{-3}}{(50+20)\times10^{-3}}=\frac{3}{70}mol \cdot L^{-1}$$

$$c(B^-)=n(KOH)/V=\frac{20\times0.1\times10^{-3}}{(50+20)\times10^{-3}}=\frac{2}{70}\text{mol}\cdot L^{-1}$$

$$pH=pK_a^{\ominus}-\lg\frac{c(HB)}{c(B^-)}\quad pK_a^{\ominus}=pH+\lg\frac{c(HB)}{c(B^-)}=5.25+\lg\frac{3/70}{2/70}=5.25+0.176=5.426$$

$$K_a^{\ominus}=10^{-5.426}=3.75\times10^{-6}$$

解析：过量的弱酸与强碱混合后过剩的弱酸与反应生成的弱酸盐组成缓冲溶液，根据反应方程式算出反应后所剩弱酸和所生成的弱酸盐的摩尔比（不一定要算出浓度），因体积相同，摩尔比即浓度比，代入缓冲溶液公式求未知量。这种方法常用来测弱酸的解离常数，若加入的强碱是某一元弱酸物质的量的一半，则溶液中剩下的 $c(HB)=c(B^-)$，计算更方便，直接 $pH=pK_a^{\ominus}$。

10. 解　$pH=5.00$，$n(NaAc)=0.125\times1=0.125$mol，设应加入 x(L) 6.00mol·L^{-1} 的 HAc 溶液。

$$pH=pK_a^{\ominus}-\lg\frac{c(HAc)}{c(NaAc)}=pK_a^{\ominus}-\lg\frac{n(HAc)/V}{n(NaAc)/V}=pK_a^{\ominus}-\lg\frac{x\times6.00}{0.125\times1}$$

$$\lg\frac{x\times6.00}{0.125\times1}=pK_a^{\ominus}-pH=4.74-5.00=-0.26,\quad\frac{x\times6.00}{0.125\times1}=10^{-0.26}$$

$$x=\frac{10^{-0.26}\times0.125}{6.00}=0.012\text{L}$$

将 125mL 1.0mol·L^{-1}NaAc 与 12mL 6.00mol·L^{-1}的 HAc 混合，再加水稀释至 250mL。

解析：对于已知 pH 值的缓冲溶液配制计算，因在同一体系，体积相同，只需算出弱酸和弱酸盐的摩尔比，现已知弱酸盐的物质的量，很容易求出弱酸的物质的量，进而根据弱酸浓度求出所需弱酸体积。

11. 解　已知 $pH=5.10$，$K_a^{\ominus}=1.76\times10^{-5}$，设加入的 NaOH 为 x（mL）。

$n(HAc)=0.1\times50.0\times10^{-3}=5.0\times10^{-3}$mol，$n(NaOH)=0.1\times x\times10^{-3}=x\times10^{-4}$mol

首先，HAc 和 NaOH 发生中和反应：

$$HAc+NaOH\longrightarrow NaAc+H_2O$$

HAc 的物质的量减少了 $x\times10^{-4}$mol，同时生成了 $x\times10^{-4}$mol 的 Ac^-，而形成 HAc-Ac^- 缓冲体系。

平衡时，$n(HAc)=(5.0\times10^{-3}-x\times10^{-4})=(50-x)\times10^{-4}$mol

$$n(Ac^-)=n(NaOH)=x\times10^{-4}\text{mol}$$

$$pH=pK_a^{\ominus}-\lg\frac{c(HAc)}{c(Ac^-)}=pK_a^{\ominus}-\lg\frac{n(HAc)/V}{n(Ac^-)/V}=pK_a^{\ominus}-\lg\frac{(50-x)\times10^{-4}}{x\times10^{-4}}$$

$$\lg\frac{(50-x)\times10^{-4}}{x\times10^{-4}}=pK_a^{\ominus}-pH=4.75-5.10=-0.35,\quad\frac{50-x}{x}=10^{-0.35}$$

$$x=\frac{50}{10^{-0.35}+1}=34.5\text{mL}$$

解析：弱酸与强碱配制成一定 pH 值的缓冲溶液，强碱的加入是与弱酸形成抗碱成分弱酸盐，弱酸一部分作为弱酸在溶液中，另一部分与强碱反应生成弱酸盐，弱酸的物质的量必须多于强碱的物质的量，多出部分与生成的弱酸盐的摩尔比要符合要求的 pH 值，凭这一关系求得摩尔比，最终求出所需强碱的体积。

12. 解　(1) 设 Ag_2CrO_4 的溶解度为 S_1，则

$$Ag_2CrO_4(s)\rightleftharpoons2Ag^+(aq)+CrO_4^{2-}(aq)$$

平衡浓度/mol·L^{-1}　　　$2S_1$　　　S_1

$$K_{sp}^{\ominus}=c^2(Ag^+)c(CrO_4^{2-})=(2S_1)^2(S_1)=4S_1^3=2.0\times10^{-12}$$

$$S_1=\sqrt[3]{\frac{2.0\times10^{-12}}{4}}=7.9\times10^{-5}\,mol\cdot L^{-1}$$

（2）设 AgCl 的溶解度为 S_2，则

$$AgCl(s) \rightleftharpoons Ag^+(aq) + Cl^-(aq)$$

平衡浓度/$mol\cdot L^{-1}$　　S_2　　S_2

$$K_{sp}^{\ominus}=c(Ag^+)cCl^-=S_2S_2=S_2^2=1.77\times10^{-10}$$

$$S_2=\sqrt{1.77\times10^{-10}}=1.33\times10^{-5}\,mol\cdot L^{-1}$$

由计算结果表明，虽然 Ag_2CrO_4 的 $K_{sp}^{\ominus}$ 小于 AgCl 的 $K_{sp}^{\ominus}$，但在水溶液中 Ag_2CrO_4 的溶解度比 AgCl 的溶解度大。

解析：要比较两种物质哪种更难溶于水，要通过比较两者溶解度的大小。溶解度越小越难溶解。对于相同类型的两种物质，由于计算公式（溶解度与溶度积的关系式）完全一样，可直接比较溶度积 $K_{sp}^{\ominus}$ 的大小得出其溶解度大小；对于不同类型的物质，由于计算公式（溶解度与溶度积的关系式）不一样，不能通过比较溶度积 $K_{sp}^{\ominus}$ 的大小得出其溶解度大小，需分别根据溶解度与溶度积的关系式求出溶解度，然后进行比较。

13. 解　（1）AgI 在纯水中的浓度为 $c(AgI)=c(Ag^+)=c(I^-)$，所以 AgI 是 AB 型电解质

$$c(AgI)=\sqrt{K_{sp}^{\ominus}(AgI)}=\sqrt{8.3\times10^{-17}}=9.1\times10^{-9}\,mol\cdot L^{-1}$$

AgI 在纯水中的溶解度为：$9.1\times10^{-9}\times M(AgI)=9.1\times10^{-9}\times234.77=2.1\times10^{-6}\,g\cdot L^{-1}$

（2）AgI 在 $0.0010mol\cdot L^{-1}$ KI 溶液中

$$AgI(s) \rightleftharpoons Ag^+(aq) + I^-(aq)$$

平衡浓度/$mol\cdot L^{-1}$　　$c(Ag^+)$　　$c(I^-)+0.0010$

本来难溶，加上同离子效应，AgI 的溶解度非常小，$c(I^-)+0.0010\approx0.0010$

$K_{sp}^{\ominus}(AgI)=c(Ag^+)\times0.0010$，　$c(Ag^+)=K_{sp}^{\ominus}(AgI)/0.0010=8.3\times10^{-14}\,mol\cdot L^{-1}$

AgI 在 $0.0010mol\cdot L^{-1}$ KI 溶液中的溶解度为：

$$8.3\times10^{-14}\times M(AgI)=8.3\times10^{-14}\times234.77=1.9\times10^{-11}\,g\cdot L^{-1}$$

（3）AgI 在 $0.010mol\cdot L^{-1}$ $AgNO_3$ 溶液中

$$AgI(s) \rightleftharpoons Ag^+(aq) + I^-(aq)$$

平衡浓度/$mol\cdot L^{-1}$　　$c(Ag^+)+0.010$　　$c(I^-)$

本来难溶，加上同离子效应，AgI 的溶解度非常小，$c(Ag^+)+0.010\approx0.010$

$K_{sp}^{\ominus}(AgI)=0.010\times c(I^-)$，　$c(I^-)=K_{sp}^{\ominus}(AgI)/0.010=8.3\times10^{-15}\,mol\cdot L^{-1}$

AgI 在 $0.010mol\cdot L^{-1}$ $AgNO_3$ 溶液中的溶解度为：

$$8.3\times10^{-15}\times M(AgI)=8.3\times10^{-15}\times234.77=1.9\times10^{-12}\,g\cdot L^{-1}$$

解析：AgI 在纯水中的溶解度只需按溶解度与溶度积关系的公式计算得出；在含有 I^- 或 Ag^+ 的溶液，公式 $K_{sp}^{\ominus}(AgI)=c(I^-)c(Ag^+)$ 中 $c(I^-)$ 或 $c(Ag^+)$ 是体系中 I^- 或 Ag^+ 的总浓度，是由体系中强电解质（如 KI、$AgNO_3$）解离出来的和难溶盐 AgI 溶解解离的浓度的总和，由于同离子效应，AgI 溶解度减小很多，比起外加的相同离子（如 KI 溶液中 I^-，$AgNO_3$ 溶液中 Ag^+），AgI 溶解解离的某些离子浓度可忽略（如 KI 溶液中忽略 I^-，$AgNO_3$ 溶液中忽略 Ag^+），但 AgI 的溶解度是指纯粹由 AgI 溶解解离部分，根据溶度积公式 $K_{sp}^{\ominus}(AgI)=[c(I^-)(外加)][c(Ag^+)]$（在 KI 溶液），此时 $c(Ag^+)$ 就等于 AgI 的溶解

度；或 $K_{sp}^{\ominus}(AgI)=[c(I^-)][c(Ag^+)(外加)]$（在 $AgNO_3$ 溶液），此时 $c(I^-)$ 就等于 AgI 的溶解度。

14. 解　(1) 已知　$K_{sp}^{\ominus}(SrSO_4)=3.4\times10^{-7}$

混合后浓度为：$c(Sr^{2+})=\frac{0.010\times2}{2+3}=4.0\times10^{-3}mol\cdot L^{-1}$

$$c(SO_4^{2-})=\frac{0.10\times3}{2+3}=6.0\times10^{-2}mol\cdot L^{-1}$$

$$Q_c=c(Sr^{2+})c(SO_4^{2-})=4.0\times10^{-3}\times6.0\times10^{-2}=2.4\times10^{-4}$$

因为　$Q_c>K_{sp}^{\ominus}$　有 $SrSO_4$ 沉淀生成

(2) 已知　$K_{sp}^{\ominus}(Ag_2CrO_4)=1.12\times10^{-12}$

混合后浓度为：$c(Ag^+)=\frac{0.0001\times1}{2+1}=3.3\times10^{-5}mol\cdot L^{-1}$

$$c(CrO_4^{2-})=\frac{0.0006\times2}{2+1}=4.0\times10^{-4}mol\cdot L^{-1}$$

$$Q_c=c^2(Ag^+)c(CrO_4^{2-})=(3.3\times10^{-5})^2\times4.0\times10^{-4}=4.4\times10^{-13}$$

因为　$Q_c<K_{sp}^{\ominus}$　无 Ag_2CrO_4 沉淀生成

(3) 已知　$K_{sp}^{\ominus}(PbCl_2)=1.17\times10^{-5}$

$$c(Cl^-)=\frac{0.5848/58.5}{100\times10^{-3}}=0.10mol\cdot L^{-1}$$

$$Q_c=c^2(Cl^-)c(Pb^{2+})=(0.10)^2\times0.010=1.0\times10^{-4}$$

因为　$Q_c>K_{sp}^{\ominus}$　有 $PbCl_2$ 沉淀生成

解析：溶液混合后，首先要根据稀释定律计算出混合后有关离子的浓度；构成沉淀的两种离子（如 $SrSO_4$ 中 Sr^{2+} 和 SO_4^{2-}、Ag_2CrO_4 中 Ag^+ 和 CrO_4^{2-}、$PbCl_2$ 中 Pb^{2+} 和 Cl^-），并不一定要按反应方程式系数配比，只要，$Q_c>K_{sp}^{\ominus}$ 就能生成沉淀，但生成沉淀物是按方程式系数配比；沉淀后，构成沉淀的两种离子在溶液中依然存在，在溶液中 $Q_c=K_{sp}^{\ominus}$，但离子比例并不一定要按反应方程式系数配比，且比沉淀前下降很多。

15. 解　按已知条件，生成 Ag_2CrO_4、$PbCrO_4$、$SrCrO_4$ 沉淀所需 $c(CrO_4^{2-})$ 分别为：

$$c(CrO_4^{2-})=\frac{K_{sp}^{\ominus}(Ag_2CrO_4)}{c(Ag^+)^2}=\frac{2.0\times10^{-12}}{0.10^2}=2.0\times10^{-10}mol\cdot L^{-1}$$

$$c(CrO_4^{2-})=\frac{K_{sp}^{\ominus}(PbCrO_4)}{c(Pb^{2+})}=\frac{2.8\times10^{-13}}{0.10}=2.8\times10^{-12}mol\cdot L^{-1}$$

$$c(CrO_4^{2-})=\frac{K_{sp}^{\ominus}(SrCrO_4)}{c(Sr^{2+})}=\frac{2.2\times10^{-5}}{0.10}=2.2\times10^{-4}mol\cdot L^{-1}$$

沉淀顺序为 Pb^{2+}、Ag^+、Sr^{2+}。

当 Ag^+ 开始沉淀时，$c(CrO_4^{2-})=2.0\times10^{-10}mol\cdot L^{-1}$，此时

$$c(Pb^{2+})=\frac{K_{sp}^{\ominus}(PbCrO_4)}{c(CrO_4{}^{2-})}=\frac{2.8\times10^{-13}}{2.0\times10^{-10}}=1.4\times10^{-3}mol\cdot L^{-1}$$

当 Sr^{2+} 开始沉淀时，$c(CrO_4^{2-})=2.2\times10^{-4}mol\cdot L^{-1}$，此时

$$c(Pb^{2+})=\frac{K_{sp}^{\ominus}(PbCrO_4)}{c(CrO_4{}^{2-})}=\frac{2.8\times10^{-13}}{2.2\times10^{-4}}=1.3\times10^{-9}mol\cdot L^{-1}$$

$$c(Ag^+)=\sqrt{\frac{K_{sp}^{\ominus}(Ag_2CrO_4)}{c(CrO_4{}^{2-})}}=\sqrt{\frac{2.0\times10^{-12}}{2.2\times10^{-4}}}=9.5\times10^{-5}mol\cdot L^{-1}$$

解析：根据溶度积规则，可分别计算出生成 Ag_2CrO_4、$PbCrO_4$、$SrCrO_4$ 沉淀所需沉淀剂 CrO_4^{2-} 的浓度，需要沉淀剂浓度较少者优先沉淀。第一种离子开始沉淀后，且还在不断滴加沉淀剂时，其离子在溶液中依然存在，一直符合 $Q_c=K_{sp}^{\ominus}$，当第二种离子开始沉淀时，沉淀剂对第一、第二种离子同时符合 $Q_c=K_{sp}^{\ominus}$，依此可求出第一种离子还剩在溶液中的浓度，当第三种离子开始沉淀时，沉淀剂对第一、第二和第三种离子同时符合 $Q_c=K_{sp}^{\ominus}$，依此可求出第一、第二种离子还剩在溶液中的浓度。

16. 解 已知：$K_{sp}^{\ominus}[Fe(OH)_3]=2.79\times10^{-39}$，$K_{sp}^{\ominus}[Fe(OH)_2]=4.87\times10^{-17}$

当 $Fe(OH)_3$ 开始沉淀时，溶液中 $c(OH^-)$ 和 pH 值分别为：

$$c(OH^-)\geqslant\sqrt[3]{\frac{K_{sp}^{\ominus}[Fe(OH)_3]}{c(Fe^{3+})}}=\sqrt[3]{\frac{2.79\times10^{-39}}{0.05}}=3.8\times10^{-13}\text{mol}\cdot\text{L}^{-1}$$

$$pH=14-pOH=14-[-\lg(3.8\times10^{-13})]=14+\lg3.8-13=1.58$$

要使溶液中不产生 $Fe(OH)_2$ 沉淀，溶液中 $c(OH^-)$ 和 pH 值分别为：

$$c(OH^-)\leqslant\sqrt{\frac{K_{sp}^{\ominus}[Fe(OH)_2]}{c(Fe^{2+})}}=\sqrt{\frac{4.87\times10^{-17}}{0.05}}=3.1\times10^{-8}\text{mol}\cdot\text{L}^{-1}$$

$$pH=14-pOH=14-[-\lg(3.1\times10^{-8})]=14+\lg3.1-8=6.49$$

此时，$c(Fe^{3+})=\dfrac{K_{sp}^{\ominus}[Fe(OH)_3]}{c^3(OH^-)}=\dfrac{2.79\times10^{-39}}{(3.1\times10^{-8})^3}=9.37\times10^{-17}\text{mol}\cdot\text{L}^{-1}$

因此，若只要 $Fe(OH)_3$ 沉淀，溶液的 pH 值应控制在 1.58～6.49 的范围内，若 pH 值调至 6.49 时，溶液中所剩 Fe^{3+} 只有 $9.37\times10^{-17}\text{mol}\cdot\text{L}^{-1}$，可认为已分离完全。

解析：对于很多氢氧化物难溶于水的金属离子，常可用控制溶液 pH 值的方法使某个离子生成沉淀，某些离子仍留在溶液中，使离子相互分离。可利用溶度积公式和各自的溶度积数据，求出沉淀金属离子所需的 $c(OH^-)$ 或溶液的 pH 值，从第一种离子开始沉淀到第二种离子开始沉淀的 pH 值范围，是第一种离子生成沉淀而第二种离子仍在溶液中的 pH 值范围，若要使第一种离子沉淀完全，其离子浓度要求小于 $10^{-5}\text{mol}\cdot\text{L}^{-1}$，可计算出此时的 pH 值，如要使 Fe^{3+} 沉淀完全，

$$c(OH^-)\geqslant\sqrt[3]{\frac{K_{sp}^{\ominus}[Fe(OH)_3]}{c(Fe^{3+})}}=\sqrt[3]{\frac{2.79\times10^{-39}}{1.0\times10^{-5}}}=6.53\times10^{-12}\text{mol}\cdot\text{L}^{-1}$$

$$pH=14-pOH=14-[-\lg(6.53\times10^{-12})]=14+\lg6.53-12=2.81$$

即控制 pH 值 2.81～6.49 的范围内，Fe^{3+} 已完全沉淀，而 Fe^{2+} 留在溶液中，Fe^{2+} 和 Fe^{3+} 达到分离的目的。

17. 解 由于 CuS 的 $K_{sp}^{\ominus}$ 非常小，应先生成 CuS 沉淀。

$$Cu^{2+}+H_2S\longrightarrow CuS\downarrow+2H^+$$

所以溶液中 $c(H^+)=0.020\text{mol}\cdot\text{L}^{-1}$，此时溶液中 $c(S^{2-})$ 为

$$c(S^{2-})=\frac{c(H_2S)K_{a1}^{\ominus}K_{a2}^{\ominus}}{c^2(H^+)}=\frac{0.1\times9.1\times10^{-8}\times1.1\times10^{-12}}{0.020^2}=2.5\times10^{-17}\text{mol}\cdot\text{L}^{-1}$$

$$Q_c(FeS)=c(Fe^{2+})c(S^{2-})=0.20\times2.5\times10^{-17}=5.0\times10^{-18}<K_{sp}^{\ominus}(FeS)$$

所以得到的是 CuS 沉淀，Fe^{2+} 在此条件下不会沉淀。

解析：金属离子的分离，除用控制溶液的 pH 值，部分生成氢氧化物沉淀来分离外，也常用不同金属硫化物 $K_{sp}^{\ominus}$ 相差很大，控制 $c(S^{2-})$，使金属离子分离。本题中由于 $K_{sp}^{\ominus}(CuS)\ll K_{sp}^{\ominus}(FeS)$，CuS 必先沉淀下来。$Cu^{2+}$ 和 H_2S 反应生成沉淀时，同时会释放出 2 倍 Cu^{2+}

浓度的 H^+，所以能否形成 FeS 沉淀就取决于此时溶液的酸度。由于 $c(S^{2-})$ 与 $c(H^+)$ 存在上述关系（H_2S 饱和溶液的浓度为 $0.1mol \cdot L^{-1}$），由 $c(H^+)$ 求出 $c(S^{2-})$，浓度商与溶度积比较就可知道是否有 FeS 沉淀。

18. 解　(1) 溶液混合后，$c(Mg^{2+})=0.020/2=0.010mol \cdot L^{-1}$，$c(NH_3 \cdot H_2O)=0.10/2=0.05mol \cdot L^{-1}$

则 $c(OH^-)=\sqrt{c(NH_3)K_b^{\ominus}(NH_3)}=\sqrt{0.05\times1.8\times10^{-5}}=9.5\times10^{-4}mol \cdot L^{-1}$

$Q_c[Mg(OH)_2]=c(Mg^{2+})c^2(OH^-)=0.10\times(9.5\times10^{-4})^2=9.0\times10^{-8}>K_{sp}^{\ominus}[Mg(OH)_2]$

所以有 $Mg(OH)_2$ 沉淀生成。

(2) 若不析出，应加入 $(NH_4)_2SO_4$，控制 $c(OH^-)$ 为

$$c(OH^-)\leqslant\sqrt{\frac{K_{sp}^{\ominus}[Mg(OH)_2]}{c(Mg^{2+})}}=\sqrt{\frac{5.61\times10^{-12}}{0.010}}=2.37\times10^{-5}mol \cdot L^{-1}$$

溶液中 NH_4^+ 的浓度为：

$$c(NH_4^+)=\frac{K_b^{\ominus}(NH_3)c(NH_3)}{c(OH^-)}=\frac{1.8\times10^{-5}\times0.05}{2.37\times10^{-5}}=0.038mol \cdot L^{-1}$$

需加入 $(NH_4)_2SO_4$ 的质量为：$(0.038\times132/2)\times0.2=0.502g$

解析：欲使生成的沉淀溶解，或是在混合时就不至于生成沉淀其实是一样的，本题中是 Mg^{2+} 与 OH^- 生成沉淀和沉淀溶解，就要控制这两种离子的浓度。在 Mg^{2+} 浓度已定时需设法控制 OH^- 浓度，在氨水溶液中，加入 NH_4^+ 构成缓冲溶液，根据缓冲溶液公式，通过 $c(NH_4^+)$ 来控制 $c(OH^-)$，使 $Mg(OH)_2$ 沉淀不生成。由于每份 $(NH_4)_2SO_4$ 解离出 2 份 NH_4^+，需 $(NH_4)_2SO_4$ 的物质的量为所需 NH_4^+ 的一半。

19. 解　当生成 MnS 沉淀时，所需 S^{2-} 的最低浓度为：

$$c(S^{2-})=\frac{K_{sp}^{\ominus}(MnS)}{c(Mn^{2+})}=\frac{2.5\times10^{-10}}{0.10}=2.5\times10^{-9}mol \cdot L^{-1}$$

S^{2-} 在水中发生水解反应，生成 OH^-，

$$S^{2-}(aq)+H_2O \rightleftharpoons HS^-(aq)+OH^-(aq)$$

$$c(OH^-)=\sqrt{c(S^{2-})K_b^{\ominus}}=\sqrt{c(S^{2-})K_w^{\ominus}/K_{a2}^{\ominus}}=\sqrt{2.5\times10^{-9}\times10^{-14}/(1.1\times10^{-12})}$$
$$=4.8\times10^{-6}mol \cdot L^{-1}$$

$Q_c[Mn(OH)_2]=c(Mn^{2+})c^2(OH^-)=0.10\times(4.8\times10^{-6})^2=2.3\times10^{-12}>K_{sp}^{\ominus}[Mn(OH)_2]$

从计算结果可知，在还没有达到生成 MnS 沉淀的条件之前，已经达到了生成 $Mn(OH)_2$ 沉淀的条件，所以应先生成 $Mn(OH)_2$ 沉淀。

解析：几种沉淀剂均能与溶液中离子生成沉淀时，浓度商与溶度积对比就可知沉淀与否，本题中两种沉淀剂的浓度互为关联（OH^- 为 S^{2-} 水解产生，OH^- 浓度与 S^{2-} 浓度有关），可先算出生成一种沉淀所需沉淀剂的最低浓度，根据两浓度间的关联关系，求出另一种沉淀剂此时的浓度，并用浓度商与溶度积常数比较，若已经能生成沉淀，则后一种沉淀先析出，否则，前一种沉淀先析出。由于 $K_{b1}^{\ominus}\gg K_{b2}^{\ominus}$，只算一级水解已足够。

20. 解　已知：$K_{sp}^{\ominus}(AgI)=8.52\times10^{-17}$，$K_{sp}^{\ominus}(Ag_2S)=6.3\times10^{-50}$

该沉淀转化反应可表示为

$$2AgI(s)+S^{2-}(aq) \longrightarrow Ag_2S(s)+2I^-(aq)$$

沉淀转化反应的平衡常数为

$$K^{\ominus}=\frac{c^2(I^-)}{c(S^{2-})}=\frac{c^2(I^-)c^2(Ag^+)}{c(S^{2-})c^2(Ag^+)}=\frac{K_{sp}^2(AgI)}{K_{sp}(Ag_2S)}=\frac{(8.52\times10^{-17})^2}{6.3\times10^{-50}}=1.15\times10^{17}$$

$K^{\ominus}$值很大，说明该反应向右进行的趋势很大，即用（$(NH_4)_2S$）可较容易将 AgI 转化为 Ag_2S。设转化 0.010mol AgI 后，溶液中 S^{2-} 的浓度为 x（$mol\cdot L^{-1}$），则

	$2AgI(s)$	+ $S^{2-}(aq) \longrightarrow$	$Ag_2S(s)$	+ $2I^-(aq)$
溶解浓度/$mol\cdot L^{-1}$	0.010	0.010/2	0.010/2	0.010
平衡浓度/$mol\cdot L^{-1}$			x	$0.010-x$

因 $K^{\ominus}$ 值很大，$0.010-x\approx0.010$

$$K^{\ominus}=\frac{c^2(I^-)}{c(S^{2-})}\quad c(S^{2-})=\frac{c^2(I^-)}{K^{\ominus}}=\frac{(0.010-x)^2}{1.15\times10^{17}}=8.69\times10^{-22}mol\cdot L^{-1}$$

开始时，$c[(NH_4)_2S]=1/2\times0.010+8.69\times10^{-22}\approx0.005mol\cdot L^{-1}$

解析：求沉淀转化反应的平衡常数，在平衡常数表达式中写出有关浓度项，分子分母同时乘上某一离子平衡浓度，如加入阴离子沉淀转化剂时乘上形成沉淀的金属离子浓度（本题中是 Ag^+），如加入金属离子沉淀剂则乘上形成沉淀的阴离子浓度，把平衡关系式转化成我们熟悉的溶度积常数相除的形式，代入数据，求出沉淀转化反应的平衡常数。若 $K^{\ominus}>10^5$，说明转化完全，几乎是全部转化，若 $K^{\ominus}<10^{-5}$，则沉淀不能转化，若 $K^{\ominus}=10^{-5}\sim10^5$，则可调节沉淀剂的浓度选择性地使沉淀转化。

第四章　氧化还原反应——电化学基础

中　学　链　接

1. 氧化还原反应的实质和特征

凡有电子转移（包括电子得失和共用电子对偏移）的化学反应就是氧化还原反应。氧化还原反应的特征是反应前后元素的化合价发生了变化。

2. 氧化还原反应中的一些概念

① 反应中得到电子的物质叫氧化剂，得到电子的能力叫氧化性，得电子能力越强，则该物质氧化性越强。元素处于最高氧化态的微粒在氧化还原反应中只能作氧化剂。

② 反应中失去电子的物质叫还原剂，失去电子的能力叫还原性，失电子能力越强，则该物质还原性越强。元素处于最低氧化态的微粒在氧化还原反应中只能作还原剂。

3. 氧化还原反应方程式的配平（化合价升降法）

根据反应中氧化剂得电子总数和还原剂失电子总数相等的原则配平，具体步骤是：

① 先标出参加氧化还原反应的物质中有关元素的化合价，再标出元素化合价的升降数值；

② 用最小公倍数使元素化合价升降的总数相等，并找出氧化剂和还原剂的系数；

③ 确定氧化剂、还原产物和还原剂、氧化产物的系数；

④ 用观察法配平未参加氧化还原反应物质的系数。

4. 原电池

把化学能转变为电能的装置叫原电池。由两种不同的金属和适当的电解质溶液接触，即可组成原电池，活动性较大的金属是负极，活动性较小的金属作正极，电子由负极通过导线流向正极。

5. 电解和电镀

把电能转变为化学能的装置叫做电解池。在电解池中，跟直流电源负极相连的一极叫做阴极，阳离子在阴极上得到电子，发生还原反应；跟直流电源正极相连的一极叫做阳极。若阳极由仅作导电用的惰性材料组成，则阴离子在阳极上失去电子，若阳离子是参与反应的金属，则该金属失去电子变成阳离子，在阳极上发生氧化反应。

电镀实质上是一种作为阳极的金属参加的电解反应。将待镀物作为阴极，欲镀金属作为阳极，电镀液是欲镀金属离子所组成的盐溶液。

基　本　要　求

① 氧化数及氧化还原的基本概念；

② 氧化还原反应方程式的离子-电子法配平；

③ 原电池的概念与表示；

④ 标准电极电势和能斯特方程；

⑤ 元素电势图及其应用。

知 识 要 点

一、氧化还原基本概念

氧化数反映了元素原子的带电状态，单质中，原子不带电，氧化数为零；化合物中，把共用电子对归给电负性大的原子（不管确实是电子转移还是稍微有些偏向）后，计算出的元素原子带电荷数。有电子得失（或偏移）的反应称为氧化还原反应，反应中，氧化剂得到电子被还原，氧化数降低；还原剂失去电子被氧化，氧化数升高。

二、氧化还原方程式的配平

对于水溶液中的反应，用离子-电子法配平可直观地反映出该原电池（或理论上原电池）氧化电对和还原电对上（负极或正极）的反应，也能反映出水溶液中氧化还原反应的本质。

用离子-电子法配平氧化还原方程式的原则是：

① 根据质量守恒定律，反应前后各种元素的原子总数各自相等；

② 根据电荷平衡，反应前后各物种所带电荷总数之和相等。

配平步骤是：

① 写出主要反应物和生成物的离子式；

② 分别写出两个半反应；

③ 根据介质酸碱性配平两个半反应，先使等号两边各种元素的原子数相等，再用加电子数的方法使方程式两边电荷数相等；

④ 将两个半反应分别乘以相应的系数后相加，即得到配平的离子方程式。

在配平中经常会遇到反应物需去氧或加氧的情况，处理方法如下。

去氧［O］：在酸性溶液中，用两个 H^+ 去掉一个［O］，生成一分子 H_2O；
在中性或碱性溶液中，用一分子水去掉一个［O］，生成两份 OH^-；
在产物中需加［H］，相当于去氧［O］。

加氧［O］：在碱性溶液中，加两份 OH^- 等于加一份［O］，再生成一份水；
在中性或酸性溶液中，用一份水等于加一份［O］，再有两份 H^+ 生成；
在产物中需去［H］，相当于加氧［O］。

在酸性溶液中，方程式中不能有 OH^- 出现，在碱性溶液中，方程式中不能出现 H+。

三、原电池

原电池是借助于氧化还原反应产生电流的装置，它能将化学能转变为电能。原电池由两个半电池（正极和负极）组成，在正极上氧化剂得到电子被还原，在负极上还原剂失去电子被氧化。半反应中同一元素两个不同氧化数的物种组成电对，即氧化型/还原型，两个半电池用导线和盐桥连接起来，才能形成原电池。在两个半电池中分别进行氧化和还原两个半电池反应，两反应相加就是电池反应。原电池的符号如下：

（一）电极，氧化型 1，还原型 1‖氧化型 2，还原型 2，电极（+）

电极反应（负极）：还原型 $1-ne^- \longrightarrow$ 氧化型 1

（正极）：氧化型 $2+ne^- \longrightarrow$ 还原型 2

说明：① 若电极中还原型物质或氧化型物质不能导电，要在溶液中插入辅助电极；

② 若物质间有界面要用“|”表示在不同相间的界面，若均在溶液中，物种间只需用“,”分开，顺序自由，但盐桥“‖”两边需联结着溶液。

③ 溶液浓度和气体分压在该物种后表示，参与半反应的非电对中氧化还原型物质（如 H^+、OH^-），也应列入其中。

四、电极电势

电极电势的绝对值尚无法确知，通常以标准氢电极为基准，确定其它电极的标准电极电势。

在 298.15K 时　$2H^+(1.0\ mol \cdot L^{-1}) + 2e^- \rightleftharpoons H_2(100kPa)$

$E^\ominus(H^+/H^2)=0V$（但在氢电极与 H^+ 溶液间的电势差并不是零）

某电极的标准电极电势，可把该电极在标准态时与标准氢电极组成原电池，测定该原电池的电动势。

五、能斯特方程

影响电极电势的因素有温度、压力、浓度等，对于一般电极反应，有

$$E=E^\ominus+\frac{0.0592}{n}\lg\frac{c^a(\text{氧化剂})}{c^b(\text{还原剂})}$$

在应用 Nernst 方程式时，应注意以下几点：

① 电极反应中各物质的计量系数为其相对浓度或相对分压的指数；

② 电极反应中的纯固体或纯液体，不列入 Nernst 方程式中，由于反应常在稀的水溶液中进行，H_2O 也可作为纯物质看待而不列入式中；

③ 若在电极反应中有 H^+ 或 OH^- 参加反应，则这些离子的相对浓度应根据反应式计入 Nernst 方程式中。

六、电极电势的应用

1. 计算原电池的电动势

当电极中的物质均在标准状态时，电池中电极电势代数值大的为正极，代数值小的为负极，原电池的标准电动势为 $E^\ominus=E^\ominus(+)-E^\ominus(-)$；当电极中的物质为非标准状态时，应先用 Nernst 方程计算出正、负极的电极电势，再由 $E=E(+)-E(-)$ 求算出原电池的电动势。

2. 比较氧化剂和还原剂的相对强弱

电极电势越大，其氧化型物质的氧化能力越强；电极电势越小，其还原型物质的还原性越强。

3. 判断氧化还原反应进行的方向

当 $E=E(+)-E(-)>0$ 时，反应自发进行

当 $E=E(+)-E(-)<0$ 时，反应非自发进行

若电池反应中，各物质均处于标准状态，或 $E^\ominus(+)$、$E^\ominus(-)$ 相差较大（一般大于 0.2V），则可用标准电池电动势和标准电极电势来判断。

当 $E^\ominus=E^\ominus(+)-E^\ominus(-)>0$ 时，反应自发进行

当 $E^\ominus=E^\ominus(+)-E^\ominus(-)<0$ 时，反应非自发进行

电极电势大的氧化型物质和电极电势小的还原型物质不能共存，会发生氧化还原反应。

4. 确定氧化还原反应进行的程度

在 $T=298.15K$ 时，$\lg K^\ominus=nE^\ominus/0.0592$

式中，n 是电池总反应式中转移的电子数。

七、元素电势图

1. 元素电势图

一种元素有多种氧化态时，可以将各种氧化态物质按氧化数从高到低的顺序排列，在两种物质间用横线连接起来，横线上标明所构成电对的标准电极电势，这种图就是元素电势图。

2. 元素标准电势图的应用

① 根据元素其它氧化态间电极电势已知数据，计算某些难以测量的电对的电极电势；

② 判断元素某氧化态物质的稳定性，如是否发生歧化反应或反歧化反应，是否被空气中氧气氧化，是否氧化水等。

习　题

一、判断题

1. 非金属单质在化学反应中总是作氧化剂，因为在反应中总是得到电子。（　）

2. 钠在反应中失去 1 个电子，而镁在反应中失去 2 个电子，故钠的还原性比镁弱。（　）

3. 稀 HNO_3 与 Zn 反应时，HNO_3 的还原产物是 N_2 和 NH_3；而浓 HNO_3 与 Zn 反应时，HNO_3 的还原产物是 NO_2，所以稀 HNO_3 的氧化性较浓 HNO_3 强。（　）

4. 原电池中，两个半电池如不构成电路，不能发生氧化还原反应。（　）

5. 任何一个氧化还原反应在理论上都可以组成一个原电池。（　）

6. 一个热力学上判断不能进行的反应，原电池反应也不能进行。（　）

7. 化学反应平衡的标志是 $\Delta_r G_m=0$，而电化学反应平衡的标志是 $E^{\ominus}=0$。（　）

8. 在电池反应中，电动势越大的反应速率越快。（　）

9. 在 298.15K 及标准状态下测定氢的电极电势为零。（　）

10. 某电对标准电极电势是此电对与标准氢电极组成原电池的电动势值。（　）

11. 同种元素在化合物中的氧化态越高，其氧化能力不一定越强。（　）

12. 能产生电动势的电池反应，都是氧化还原反应。（　）

13. 由于电极电势是强度性质，与物质的数量无关，故原电池中氧化态或还原态物质浓度变化时，电极电势不会改变。（　）

14. 能斯特公式 $E=E^{\ominus}+\dfrac{0.0592}{n}\lg\dfrac{c^a(\text{氧化态})}{c^b(\text{还原态})}$，对于一个反应物与产物都确定的电化学反应，$n$ 不同写法，E 值不变。（　）

15. 由能斯特方程式可知，在一定温度下，减小电对中还原态物质的浓度，原电池的电动势增大。（　）

16. 饱和甘汞电极中，增加 Hg 和糊状 Hg_2Cl_2 的量将不影响此电极的电极电势。（　）

17. 把两个电对组成氧化还原反应，电对中 $E^{\ominus}$ 大的氧化型物质在反应中一定是氧化剂。（　）

18. $SnCl_2$ 溶液储存时易失去电子呈还原性，原因是空气中的 O_2 将 Sn^{2+} 氧化成 Sn^{4+}。（　）

19. 电对 Cu^{2+}/Cu 和 Fe^{3+}/Fe^{2+}，有关离子浓度均减半时，$E(Cu^{2+}/Cu)$ 和 E（Fe^{3+}/Fe^{2+}）的值均发生变化。（ ）

20. 电对 H_2O_2/H_2O，O_2/OH^-，MnO_2/Mn^{2+}，$MnO_4{}^-/MnO_4{}^{2-}$ 的电极电势均与 pH 值有关。（ ）

二、选择题（单选）

1. 在 $Cr_2O_7{}^{2-}$ 中，铬的氧化数为（ ）。

A. +5 B. +6 C. +7 D. +3

2. 下列物质中，只能作还原剂的是（ ）。

A. SO_2 B. SO_3 C. S^{2-} D. HCl

3. 下列操作或变化是氧化还原反应的是（ ）。

A. 草酸洗铁锈 B. 用活性炭脱色 C. 照相底片曝光 D. 用海波洗照相底片

4. 下列反应中，哪一划线的物质是还原剂（ ）。

A. $\underline{FeS}+HCl$ B. $Cu+\underline{H_2SO_4}$（浓） C. $KMnO_4+\underline{H_2O_2}+H^+$ D. $H_2S+\underline{SO_2}$

5. 下列变化需要加入氧化剂的是（ ）。

A. $HCl \rightarrow Cl_2$ B. $Na_2SO_3 \rightarrow SO_2$ C. $S \rightarrow H_2S$ D. $SO_2 \rightarrow S$

6. 下列溶液中的离子不能共存的一组是（ ）。

A NH_4^+，Cl^-，Na^+，CO_3^{2-} B. Fe^{2+}，K^+，Cl^-，SO_4^{2-}

C. Na^+，SO_3^{2-}，H^+，MnO_4^- D. Al^{3+}，Cl^-，Sn^{2+}，I^-

7. 根据反应 $Sn^{4+}+Zn = Sn^{2+}+Zn^{2+}$ 装配成的原电池符号是（ ）。

A. (−)Zn | $Zn^{2+}(m_1)$ ‖ $Sn^{4+}(m_2)$ | $Sn^{2+}(m^3)$ (+)

B. (−)Zn | $Zn^{2+}(m_1)$ ‖ $Sn^{4+}(m_2)$ | $Sn^{2+}(m_3)$ | Pt(+)

C. (−)(Pt)Zn | $Zn^{2+}(m_1)$ ‖ $Sn^{4+}(m_2)$，$Sn^{2+}(m_3)$ | Pt (+)

D. (−)Zn | $Zn^{2+}(m_1)$ ‖ $Sn^{4+}(m_2)$，$Sn^{2+}(m_3)$ | Pt(+)

8. 下列有关盐桥作用的说法中，错误的是（ ）。

A. 盐桥中电解质可保持两半电池中的电荷平衡

B. 盐桥用于维持氧化还原反应的进行

C. 盐桥中的电解质参与了两电极的电极反应

D. 盐桥可减少液接电势

9. 下列反应设计成原电池，可不用盐桥的是（ ）。

A. $H^+ + OH^- \longrightarrow H_2O$ B. $PbO_2+Pb+2H_2SO_4 \longrightarrow 2PbSO_4+2H_2O$

C. $Zn+Cu^{2+} \longrightarrow Cu^+ Zn^{2+}$

D. $2MnO^{4-}+5H_2O_2+6H^+ \longrightarrow 2Mn^{2+}+5O_2+8H_2O$

10. 某温度时，若电池反应 $\frac{1}{2}A+\frac{1}{2}B_2 = \frac{1}{2}A^{2+}+B^-$ 的标准电动势为 $E_1^{\ominus}$，$A^{2+}+2B^- = A+B_2$ 的标准电动势为 $E_2^{\ominus}$，则 $E_2^{\ominus}$ 与 $E_2^{\ominus}$ 的关系为（ ）。

A. $E_1^{\ominus}=1/2E_2^{\ominus}$ B. $E_1^{\ominus}=E_2^{\ominus}$ C. $E_1^{\ominus}=-1/2E_2^{\ominus}$ D. $E_1^{\ominus}=-E_2^{\ominus}$

11. 电对 Zn^{2+}/Zn 的电极电势随以下变化而增大的是（ ）。

A. $c(Zn^{2+})$ 的减小 B. $c(Zn^{2+})$ 的增大 C. 锌片面积的增大 D. 三者都不是

12. 将反应 $Cu^{2+} + Zn \rightleftharpoons Cu + Zn^{2+}$ 组成原电池，测知电动势为 1.0V，可以判定[已知：$E^{\ominus}(Cu^{2+}/Cu)=0.34V$，$E^{\ominus}(Zn^{2+}/Zn)=-0.72V$]（ ）。

A. $c(Cu^{2+})>c(Zn^{2+})$　　B. $c(Cu^{2+})<c(Zn^{2+})$

C. $c(Cu^{2+})=c(Zn^{2+})$　　D. $c(Cu^{2+})=c(Zn^{2+})>1.0\ mol\cdot L^{-1}$

13. 下列电对中，$E^{\ominus}$值最小的是（　）

A. $E^{\ominus}(AgCl/Ag)$　B. $E^{\ominus}(Ag^+/Ag)$　C. $E^{\ominus}(AgI/Ag)$　D. $E^{\ominus}(AgBr/Ag)$

14. 下列各物资作氧化剂时，哪一种溶液随着 $c(H^+)$ 增加而氧化性显著增强（　）。

A. Cl_2　B. $FeCl_3$　C. Hg^{2+}　D. $K_2Cr_2O_7$

15. $E^{\ominus}(A/V)$ V（Ⅴ）$\xrightarrow{1.00V}$ V(Ⅳ) $\xrightarrow{0.337V}$ V(Ⅲ) $\xrightarrow{-0.255V}$ V(Ⅱ)，$E^{\ominus}(Sn^{2+}/Sn^{4+})=0.154V$，$E^{\ominus}(Zn^{2+}/Zn)=-0.763V$，$E^{\ominus}(Br_2/Br^-)=1.08V$，$E^{\ominus}(Fe^{3+}/Fe^{2+})=0.771V$，欲将 V（Ⅴ）还原为 V（Ⅳ），应选用的还原剂是（　）

A. $SnCl_2$　B. Zn　C. KBr　D. $FeSO_4$

16. 原电池（－）Pt｜Fe^{3+}，Fe^{2+} ‖ Ce^{4+}，Ce^{3+}｜Pt（＋），其电池总反应方程式为（　）。

A. $Ce^{3+}+Fe^{3+}=Ce^{4+}+Fe^{2+}$　B. $3Ce^{4+}+Ce=4Ce^{3+}$

C. $Ce^{4+}+Fe^{2+}=Ce^{3+}+Fe^{3+}$　D. $2Ce^{4+}+Fe=2Ce^{3+}+Fe^{2+}$

17. 已知 $E^{\ominus}(I_2/I^-)=0.53V$，$E^{\ominus}(H_2O_2/H_2O)=1.77V$，$E^{\ominus}(Cl_2/Cl^-)=1.36V$，$E^{\ominus}(Na^+/Na)=-2.71V$，则下列物质中还原性最强的是（　）。

A. Na^+　B. H_2O_2　C. Cl^-　D. I^-

18. 下列原电池的电动势与 Cl^- 浓度无关的是（　）。

A. （－）Zn｜$ZnCl_2$（m）｜Cl_2（p），Pt（＋）

B. （－）Zn｜$ZnCl_2$（m）‖ KCl（饱和）｜AgCl（s），Ag（＋）

C. （－）Ag，AgCl（s）｜KCl（m）｜Cl_2（p），Pt（＋）

D. （－）Pt，H_2（p）｜HCl（m）｜Cl_2（p），Pt（＋）

19. 原电池的组成为：（－）Zn｜$ZnSO_4$（m）‖ HCl（m）｜H_2（100kPa），Pt（＋），该原电池的电动势与下列因素无关的是（　）。

A. $ZnSO_4$ 的浓度　B. 锌电极板的面积　C. HCl 溶液的浓度　D. 温度

20. Sn^{2+}的浓度为 $0.1mol\cdot L^{-1}$，Sn^{4+}的浓度为 $0.01mol\cdot L^{-1}$，其电极电势 E 为（　）。

A. $E^{\ominus}(Sn^{4+}/Sn^{2+})+0.059$　B. $E^{\ominus}(Sn^{4+}/Sn^{2+})-0.059$

C. $E^{\ominus}(Sn^{4+}/Sn^{2+})-0.059/2$　D. $E^{\ominus}(Sn^{4+}/Sn^{2+})+0.059/2$

21. 半反应 $MnO_4^-+5e^-+8H^+\longrightarrow Mn^{2+}+4H_2O$，当除 H^+ 外其它物质均处于标准状态时，电极电势与 pH 的关系是（　）。

A. $E=E^{\ominus}-0.095pH$　B. $E=E^{\ominus}+0.095pH$

C. $E=E^{\ominus}-0.472pH$　D. $E=E^{\ominus}+0.940pH$

22. 原电池(－)Zn｜$Zn^{2+}(c_1)$ ‖ $Zn^{2+}(c_2)$｜Zn(＋)，下列说准确的是（　）。

A. 这种电池电动势必为零　B. 当 $c_1<c_2$ 时，构成自发电池

C. 当 $c_1>c_2$ 时构成自发电池　D. 根本不能组成原电池

23. 已知下列反应：$Cu^{2+}+Sn^{2+}=Cu+Sn^{4+}$，$2Fe^{3+}+Cu=2Fe^{2+}+Cu^{2+}$，在标准状态下正向进行，则下列电对电极电势大小比较正确的是（　）。

A. $E^{\ominus}(Fe^{3+}/Fe^{2+})>E^{\ominus}(Cu^{2+}/Cu)>E^{\ominus}(Sn^{4+}/Sn^{2+})$

B. $E^{\ominus}(Cu^{2+}/Cu)>E^{\ominus}(Fe^{3+}/Fe^{2+})>E^{\ominus}(Sn^{4+}/Sn^{2+})$

C. $E^{\ominus}(Sn^{4+}/Sn^{2+})>E^{\ominus}(Cu^{2+}/Cu)>E^{\ominus}(Fe^{3+}/Fe^{2+})$

D. $E^{\ominus}(Fe^{3+}/Fe^{2+}) > E^{\ominus}(Sn^{4+}/Sn^{2+}) > E^{\ominus}(Cu^{2+}/Cu)$

24. 根据 $E^{\ominus}(AgI/Ag) = -0.151V$，$E^{\ominus}(AgBr/Ag) = 0.095V$，则金属银可自发溶于（　　）。

A. 盐酸　　B. 氢溴酸　　C. 氢碘酸　　D. 氢氟酸

25. 在原电池中，正极上发生的反应是（　　）。

A. 氧化反应　B. 还原反应　　C. 置换反应　　D. 沉淀反应

26. 两个半电池，电极材料相同，但溶液的浓度不同，这个原电池的电动势（　　）。

A. $\Delta E^{\ominus}=0$，$\Delta E=0$　B. $\Delta E^{\ominus}\neq 0$，$\Delta E\neq 0$　C. $\Delta E^{\ominus}\neq 0$，$\Delta E=0$　D. $\Delta E^{\ominus}=0$，$\Delta E\neq 0$

27. 对于电池反应 $Cu^{2+} + Zn = Cu + Zn^{2+}$，下列说法中正确的是（　　）。

A. 当 $c(Cu^{2+}) = c(Zn^{2+})$ 时，反应达到平衡

B. 当 $E^{\ominus}(Cu^{2+}/Cu^{2+}) = E^{\ominus}(Zn^{2+}/Zn^{2+})$ 时，反应达到平衡

C. 当 $E(Cu^{2+}/Cu^{2+}) = E(Zn^{2+}/Zn^{2+})$ 时，反应达到平衡

D. 当原电池的标准电动势等于零时，反应达到平衡

28. 某氧化还原反应的标准电动势 $E^{\ominus} > 0$，则应有（　　）。

A. $\Delta_r G_m^{\ominus} > 0$，$K^{\ominus} > 1$　　B. $\Delta_r G_m^{\ominus} < 0$，$K^{\ominus} > 1$

C. $\Delta_r G_m^{\ominus} > 0$，$K^{\ominus} < 1$　　D. $\Delta_r G_m^{\ominus} < 0$，$K^{\ominus} < 1$

29. 浓差电池的平衡常数是（　　）

A．0　　B. 1　　C. 无穷大　　D. 不存在

30. 已知 $M^{3+} \xrightarrow{0.30V} M^{+} \xrightarrow{-0.60V} M$，则 $E^{\ominus}(M^{3+}/M)$ 为（　　）

A. 0.00V　　B. −0.15V　　C. 0.075V　　D. 0.30V

三、填充题

1. Fe_3O_4 中的 Fe 氧化数是________，$Na_2S_2O_8$ 中 S 的氧化数是________，ClO^- 中 Cl 的氧化数是________。

2. 氧化还原反应中，氧化剂是电极电势值________电对中的________物质，电极电势越高，其氧化能力________；还原剂是电极电势值________电对中的________物质，电极电势越低，其还原能力________。

3. 将氧化还原反应 $2Fe^{3+}(c_1) + Cu = 2Fe^{2+}(c_2) + Cu^{2+}(c_3)$ 设计成原电池，其电池组成式为____________；正极发生的反应式是________，电极类型是________，负极发生的反应式为________，电极类型是________。在正极加入铁粉，电动势________，在负极加入 Na_2S 溶液，电动势________。

4. 标准氢电极的标准条件是指温度为________，$c(H^+)$ = ________，$p(H_2)$ = ________，电极材料为________，人为规定其电动势为________。测定待测溶液时，常用的参比电极是________，常用的 H^+ 指示电极是________。

5. 已知 $E_{(A/V)}$ $BrO_4^- \xrightarrow{+1.76} BrO_3 \xrightarrow{+1.49} HBrO \xrightarrow{1.59} Br_2 \xrightarrow{1.07} Br^-$ 能发生歧化反应的物质是________，歧化反应的方程式是__________，能发生反歧化反应的两组物质是________，________。

四、问答题

1. 什么是氧化数，氧化还原反应的实质是什么？

2. 标准电极电势是如何确定的？它有哪些重要应用？

3. 在原电池中为什么一定要有盐桥或多孔隔板？

4. 解释下列现象：

（1）久置的 $SnCl_2$ 溶液会失效；

（2）于 $HgCl_2$ 溶液中加入 $SnCl_2$ 溶液，先产生白色沉淀，继续加入 $SnCl_2$，沉淀转化成黑色；

（3）铁能置换 Cu^{2+}，电子工业制备电路板却用 $FeCl_3$ 溶液来溶解电路板上的铜；

（4）配制 $FeSO_4$ 溶液时，要加入少量 H_2SO_4 和细铁屑；

（5）$E^{\ominus}(MnO_2/Mn^{2+}) < E^{\ominus}(Cl^2/Cl^-)$，实验室却用 MnO_2 与浓盐酸反应制氯气；

（6）Ag 在 HCl 溶液中不能置换出氢气，却在 HI 溶液中能置换出氢气。

5. 举例说明什么是“歧化反应”。

6. 用离子-电子法配平下列方程式

（1）$S_2O_8{}^{2-} + Mn^{2+} \longrightarrow MnO_4{}^- + SO_4{}^{2-}$

（2）$S_2O_3{}^{2-} + I_2 \longrightarrow S_4O_6{}^{2-} + I^-$

（3）$H_2O_2 + Cr(OH)_4{}^- \longrightarrow CrO_4{}^{2-} + H_2O$

（4）$MnO_4{}^- + H_2O_2 + H^+ \longrightarrow Mn^{2+} + O_2 + H_2O$

（5）$I_2 + OH^- \longrightarrow I^- + IO_3^-$

（6）$BrO_3{}^- + Br^- \longrightarrow Br_2$

（7）$As_2S_3 + NO_3{}^- \longrightarrow AsO_4^{3-} + NO + SO_4{}^{2-}$

（8）$P_4 + OH^- \longrightarrow PH_3 + H_2PO_2^-$

五、计算题

1. 根据能斯特公式计算下列电极电势：

（1）$2H^+(0.10\ mol \cdot L^{-1}) + 2e^- \rightleftharpoons H_2(200kPa)$

（2）$Cr_2O_7{}^{2-}(1.0\ mol \cdot L^{-1}) + 14H^+(0.0010\ mol \cdot L^{-1}) + 6e^-$

$$\rightleftharpoons 2Cr^{3+}(1.0\ mol \cdot L^{-1}) + 7H_2O$$

（3）$Br_2(l) + 2e^- \rightleftharpoons 2Br^-(0.20\ mol \cdot L^{-1})$

2. 判断下列氧化还原反应进行的方向，写出相应的电池符号，求出反应的电动势 E 及 $K^{\ominus}(298K)$，$\Delta_rG_m^{\ominus}(298K)$。

（1）$Sn + Pb^{2+}(1.00\ mol \cdot kg^{-1}) \rightleftharpoons Pb + Sn^{2+}(1.00\ mol \cdot kg^{-1})$

（2）$Sn + Pb^{2+}(0.10\ mol \cdot kg^{-1}) \rightleftharpoons Pb + Sn^{2+}(1.00\ mol \cdot kg^{-1})$

3. 试求下列电极在 25℃时的电极电势：

（1）100kPa 氢气通入 $0.1mol \cdot L^{-1}$ 的 HCl 溶液中；

（2）在 1.0L（1）的溶液中加入 0.1mol NaOH 固体；

（3）在 1.0L（1）的溶液中加入 0.1mol NaAc 固体；

（4）在 1.0L（1）的溶液中加入 0.2mol NaAc 固体。

4. 已知：$E^{\ominus}(NO_3{}^-/NO_2{}^-) = 0.01V$，$K^{\ominus}(HNO_2) = 4.6 \times 10^{-4}$，求 $E^{\ominus}(NO_3{}^-/HNO_2)$ 的值。

5. 已知 $E^{\ominus}(Ag_2SO_4/Ag) = 0.654V$，$E^{\ominus}(Ag^+/Ag) = 0.799V$，求如下反应的各项：

$$Ag_2SO_4(s) + H_2(p^{\ominus}) \longrightarrow 2Ag(s) + H_2SO_4(0.1000\ mol \cdot L^{-1})$$

（1）将反应设计成原电池，写出电池符号。

（2）计算电池的电动势。

(3) 计算 Ag_2SO_4 的 $K_{sp}^{\ominus}$(H_2SO_4 作为二元强酸处理)。

6. 今有一标准状态下的电池 (－) Cu | Cu^{2+} ‖ Ag^+ | Ag (＋)。

(1) 将 Na_2S 加入 Cu^{2+} 溶液，使生成 CuS 沉淀，且如果最后 $c(S^{2-})=0.010mol \cdot L^{-1}$，电池的电动势如何变化，电池方向是否改变？[已知 $K_{sp}^{\ominus}(CuS)=1.27\times10^{-36}$，$E^{\ominus}(Ag^+/Ag)=0.7996V$，$E^{\ominus}(Cu^{2+}/Cu)=0.3419V$]

(2) Cu^{2+}/Cu 标准态不变，若加入 I^- 使 Ag^+ 形成 AgI 沉淀，并使 $c(I^-)=1mol \cdot L^{-1}$，此时电池电动势为多少？电池反应方向如何？[已知 $K_{sp}^{\ominus}(AgI)=8.52\times10^{-17}$]

7. 饱和甘汞电极经常作为参比电极来测定其它电极的电势。若将其与锌片、$0.010\ mol \cdot L^{-1}ZnSO_4$ 溶液在同一容器中组成原电池，已知 $E^{\ominus}(Hg_2Cl_2/Hg)=0.2415V$；$E^{\ominus}(Zn^{2+}/Zn)=-0.762\ V$。试回答：(1) 哪个电极为正极？(2) 写出电池反应和电池符号；(3) 计算该电池的电动势。

8. 在 25℃ 时，饱和甘汞电极与铜电极在 $CuSO_4$ 溶液中组成原电池，其电动势为 0.0414V。已知 $E^{\ominus}(Hg_2Cl_2/Hg)=0.2415V$；$E^{\ominus}(Cu^{2+}/Cu)=0.3419V$。试求 $CuSO_4$ 的浓度。

9. 已知下面电池在 298K 时电动势 $E=0.551V$，计算弱酸的解离常数

(－) Pt | H_2(100kPa) | HA($1.0mol \cdot L^{-1}$)，A^-($1.0mol \cdot L^{-1}$) ‖ H^+($1.0mol \cdot L^{-1}$) | H_2(100kPa) | Pt(＋)

10. 在 $0.10\ mol \cdot L^{-1}CuSO_4$ 溶液中投入足够的 Zn 粒，求反应达平衡后的 Cu^{2+} 浓度和反应的平衡常数 $K^{\ominus}$。[已知 $E^{\ominus}(Cu^{2+}/Cu)=0.34\ V$，$E^{\ominus}(Zn^{2+}/Zn)=-0.76V$]

11. 反应 $MnO_2+4HCl = MnCl_2+Cl_2(g)+2H_2O$ 问：(1) 在标准状态下，该反应为什么不能发生？(2) 若使反应发生，HCl 的浓度至少是多少？[已知 $E^{\ominus}(MnO_2/Mn^{2+})=1.23V$，$E^{\ominus}(Cl_2/Cl^-)=1.36V$]

12. 在 298.15K 时，以玻璃电极为负极，饱和甘汞电极为正极，用 pH 为 6.0 的标准缓冲溶液测得其电动势为 0.350V；然后以 $0.010\ mol \cdot L^{-1}$ 弱酸溶液测其电池电动势为 0.231V。计算此弱酸的 pH，并计算弱酸的解离常数 $K_a^{\ominus}$。

13. 某混合系统起始浓度是 $c(MnO_4^-)=c(Mn^{2+})=c(Br^-)=c(Cl^-)=1.0mol \cdot L^{-1}$，$p(Cl_2)=100kPa$。欲使 99% 以上的 Br^- 被 MnO_4^- 氧化，而 Cl^- 不被氧化，溶液的 pH 应控制在什么范围？[已知 $E^{\ominus}(MnO_4^-/Mn^{2+})=1.51V$，$E^{\ominus}(Br^-/Br_2)=1.08V$，$E^{\ominus}(Cl^-/Cl_2)=1.36V$]

14. 已知下列标准电极电势：

$$Fe^{3+}+3e^- \rightleftharpoons Fe \quad E^{\ominus}(Fe^{3+}/Fe)=-0.037V$$

$$Fe^{3+}+e^- \rightleftharpoons Fe^{2+} \quad E^{\ominus}(Fe^{3+}/Fe^{2+})=0.771V$$

计算 25℃ 时反应 $2Fe^{3+}+Fe \rightleftharpoons 3Fe^{2+}$ 的标准平衡常数。

答案与解析

一、判断题

1. (×) 解析：非金属单质在反应中不一定总是作氧化剂，因为在周期表中只有 F_2 只作氧化剂，其它非金属单质遇到强氧化剂时作还原剂，如 $Cl_2 \rightarrow ClO^-$，$S \rightarrow SO_2$ 等。

2. (×) 解析：金属的还原性强弱取决于金属失电子的强弱或其标准电极电势的高低，

与失去电子的数目无关，钠的标准电极电势为 $E^{\ominus}(Na^{+}/Na)=-2.714V$，镁的标准电极电势为 $E^{\ominus}(Mg^{2+}/Mg)=-2.356\ V$，标准电极电势越低，其还原态的还原能力越强，可见，钠的还原性比镁强。

3. （×）解析：还原产物价态的高低不是衡量氧化剂氧化能力的标准，通常反应方程式只是一个复杂过程中的起始和终了状态，不一定能说明在复杂过程中两者反应的实质。

4. （√）解析：原电池中，两个半电池分别放置氧化剂和还原剂，它们不直接接触，即使电极间有导线连接，若无盐桥构通两半电池，氧化剂一端（正极）得电子后会引起负电荷累积，还原剂一端（负极）会引起正电荷累积，使反应迅速终止。

5. （√）解析：理论上只要是氧化还原反应，氧化剂和还原剂之间就有电子转移，就可以设计两个半电池组成一个原电池，实际上有些反应设计成原电池有技术上的困难。

6. （√）解析：原电池反应也服从热力学规律。

7. （×）解析：电化学反应也服从热力学规律，一般化学反应平衡的标志是 $\Delta_rG_m=0$ 时，根据 $\Delta_rG_m=-nFE$，此时 $E=0$，故电化学反应平衡的标志是 $E=0$，而不是 $E^{\ominus}=0$。

8. （×）解析：与热力学函数相同，电动势只能说明反应的趋势和限度，而不能表达动力学范畴的反应速率。

9. （×）解析：氢的电极电势是指氢离子与氢气分子间的电势差，这种同一元素氧化态和还原态间的电势差无法测定，如要测定，一定要与其它电对构成原电池，此时测出的电动势是不同电对间的电极电势差，所以人为规定氢的电极电势为零，则可算出其它电对的电极电势。

10. （×）解析：该电对也要处于标准态时，才能与标准氢电极组成原电池测出电动势值作为其标准电极电势，若非标准态就不是。

11. （√）解析：物质氧化性的强弱，只与其电极电势值有关，而与其在化合物中的氧化态无关。如含氯物质中，$E^{\ominus}(HClO/Cl_2)=1.63V$，$E^{\ominus}(ClO_3^-/Cl_2)=1.47V$，$E^{\ominus}(ClO_4^-/Cl_2)=1.39V$。

12. （×）解析：只要半电池反应有电子得失且两电对的电极电势不同就能产生电动势，如两半电池反应正好相反，构成浓差电池，此时两半电池相加的电池反应为非氧化还原反应。

13. （×）解析：电极电势虽然是强度性质，与反应方程式写法无关，但与物质浓度有关，如能斯特公式 $E=E^{\ominus}+\frac{0.0592}{n}\lg\frac{c^a(\text{氧化态})}{c^b(\text{还原态})}$所示。

14. （√）解析：对于一个反应物与产物都确定的电化学反应，n 不同写法，则方程式中各物质前的系数都会随之改变，而系数表达在能斯特方程式的浓度指数项，其变化倍数与浓度对数项前分母 n 相同，可正好约去，故 E 值不变。

15. （×）解析：在一定温度下，减小电对中还原态物质的浓度，由于还原态物质的浓度在能斯特方程式里的分母项上，其电极电势会增加，但原电池的电动势是两电极电势之差，只有正极电极电势增加，原电池的电动势才会增加。

16. （√）解析：由于 Hg 是属于纯液态，Hg_2Cl_2 属于难溶盐，它们的浓度不出现在能斯特公式的浓度项中，故它们量的增减不影响此电极的电极电势。

17. （×）解析：应是电对中 E 大的氧化型物质在反应中作氧化剂。若两电对的标准电极电势 $E^{\ominus}$ 相差不大，此时物质浓度对电极电势的影响不可忽略，若 $E^{\ominus}$ 较大的电对的氧化型物质浓度小，还原型物质浓度较大，$E^{\ominus}$ 较小的电对的氧化型物质浓度大，还原型物质浓度较小，代入能斯特方程式计算后很可能是 $E^{\ominus}$ 较小电对的电极电势大，$E^{\ominus}$ 较大电对的电极电势小，这时，$E^{\ominus}$ 小的氧化型物质在反应中作氧化剂。

18. (√) 解析：因 $E(Sn^{4+}/Sn^{2+})=0.154V$，$E(O_2/H_2O)=1.229V$，水中溶解的 O_2 很容易将 Sn^{2+} 氧化为 Sn^{4+}，故 $SnCl_2$ 溶液储存时常加入锡粒，$Sn+Sn^{4+} \rightarrow 2Sn^{2+}$，以使溶液中锡保持 Sn^{2+} 状态。

19. (×) 解析：根据能斯特方程式，当浓度项总值发生变化时，电极电势发生变化，对于电对 Cu^{2+}/Cu，$E=E^{\ominus}+\frac{0.0592}{n}\lg c(Cu^{2+})$，$Cu^{2+}$ 浓度减半后，浓度项总值也减半，电极电势减小；对于电对 Fe^{3+}/Fe^{2+}，$E=E^{\ominus}+\frac{0.0592}{n}\lg\frac{c(Fe^{3+})}{c(Fe^{2+})}$，$Fe^{3+}/Fe^{2+}$ 浓度均减半时，浓度项总值 $c(Fe^{3+})/c(Fe^{2+})$ 没有变化，故其电极电势不变。

20. (×) 解析：电极电势与 pH 值的关系，要看能斯特方程式浓度项中有无 H^+ 或 OH^- 浓度项，即半电池反应中有无 H^+ 或 OH^- 参加。几个电对的半反应分别为：① $H_2O_2+2H^++2e^- \longrightarrow 2H_2O$，② $O_2+2H_2O+4e^- \longrightarrow 4OH^-$，③ $MnO_2+4H^++2e^- \rightarrow Mn^{2+}+2H_2O$，④ $MnO_4^-+e^- \longrightarrow MnO_4^{2-}$，可见反应④无 H^+ 或 OH^- 参加，其电极电势与 pH 值无关。

二、选择题（单选）

1. (B) 解析：题中 O 的氧化数为 -2，微粒中元素原子氧化数代数和等于微粒所带电荷，设铬的氧化数为 x，$2x+7\times(-2)=-2$，$x=6$。

2. (C) 解析：S^{2-} 中 S 的氧化数为 -2，处于最低值，反应中只能失去电子作还原剂。

3. (C) 解析：用活性炭脱色是物理变化；草酸洗铁锈和用海波洗照相底片都是配合反应，分别是草酸根离子与 Fe^{3+} 形成配合物及 Ag^+ 与 $S_2O_3^{2-}$ 形成配合物，元素原子的氧化数未发生改变，不是氧化还原反应；照相底片曝光是涂在胶片上的 AgBr 分解成 Ag 和 Br_2，是氧化还原反应。

4. (C) 解析：反应 A 是 $FeS+2HCl \longrightarrow FeCl_2+H_2S$，为非氧化还原反应；反应 B 是 $Cu+2H_2SO_4$(浓) $\longrightarrow CuSO_4+SO_2+2H_2O$，$H_2SO_4$(浓) 作氧化剂；反应 D 是 $2H_2S+SO_2 \longrightarrow 3S+2H_2O$，$SO_2$ 作氧化剂；反应 C 是 $2KMnO_4+5H_2O_2+6H^+ \longrightarrow 2Mn^{2+}+5O_2+2K^++8H_2O$，$H_2O_2$ 作还原剂。

5. (A) 解析：只有 $HCl \rightarrow Cl_2$ 中 Cl 的氧化数升高。

6. (C) 解析：所谓共存，指相互间不发生化学反应，在 C 中氧化剂 MnO_4^- 会与还原剂 SO_3^{2-} 反应。

7. (D) 解析：在电对 Zn^{2+}/Zn 中，Zn 是能做电极的金属，不用辅助电极；在电对 Sn^{4+}/Sn^{2+} 中，都是在溶液中的金属离子，处于一相，彼此间没有界面，由于两电对物质不是导体，需辅助电极。

8. (C) 解析：盐桥中的阳离子进入正极溶液，阴离子进入负极溶液，分别中和两半电池的电性，维持氧化还原反应的进行，并消除液接电势，但进入两半电池的离子仅仅是中和电性，并没有参与电极反应。

9. (B) 解析：为了避免氧化剂和还原剂直接接触（若直接接触就不能构成原电池），氧化反应和还原反应分别在两个半电池中进行，这就需要盐桥来沟通；对于反应 B，氧化剂 (PbO_2) 和还原剂 (Pb) 均为固体，把它们放在一个体系中（只要不直接接触）相互间也不会发生反应，故不需要用盐桥来沟通。

10. (D) 解析：标准电动势 $E^{\ominus}$ 与反应方程式系数无关，后一反应正好是前面反应的逆反应，$E^{\ominus}$ 数值相等，符号相反。

11. (B) 解析：根据能斯特方程式，氧化态浓度增加，电极电势也增加。由于锌是固体，量的多少与电极电势无关。

12. (B) 解析：该原电池的电动势 $E=E(Cu^{2+}/Cu)-E(Zn^{2+}/Zn)=E^{\ominus}(Cu^{2+}/Cu)+\frac{0.0592}{n}\lg c(Cu^{2+})-E^{\ominus}(Zn^{2+}/Zn)-\frac{0.0592}{n}\lg c(Zn^{2+})=E^{\ominus}(Cu^{2+}/Cu)-E^{\ominus}(Zn^{2+}/Zn)+\frac{0.0592}{n}\lg\frac{c(Cu^{2+})}{c(Zn^{2+})}=1.06+\frac{0.0592}{n}\lg\frac{c(Cu^{2+})}{c(Zn^{2+})}=1.0$，$\frac{0.0592}{n}\lg\frac{c(Cu^{2+})}{c(Zn^{2+})}=-0.06<0$，故 $c(Cu^{2+})<c(Zn^{2+})$。

13. (C) 解析：4 个电对，本质上都是 Ag^+/Ag 电对，只是 Ag^+ 浓度不同而已，对于 $E^{\ominus}(AgX/Ag)$，其标准态是指 X^- 为标准浓度，此时可根据溶度积公式求出 Ag^+ 浓度，代入能斯特方程式就可解出电极电势值，溶度积越小，Ag^+ 浓度越低，电极电势值越小。AgI 的溶度积最小，故 $E^{\ominus}(AgI/Ag)$ 也最小。

14. (D) 解析：$K_2Cr_2O_7$ 作氧化剂时，电极反应为：$Cr_2O_7^{2-}+14H^++6e^-\longrightarrow 2Cr^{3+}+7H_2O$，由于 H^+ 参与电极反应，$c(H^+)$ 在能斯特方程式的浓度项的分子上，且指数是 14，故随着 $c(H^+)$ 增加，其电极电势显著升高，氧化性显著增强。

15. (D) 解析：欲将 V(Ⅴ) 还原为 V(Ⅳ)，且不能还原过头，还原剂的电极电势必须在 1.00～0.337V 之间，而上述还原剂中只有 $E^{\ominus}(Fe^{3+}/Fe^{2+})=0.771$ V，在要求的范围内。

16. (C) 解析：电池总反应为两半电池反应之和，两半反应为：$Fe^{2+}-e^-\longrightarrow Fe^{3+}$，$Ce^{4+}+e^-\longrightarrow Ce^{3+}$，故电池反应为 $Ce^{4+}+Fe^{2+}=\!=\!=Ce^{3+}+Fe^{3+}$。

17. (D) 解析：根据电极电势越低，电对中还原态物质的还原性越强，电对中还原性由强到弱为 $Na>I^->Cl^->H_2O_2$，由于所给还原剂中无金属 Na，剩下的中还原性最强的是 I^-。

18. (B) 解析：若 Cl^- 浓度与电对物质的浓度无任何关系（包括直接和间接），则 Cl^- 浓度与原电池的电动势无关。原电池 A 中，正极电对是 Cl_2/Cl^-，显然，Cl^- 浓度与该电对的电极电势及电动势有关；原电池 B 中，正极的电对是 Ag^+/Ag，Cl^- 浓度与 Ag^+ 浓度有关，但在 KCl 饱和溶液中，Cl^- 浓度不变，故 Cl^- 浓度与原电池的电动势无关；原电池 C、D 与 A 相似。

19. (B) 解析：根据能斯特方程式，正极氧化态浓度增加，电动势减小，负极还原态物质增加，电动势也减小，由于锌是固体，量的多少与电极电势无关；温度升高，电极电势均升高，但两电对升高的幅度不一定相同，故原电池的电动势会变化。

20. (C) 解析：代入能斯特方程式 $E(Sn^{4+}/Sn^{2+})=E^{\ominus}(Sn^{4+}/Sn^{2+})+\frac{0.0592}{n}\lg\frac{c(Sn^{4+})}{c(Sn^{2+})}=E^{\ominus}(Sn^{4+}/Sn^{2+})+\frac{0.0592}{n}\lg(0.01/0.1)=E^{\ominus}(Sn^{4+}/Sn^{2+})-\frac{0.0592}{2}$。

21. (A) 解析 $E=E^{\ominus}+\frac{0.0592}{5}\lg\frac{c(MnO_4^-)c^8(H^+)}{c(Mn^{2+})}=E^{\ominus}+\frac{0.0592}{5}\lg c^8(H^+)=E^{\ominus}+0.095\lg c(H^+)=E^{\ominus}-0.095\times[-\lg c(H^+)]=E^{\ominus}-0.095\text{pH}$。

22. (B) 解析：这是个浓差原电池，电动势为正极电极电势减去负极电极电势，应大于零，$E=[E^{\ominus}(Zn^{2+}/Zn)+\frac{0.0592}{2}\lg c_2]-[E^{\ominus}(Zn^{2+}/Zn)+\frac{0.0592}{2}\lg c_1])=\frac{0.0592}{2}\lg\frac{c_2}{c_1}>0, c_1<c_2$。即浓差原电池中，氧化态物质浓度大的电对电极电势高，作为正极。

23. (A) 解析：从 $Cu^{2+}+Sn^{2+}$ ══ $Cu+Sn^{4+}$ 可知，$E^{\ominus}(Cu^{2+}/Cu)>E^{\ominus}(Sn^{4+}/Sn^{2+})$，从 $2Fe^{3+}+Cu$ ══ $2Fe^{2+}+Cu^{2+}$ 可知，$E^{\ominus}(Fe^{3+}/Fe^{2+})>E^{\ominus}(Cu^{2+}/Cu)$，所以 $E^{\ominus}(Fe^{3+}/Fe^{2+})>E^{\ominus}(Cu^{2+}/Cu)>E^{\ominus}(Sn^{4+}/Sn^{2+})$。

24. (C) 解析：若氧化还原反应 $2Ag+2HI \longrightarrow 2AgI(s)+H_2$ 能进行，电动势 $E=E^{\ominus}(H^+/H_2)-E^{\ominus}(AgI/Ag)=0-(-0.151)=0.151V>0$，金属银可溶于氢碘酸。

25. (B) 解析：原电池正极是电流（正电荷）流出的地方，也是电子流入、得电子的地方，发生的反应为还原反应。

26. (D) 解析：由于电极材料相同，$E^{\ominus}$ 相同，$\Delta E^{\ominus}=0$，但溶液浓度不同，E 不同，是浓差电池。

27. (C) 解析：反应达平衡时，电流为零，两电对的电极电势应相等，而标准电极电势是电对本性的常数，不因反应进行、浓度变化而改变。从热力学也可推导出当 $E(Cu^{2+}/Cu^{2+})=E(Zn^{2+}/Zn^{2+})$ 时，$\Delta_r G=0$。

28. (B) 解析：有 $\Delta_r G_m^{\ominus}=-RT\ln K^{\ominus}=-nFE^{\ominus}, E^{\ominus}=\frac{RT}{nF}, \ln K^{\ominus}=-\frac{\Delta_r G_m^{\ominus}}{nF}>0$，则应有 $\Delta_r G_m^{\ominus}<0$，$K^{\ominus}>1$。

29. (B) 解析：浓差电池的 $\Delta E^{\ominus}=0$，由 28 题 $-RT\ln K^{\ominus}=-nFE^{\ominus}$，$\ln K^{\ominus}=nFE^{\ominus}/RT=0$，$K^{\ominus}=1$。

30. (A) 解析：$E^{\ominus}(M^{3+}/M)=2\times E^{\ominus}(M^{3+}/M^+)+1\times E^{\ominus}(M^+/M)=2\times0.30+1\times(-0.60)=0$。

三、填充题

1. +8/3，+7，+1。

解析：氧化数也可以是分数；$Na_2S_2O_8$ 中，有一个过氧链（—O—O—），若把过氧链中 O 的氧化数作为 −1，则 S 的氧化数是 +6，若把 O 的氧化数均作为 −2，则 S 的氧化数是 +7。

2. 较大，氧化态，越强；较低，还原态，越强。

3. (−) Cu | $Cu^{2+}(c_3)$ ‖ $Fe^{3+}(c_1)$，$Fe^{2+}(c_2)$ | Pt (+)；$Fe^{3+}(c_1)+e^-$ ══ $Fe^{2+}(c_2)$，同一金属两种不同价态的离子，$Cu-2e^-$ ══ $Cu^{2+}(c_3)$，金属及其离子。降低，升高。

解析：由同一金属两种不同价态的离子组成的电对需辅助电极来导电；在正极溶液中加入铁粉，发生 $2Fe^{3+}+Fe \rightarrow 3Fe^{2+}$ 反应，Fe^{3+} 浓度降低，Fe^{2+} 浓度升高，电对 Fe^{3+}/Fe^{2+} 的电极电势下降，使电动势降低；在负极加入 Na_2S 溶液，发生 $Cu^{2+}+S^{2-} \rightarrow CuS\downarrow$ 反应，Cu^{2+} 浓度降低，电对 Cu^{2+}/Cu（负极）的电极电势下降，使电动势升高。

4. 298.15K，1.00 mol·L^{-1}，100kPa，铂黑，0.00 V。甘汞电极，玻璃电极。

5. HBrO，$5HBrO \longrightarrow 2Br_2+H^++BrO_3^-+2H_2O$，HBrO-$Br^-$，$BrO_4^-$-HBrO。

解析：$E^{\ominus}$（右）$>E^{\ominus}$（左）时，该物质发生歧化反应，$E^{\ominus}$（右）$<E^{\ominus}$（左）时，两端物质发生反歧化反应。该方程式可先写成两半反应式，$2HBrO+2e^-+2H^+ \longrightarrow Br_2+H_2O$，$HBrO-4e^-+2H_2O \longrightarrow BrO_3^-+5H^+$，乘公倍数后两半反应式相加，得总方程式。

四、问答题

1. 答： 氧化数是某元素一个原子的荷电数，这种荷电数是由假设把每个化学键中的电子指定给电负性较大的原子而求得。氧化还原反应的实质是反应过程中有电子转移或偏移，从而导致元素的氧化数发生变化。

2. 答： 组成电极的各种物质的活度均为 1 时的电极电势被称为标准电极电势（$E^{\ominus}$），它是由待测的标准电极与标准氢电极组成原电池，测定该电池的标准电动势而得到的一个相对数值。

$$E^{\ominus}(\text{标准电动势}) = E^{\ominus}(\text{待测}) - E^{\ominus}(H^{+}/H_2)，\text{因 } E^{\ominus}(H^{+}/H_2) = 0.000V$$

$$E^{\ominus}(\text{待测}) = E^{\ominus}(\text{标准电动势})$$

它的重要应用如下。

① 判断氧化剂和还原剂的相对强弱。$E^{\ominus}$高的氧化态是较强的氧化剂，$E^{\ominus}$低的还原态是较强的还原剂。

② 判断氧化还原反应进行的方向和程度。$E^{\ominus}$高的电对中氧化态物质能够氧化$E^{\ominus}$低的电对中的还原态物质；当两个电对的 $\Delta E^{\ominus}$ 相差较大时（大于 0.2V），反应为单向进行，当两个电对的 $\Delta E^{\ominus}$ 相差较小时（小于 0.2V），反应为可逆程度较大。

③ 利用标准电极电势可以计算标准电池电动势（$E^{\ominus}$）、吉布斯自由能（$\Delta_r G_m^{\ominus}$）和标准平衡常数（$K^{\ominus}$）。它们之间的关系为：

$$E^{\ominus}(\text{标准电动势}) = E^{\ominus}(+) - E^{\ominus}(-)$$

$$\Delta_r G_m^{\ominus} = -nFE^{\ominus} = -RT\ln K^{\ominus}$$

$$\lg K^{\ominus} = \frac{nE^{\ominus}}{0.0592}$$

3. 答： 原电池由两个半电池组成，当原电池工作时，需要用盐桥或多孔隔板沟通形成回路。原电池中两侧溶液用多孔隔板隔开时，由于离子种类和浓度不同，引起它们透过界面的扩散速率也不相同，使得界面一侧阳离子过剩而另一侧阴离子过剩，从而产生了电势差，称为液接电势。若把盐桥的两端分别插入两个半电池的溶液中，则盐桥中的饱和 KCl 溶液与两个半电池溶液进行电荷中和，Cl^- 进入氧化反应半电池，K^+ 进入还原反应半电池，这样电池中的扩散作用主要来自盐桥，而盐桥内阴、阳离子的迁移速率非常接近，因而可将液接电位基本消除。所以在原电池中要有盐桥存在。

4. 答：（1）$E^{\ominus}(O_2/H_2O) = 1.229V > E^{\ominus}(Sn^{4+}/Sn^{2+}) = 0.154V$，溶于水的 O_2 能将 Sn^{2+} 氧化成 Sn^{4+} 而使 $SnCl_2$ 失效。$2Sn^{2+} + O_2 + 4H^+ \longrightarrow 2Sn^{4+} + 2H_2O$。

（2）加入适量 $SnCl_2$　$2Hg^{2+} + Sn^{2+} + 2Cl^- \longrightarrow Sn^{4+} + Hg_2Cl_2 \downarrow$（白色）

加入过量 $SnCl_2$　$Hg_2Cl_2 + Sn^{2+} \longrightarrow Sn^{4+} + 2Cl^- + 2Hg \downarrow$（黑色）

（3）因为 $E^{\ominus}(Cu^{2+}/Cu) > E^{\ominus}(Fe^{2+}/Fe)$，故铁能置换 Cu^{2+}，化学方程式为

$$Fe + Cu^{2+} \longrightarrow Fe^{2+} + Cu$$

又因为 $E^{\ominus}(Fe^{3+}/Fe^{2+}) > E^{\ominus}(Cu^{2+}/Cu)$，故 $FeCl_3$ 溶液能溶解铜，化学方程式为

$$2Fe^{3+} + Cu = 2Fe^{2+} + Cu^{2+}$$

（4）加少量 H_2SO_4 可防止 Fe^{2+} 水解，加铁屑可使被氧化成的 Fe^{3+} 重新变回 Fe^{2+}，保持 $FeSO_4$ 不变质。$2Fe^{3+} + Fe = 3Fe^{2+}$

（5）主要是溶液酸度对电极电势的影响。浓盐酸可改变两电对的电极电势，使电极电势大小发生逆转，故反应能进行。

(6) 因为反应 $2Ag + 2HCl \longrightarrow 2AgCl(s) + H_2$ 的 $E^{\ominus}(AgCl/Ag) > E^{\ominus}(H^+/H_2)$，反应不能正向进行。而反应 $2Ag + 2HI \longrightarrow 2AgI(s) + H_2$ 的 $E^{\ominus}(AgI/Ag) < E^{\ominus}(H^+/H_2)$，反应能正向进行。

5. 歧化反应是指处于中间氧化态的某一元素在反应时一部分原子被氧化，同时另一部分原子被还原的现象。发生歧化反应是有条件的，将同一元素不同氧化态的任何 3 个物种组成 2 个电对，按氧化态由高到低排列如下：

$$A \xrightarrow{E^{\ominus}(左)} B \xrightarrow{E^{\ominus}(右)} C$$

其中 A 为氧化态较高的物种，C 为氧化态较低的物种。若氧化态处于中间的物种 B 能发生歧化反应得到 A 和 C，需组成两电对，$E^{\ominus}(A/B)$ 即 $E^{\ominus}(左)$，$E^{\ominus}(B/C)$ 即 $E^{\ominus}(右)$。需电极电势高的氧化态物质和电极电势低的还原态物质，且是同一种物质，若 $E^{\ominus}(B/C) > E^{\ominus}(A/B)$ 即 $E^{\ominus}(右) > E^{\ominus}(左)$，B 正好符合条件，发生歧化反应。

例如：元素标准电势图中

在酸性介质中 $MnO_4^- \xrightarrow{0.56V} MnO_4^{2-} \xrightarrow{2.26V} MnO_2$　$E^{\ominus}(右) = 2.26V > E^{\ominus}(左) = 0.56\ V$

MnO_4^{2-} 可发生歧化反应，生成 MnO_4^- 和 MnO_2。

$$3MnO_4^{2-} + 4H^+ = 2MnO_4^- + MnO_2 + 2H_2O$$

6. 用离子-电子法配平下列方程式

(1)
$$S_2O_8^{2-} + 2e^- = 2SO_4^{2-} \quad ①$$
$$Mn^{2+} + 4H_2O = MnO_4^- + 8H^+ + 5e^- \quad ②$$

反应①×5＋②×2 得　$5S_2O_8^{2-} + 2Mn^{2+} + 8H_2O = 2MnO_4^- + 10SO_4^{2-} + 16H^+$

解析：$S_2O_8^{2-}$ 中 S 的氧化数可认为是＋7，SO_4^{2-} 中 S 的氧化数是＋6，1mol $S_2O_8^{2-}$ 中有 2mol 氧化数为＋7 的 S，在反应中得到 2mol 电子，生成 2mol SO_4^{2-}；1mol Mn^{2+} 变成 MnO_4^- 会失去 5mol 电子，在酸性溶液中增加了 4mol O，需 4mol 水并生成 8mol H^+，取最小公倍数使得失电子数相等，两半反应相加，得到结果。

(2)
$$2S_2O_3^{2-} = S_4O_6^{2-} + 2e^- \quad ①$$
$$I_2 + 2e^- = 2I^- \quad ②$$

反应①×1＋②×1 得　$2S_2O_3^{2-} + I_2 \longrightarrow S_4O_6^{2-} + 2I^-$

解析：$S_2O_3^{2-}$ 中 S 的氧化数是＋2，$S_4O_6^{2-}$ 中 S 的氧化数是 $+\frac{5}{2}$，1mol $S_2O_3^{2-}$ 中有 2mol 氧化数为＋2 的 S，在反应中失去 2mol 电子，生成 $\frac{1}{2}$mol $S_4O_6^{2-}$；1mol I_2 得到 2mol 电子变成 2mol I^-，取最小公倍数使得失电子数相等，两半反应相加，得到结果。

(3)
$$H_2O_2 + 2e^- = 2OH^- \quad ①$$
$$Cr(OH)_4^- + 4OH^- = CrO_4^{2-} + 4H_2O + 3e^- \quad ②$$

反应①×3＋②×2 得　$3H_2O_2 + 2Cr(OH)_4^- + 2OH^- = 2CrO_4^{2-} + 8H_2O$

解析：H_2O_2 中 O 的氧化数为－1，在碱性溶液中得到 2mol 电子后生成 2mol OH^-，$Cr(OH)_4^-$ 中 Cr 的氧化数为＋3，失去 3mol 电子后生成 1mol Cr 的氧化数为＋6 的 CrO_4^{2-}，至于 O 的增加，可把 $Cr(OH)_4^-$ 看作是$(CrO_2^- + 2H_2O)$，变成 CrO_4^{2-} 时增加了 2mol O，在碱性中需加 4mol OH^-，同时生成 2mol 水；取最小公倍数使得失电子数相等，两半反应相加，得到结果。

(4) $$MnO_4^- + 8H^+ + 5e^- = Mn^{2+} + 4H_2O \quad ①$$

$$H_2O_2 = O_2 + 2H^+ + 2e^- \quad ②$$

反应①×2+②×5 得 $2MnO_4^- + 5H_2O_2 + 6H^+ = 2Mn^{2+} + 5O_2 + 8H_2O$

解析：H_2O_2 中 O 的氧化数为－1，在酸性介质中被氧化为氧化数为 0 的 O_2，每 1mol H_2O_2 失去 2mol 电子，同时有 2mol H^+ 生成；每 1mol Mn 的氧化数为＋7 的 MnO_4^- 在酸性介质中得到 5mol 电子生成 1mol Mn^{2+}，MnO_4^- 变成 Mn^{2+} 要消除 4mol O，需加 8mol 的 H^+，同时生成 4mol 水；取最小公倍数使得失电子数相等，两半反应相加，得到结果。

(5) $$I_2 + 2e^- = 2I^- \quad ①$$

$$I_2 + 12OH^- = 2IO_3^- + 6H_2O + 10e^- \quad ②$$

反应①×5+②×1，然后除 2 得 $3I_2 + 6OH^- = 5I^- + IO_3^- + 3H_2O$

解析：这是歧化反应，每 1mol I_2 得到 2mol 电子生成 2mol I^-，另每 1mol I_2 失去 10mol 电子生成 2mol I 的氧化数为＋5 的 IO_3^-，从 I_2 到 2 IO_3^- 的变化需加 6mol O，在碱性介质中需 12mol 的 OH^-，并有 6mol H_2O 生成；取最小公倍数使得失电子数相等，两半反应相加，得到结果。

(6) $$BrO_3^- + 6H^+ + 5e^- = \frac{1}{2}Br_2 + 3H_2O \quad ①$$

$$Br^- = \frac{1}{2}Br_2 + e^- \quad ②$$

反应①×1+②×5 得 $BrO_3^- + 5Br^- + 6H^+ = 3Br_2 + 3H_2O$

解析：与 (5) 相反，这是一个反歧化反应，在酸性介质中进行；BrO_3^- 中 Br 的氧化数是＋5，每 1mol Br_3^- 得到 5mol 电子变成 Br 的氧化数是 0 的 1/2mol Br_2，在酸性中减去 3mol O 需 6 mol H^+，同时生成 3mol H_2O；每 1mol Br 失去 1mol 电子生成 1/2mol Br_2；取最小公倍数使得失电子数相等，两半反应相加，得到结果。配平时用分数作系数，有时可使配平简便。

(7) $$As_2S_3 + 20H_2O = 2AsO_4^{3-} + 3SO_4^{2-} + 40H^+ + 28e^- \quad ①$$

$$NO_3^- + 4H^+ + 3e^- = NO + 2H_2O \quad ②$$

反应①×3+②×28 得 $3As_2S_3 + 28NO_3^- + 4H_2O = 6AsO_4^{3-} + 9SO_4^{2-} + 28NO + 8H^+$

解析：As_2S_3 中，As 的氧化数为＋3，S 的氧化数为－2，被氧化成 As 的氧化数为＋5 的 AsO_4^{3-} 和 S 的氧化数为＋6 的 SO_4^{2-}，这样，每 1mol As_2S_3 失去的电子为 2×2＋3×8＝28mol，同时 As_2S_3 生成了 2mol AsO_4^{3-} 和 3mol SO_4^{2-}，增加了 20molO，在酸性介质中需加 20mol H_2O，同时有 40mol H^+生成；每 1mol N 的氧化数为＋5 的 NO_3^- 在酸性介质中得到 3mol 电子生成 NO，由 NO_3^- 变成 NO 少掉 2mol O，需加 4mol H^+同时生成 2mol H_2O；取最小公倍数使得失电子数相等，两半反应相加，得到结果。

(8) $$\frac{1}{4}P_4 + 3H_2O + 3e^- = PH_3 + 3OH^- \quad ①$$

$$\frac{1}{4}P_4 + 2OH^- = H_2PO_2^- + e^- \quad ②$$

反应①×1+②×3 得 $P_4 + 3H_2O + 3OH^- = PH_3 + 3H_2PO_2^-$

解析：生成 1mol 的 P 氧化数为－3 的 PH_3 需 3mol 电子，加 3 mol H 等于去掉 3mol O，需加 3 mol H_2O 同时生成 3mol OH^-；$H_2PO_2^-$ 可拆成 ($PO^- + H_2O$)，由 1/4mol P_4 生成 1mol 的 P 氧化数为＋1 的 $H_2PO_2^-$ 要失去 1mol 电子，增加 1mol O 需 2mol OH^-，同时生

成 1mol H_2O 正好加入 PO^- 成 $H_2PO_2^-$；取最小公倍数使得失电子数相等，两半反应相加，得到结果。

五、计算题

1. 解　（1）根据能斯特方程，有

$$E(H^+/H_2)=E^{\ominus}(H^+/H_2)+\frac{0.0592}{n}\lg\frac{c^2(H^+)}{p(H_2)/p^{\ominus}}$$

$$=0.000+\frac{0.0592}{2}\lg\frac{0.10^2}{200/100}=-0.0681V$$

（2）$$E(Cr_2O_7^{2-}/Cr^{3+})=E^{\ominus}(Cr_2O_7^{2-}/Cr^{3+})+\frac{0.0592}{n}\lg\frac{c(Cr_2O_7^{2-})c^{14}(H^+)}{c^2(Cr^{3+})}$$

$$=1.232+\frac{0.0592}{6}\lg 0.0010^{14}=0.818V$$

（3）$$E(Br_2/Br^-)=E^{\ominus}(Br_2/Br^-)+\frac{0.0592}{n}\lg\frac{c(Br_2)}{c^2(Br^-)}$$

$$=1.066+\frac{0.0592}{2}\lg\frac{1}{0.2^2}=1.1074V$$

解析：物质的浓度（或气体分压）为非标准态时，把浓度（或气体分压）代入能斯特方程式，气体用分压代入（须除以标准压力 $p^{\ominus}=100kPa$），纯液态（如 Br_2）和水的浓度不必列入，参与电极反应的非氧化态改变物质[如第(2) 小题中 H^+]也要列入能斯特方程式中，转移的电子数 n 为所给电极半反应式中转移的电子数。

2. 解　查表得 $E^{\ominus}(Sn^{2+}/Sn)=-0.1375\ V$，$E^{\ominus}(Pb^{2+}/Pb)=-0.1262\ V$

（1）当 $m(Pb^{2+})=m(Sn^{2+})=1.00\ mol\cdot kg^{-1}$，即浓度（或气体分压）为标准态时可用 $E^{\ominus}$ 的大小直接比较，因 $E^{\ominus}(Pb^{2+}/Pb)>E^{\ominus}(Sn^{2+}/Sn)$，故此时 Pb^{2+} 作为氧化剂，Sn 作为还原剂，即 Pb 电极作为原电池正极，Sn 电极作为负极。反应按所给方向正向进行。

电池符号为 $(-)Sn\,|\,Sn^{2+}(1.00\ mol\cdot kg^{-1})\,\|\,Pb^{2+}(1.00\ mol\cdot kg^{-1})\,|\,Pb(+)$

$$E=E^{\ominus}=E^{\ominus}(Pb^{2+}/Pb)-E^{\ominus}(Sn^{2+}/Sn)=-0.1262-(-0.1375)=0.0113V$$

$$\lg K^{\ominus}_{298K}=\frac{nE^{\ominus}}{0.0592}=\frac{2\times0.0113}{0.0592}=0.3818$$

$$K^{\ominus}_{298K}=2.41$$

$$\Delta_r G^{\ominus}_m(298K)=-nFE^{\ominus}=-2\times0.0113\times96485\times10^{-3}=-2.18kJ\cdot mol^{-1}$$

（2）$$E(Sn^{2+}/Sn)=E^{\ominus}(Sn^{2+}/Sn)=-0.1375V$$

$$E(Pb^{2+}/Pb)=E^{\ominus}(Pb^{2+}/Pb)+\frac{0.0592}{n}\lg m(Pb^{2+})$$

$$=-0.1262+\frac{0.0592}{2}\lg 0.1=-0.1558V$$

因此时 $E^{\ominus}(Pb^{2+}/Pb)<E^{\ominus}(Sn^{2+}/Sn)$，故此时 Sn^{2+} 作为氧化剂，Pb 作为还原剂。反应按所给方向反向进行：$Pb+Sn^{2+}(1.00\ mol\cdot kg^{-1})\rightleftharpoons Sn+Pb^{2+}(0.10\ mol\cdot kg^{-1})$

电池符号为 $(-)Pb\,|\,Pb^{2+}(1.00\ mol\cdot kg^{-1})\,\|\,Sn^{2+}(1.00\ mol\cdot kg^{-1})\,|\,Sn(+)$

$$E=E^{\ominus}(Sn^{2+}/Sn)-E^{\ominus}(Pb^{2+}/Pb)=-0.1375-(-0.1558)=0.0183V$$

$$E^{\ominus}=E^{\ominus}(Sn^{2+}/Sn)-E^{\ominus}(Pb^{2+}/Pb)=-0.1375-(-0.1262)=-0.0113V$$

$$\lg K^{\ominus}_{298K}=\frac{nE^{\ominus}}{0.0592}=\frac{2\times(-0.0113)}{0.0592}=-0.3818$$

$$K^{\ominus}_{298K}=0.415$$

$$\Delta_r G^{\ominus}_m(298K)=-nFE^{\ominus}=-2\times(-0.0113)\times96485\times10^{-3}=2.18kJ\cdot mol^{-1}$$

解析：对于 $E^{\ominus}$ 相差较小的电对，浓度变化可能使反应反向，故要代入能斯特方程式，算出非标准态时的电极电势再进行比较以确定反应方向；对于稀溶液，用质量摩尔浓度（$mol\cdot kg^{-1}$）和体积摩尔浓度（$mol\cdot L^{-1}$）基本相等（稀溶液的密度约为 1 $kg\cdot L^{-1}$）。计算平衡常数时，代入公式的是标准电动势 $E^{\ominus}$。电池反应的方向确定后 $E^{\ominus}$ 和 E 的值与电极反应的物质的量无关，即与电池反应式的写法无关，而 $\Delta_r G^{\ominus}_m$ 与电池反应式写法有关，在 $\Delta_r G^{\ominus}_m(298K)=-nFE^{\ominus}$ 中，$E^{\ominus}$ 不变，n 随反应方程式不同写法而变，因此 $\Delta_r G^{\ominus}_m$ 也随之改变。本题中，已知（1）中电池反应与（2）中相反，根据 $E^{\ominus}$ 及 $\Delta_r G^{\ominus}_m$ 的性质，可知两反应的 $E^{\ominus}$ 和 $\Delta_r G^{\ominus}_m$ 互为相反数，$K^{\ominus}_{298K}$ 互为倒数，故不必计算可直接得出。

$$E^{\ominus}_2=-E^{\ominus}_1=-0.0113\ V$$

$$\Delta_r G^{\ominus}_m(2)=-\Delta_r G^{\ominus}_m(1)=2.18kJ\cdot mol^{-1}$$

$$K^{\ominus}_2=1/K^{\ominus}_1=1/2.41=0.415$$

3. 解 $2H^+(c)+2e^- \rightleftharpoons H_2(100kPa)$

（1）
$$E(H^+/H_2)=E^{\ominus}(H^+/H_2)+\frac{0.0592}{n}\lg\frac{c^2(H^+)}{p(H_2)/p^{\ominus}}$$
$$=0.000+\frac{0.0592}{2}\lg\frac{0.1^2}{100/100}=-0.0592V$$

（2）$HCl+NaOH = NaCl+H_2O$，由于是一元强酸与一元强碱等物质的量反应，反应后，溶液呈中性，$c(H^+)=1.0\times10^{-7}mol\cdot L^{-1}$。

$$E(H^+/H_2)=E^{\ominus}(H^+/H_2)+\frac{0.0592}{n}\lg\frac{c^2(H^+)}{p(H_2)/p^{\ominus}}$$
$$=0.000+\frac{0.0592}{2}\lg\frac{(1.0\times10^{-7})^2}{100/100}=-0.4144\ V$$

（3）$HCl+NaAc = HAc+H_2O$，反应后生成的 $0.1mol\cdot L^{-1}$ HAc 溶液，$c(H^+)=\sqrt{c_{HAc}K_{HAc}^{\ominus}}$

$$E(H^+/H_2)=E^{\ominus}(H^+/H_2)+\frac{0.0592}{n}\lg\frac{c^2(H^+)}{p(H_2)/p^{\ominus}}$$
$$=E^{\ominus}(H^+/H_2)+\frac{0.0592}{n}\lg\frac{c_{HAc}K^{\ominus}(HAc)}{p(H_2)/p^{\ominus}}$$
$$=0.000+\frac{0.0592}{2}\lg\frac{0.1\times1.8\times10^{-5}}{100/100}=-0.1700\ V$$

（4）加入 0.2mol 固体 NaAc 后，0.1mol NaAc 与 HCl 反应生成 HAc，另 0.1mol NaAc 溶于水与 HAc 组成缓冲溶液，$c(H^+)=K^{\ominus}(HAc)\frac{c(HAc)}{c(NaAc)}$

$$E(H^+/H_2)=E^{\ominus}(H^+/H_2)+\frac{0.0592}{2}\lg\frac{c^2(H^+)}{p(H_2)/p^{\ominus}}$$
$$=E^{\ominus}(H^+/H_2)+\frac{0.0592}{2}\lg\left\{\left[\frac{K^{\ominus}(HAc)c(HAc)}{c(NaAc)}\right]^2\frac{1}{p(H_2)/p^{\ominus}}\right\}$$
$$=0.000+\frac{0.0592}{2}\lg\left\{\left[\frac{1.8\times10^{-5}\times0.1}{0.1}\right]^2\frac{1}{100/100}\right\}=-0.2809\ V$$

解析：本题4种状况的电极反应，其本质是一样的，都是氢电极反应，只不过是H^+浓度不同，代入能斯特方程式$c(H^+)$数据不同而已。(2)中加入了等物质的量的NaOH，变成了中性溶液；(3)中加入了等物质的量的固体NaAc后，成了的$0.1mol \cdot L^{-1}$ HAc溶液；(4)中加入0.2mol固体NaAc后，变成了HAc-NaAc缓冲溶液。

4. 解　$NO_3^- + H_2O + 2e^- \rightleftharpoons NO_2^- + 2OH^-$

在$c(HNO_2)=c(H^+)=1\ mol \cdot L^{-1}$溶液中

$$c(NO_2^-)=K^{\ominus}(HNO_2)\frac{c(HNO_2)}{c(H^+)}=K^{\ominus}(HNO_2)=4.6\times10^{-4}\ mol \cdot L^{-1}$$

$c(OH^-)=K_w^{\ominus}/c(H^+)=10^{-14}/1=1.0\times10^{-14}mol \cdot L^{-1}$

$$E^{\ominus}(NO_3^-/HNO_2)=E(NO_3^-/NO_2^-)=E^{\ominus}(NO_3^-/NO_2^-)+\frac{0.0592}{2}\lg\frac{c(NO_3^-)}{c(NO_2^-)c^2(OH^-)}$$

$$=0.01+\frac{0.0592}{2}\lg\frac{1.0}{(4.6\times10^{-4})(10^{-14})^2}=0.94V$$

解析：对于$E^{\ominus}(NO_3^-/NO_2^-)$，电极反应为①$NO_3^- + H_2O + 2e^- \rightleftharpoons NO_2^- + 2OH^-$

标准态指$c(NO_3^-)=c(NO_2^-)=c(OH^-)=1\ mol \cdot L^{-1}$

对于$E^{\ominus}(NO_3^-/HNO_2)$，电极反应为②$NO_3^- + 3H^+ + 2e^- \rightleftharpoons HNO_2 + H_2O$

标准态指$c(NO_3^-)=c(HNO_2)=c(H^+)=1\ mol \cdot L^{-1}$

两电极反应实质相同，但条件不同，反应②的标准态可认为是反应①在非标准态时进行，计算出反应①在反应②条件下的有关浓度，代入能斯特方程式，计算出结果。

5. 解　(1) $(-)Pt\mid H_2(p^{\ominus})\mid H_2SO_4(0.1000\ mol \cdot L^{-1})\mid Ag_2SO_4\mid Ag(+)$

(2) $E(H^+/H_2)=E^{\ominus}(H^+/H_2)+0.0592\lg c(H^+)=0.0592\times\lg0.2000=-0.0414V$

$$E(Ag_2SO_4/Ag)=E^{\ominus}(Ag_2SO_4/Ag)+\frac{0.0592}{2}\lg\frac{1}{c(SO_4^{2-})}$$

$$=0.654+\frac{0.0592}{2}\lg\frac{1}{0.100}=0.684V$$

$$E=E(Ag_2SO_4/Ag)-E(H^+/H_2)=0.684-(-0.0414)=0.725V$$

(3) $E^{\ominus}(Ag_2SO_4/Ag)=E(Ag^+/Ag)=E^{\ominus}(Ag^+/Ag)+0.0592\times\lg c(Ag^+)$

$$=E^{\ominus}(Ag^+/Ag)+0.0592\times\lg\sqrt{\frac{K_{sp}^{\ominus}}{c(SO_4^{2-})}}$$

$$0.654=0.799+\frac{0.0592}{2}\lg K_{sp}^{\ominus}$$

$$K_{sp}^{\ominus}=1.3\times10^{-5}$$

解析：$E^{\ominus}(Ag_2SO_4/Ag)$是电极半反应$Ag_2SO_4(s)+2e^- \rightleftharpoons 2Ag(s)+SO_4^{2-}(aq)$的标准电极电势，是指$SO_4^{2-}$处于标准态，即$c(SO_4^{2-})=1\ mol \cdot L^{-1}$，其本质还是$Ag^+(aq)+e^- \rightleftharpoons Ag(s)$，只是此时$c(Ag^+)$是非标准态，$c(Ag^+)=K_{sp}^{\ominus}(Ag_2SO_4)/c(SO_4^{2-})=K_{sp}^{\ominus}(Ag_2SO_4)$。氢电极反应也可写成：$\frac{1}{2}H_2(p^{\ominus})+e^- \rightleftharpoons H^+(aq)$，在氢气处于标准态时，$E(H^+/H_2)=E^{\ominus}(H^+/H_2)+0.0592\times\lg c(H^+)$，这样书写与计算可简洁些。

6. 解　(1) 因为$c(Cu^{2+})c(S^{2-})=K_{sp}^{\ominus}(CuS)$

$$c(Cu^{2+}) = K_{sp}^{\ominus}(CuS)/c(S^{2-}) = 1.27\times10^{-36}/0.010 = 1.27\times10^{-34}\ mol\cdot L^{-1}$$

$$E(Cu^{2+}/Cu) = E^{\ominus}(Cu^{2+}/Cu) + \frac{0.0592}{n}\lg c(Cu^{2+})$$

$$= 0.3419 + \frac{0.0592}{2}\lg(1.27\times10^{-34}) = -0.6614V$$

电动势 $E = E^{\ominus}(Ag^{+}/Ag) - E(Cu^{2+}/Cu) = 0.7996-(-0.6614) = 1.461V > 0$

电池的方向不改变，反应为 $2Ag^{+} + Cu = 2Ag + Cu^{2+}$。

(2) 因为 $c(Ag^{+})c(I^{-}) = K_{sp}^{\ominus}(AgI)$，$c(Ag^{+}) = K_{sp}^{\ominus}(AgI)/c(I^{-}) = 8.52\times10^{-17}/1 = 8.52\times10^{-17}\ mol\cdot L^{-1}$

$$E(Ag^{+}/Ag) = E^{\ominus}(Ag^{+}/Ag) + \frac{0.0592}{n}\lg c(Ag^{+})$$

$$= 0.7996 + 0.0592\times\lg 8.52\times10^{-17} = -0.1517V$$

电动势 $E = E(Ag^{+}/Ag) - E^{\ominus}(Cu^{2+}/Cu) = -0.1517-0.3419 = -0.4936V < 0$

电池的方向改变，反应为 $2Ag + Cu^{2+} = 2Ag^{+} + Cu$。

解析:金属离子加入沉淀剂后,游离金属离子浓度下降,通过溶度积公式求出溶液中沉淀平衡时金属离子的浓度,代入能斯特方程式求出此时的电极电势;若原正极金属离子难溶盐的溶度积足够小,游离金属离子浓度足够小,电池方向很可能改变。若已知此时电动势或电极电势,也可以测难溶盐的溶度积常数 $K_{sp}^{\ominus}$。

7. 解 (1) $E^{\ominus}(Hg_2Cl_2/Hg) > E^{\ominus}(Zn^{2+}/Zn)$，饱和甘汞为正极。

(2) 电池符号为：$(-)Zn\,|\,Zn^{2+}(0.010\ mol\cdot L^{-1})\ \|\ Cl^{-}$(饱和溶液) $|\ Hg_2Cl_2(s), Hg\ (+)$

原电池反应为:$Zn(s) + Hg_2Cl_2(s) = Zn^{2+}(aq) + 2Hg(l) + 2Cl^{-}(aq)$

(3)
$$E = E^{\ominus}(Hg_2Cl_2/Hg) - E^{\ominus}(Zn^{2+}/Zn) - \frac{0.0592}{2}\lg c(Zn^{2+})$$

$$= 0.2415 + 0.762 - \frac{0.0592}{2}\lg 0.010 = 1.0627V$$

解析：由于 $E^{\ominus}(Hg_2Cl_2/Hg)$ 远大于 $E^{\ominus}(Zn^{2+}/Zn)$，用标准电极电势可以直接判定饱和甘汞为正极；本题尽管未使用盐桥，但 KCl 溶液和 $ZnSO_4$ 溶液被甘汞电极的多孔陶瓷板隔为两个系统，它起了盐桥的作用，因此写电池符号时不应漏掉。电池方程式中有 Cl^{-} 出现，但这是常数，已经包括在 $E^{\ominus}(Hg_2Cl_2/Hg)$ 内，视为标准态。

8. 解 (1) 设铜电极为正极，甘汞电极为负极，则原电池的电动势

$$E = E(Cu^{2+}/Cu) - E^{\ominus}(Hg_2Cl_2/Hg)$$

$$= E^{\ominus}(Cu^{2+}/Cu) + \frac{0.0592}{2}\lg c(Cu^{2+}) - E^{\ominus}(Hg_2Cl_2/Hg)$$

$$\lg c(Cu^{2+}) = [E - E^{\ominus}(Cu^{2+}/Cu) + E^{\ominus}(Hg_2Cl_2/Hg)]\times\frac{2}{0.0592}$$

$$= (0.0414 - 0.3419 + 0.2415)\times\frac{2}{0.0592} = -1.993$$

$$c(Cu^{2+}) = 1.0\times10^{-2}\ mol\cdot L^{-1}$$

(2) 设甘汞电极为正极，铜电极为负极，则原电池的电动势

$$E = E^{\ominus}(Hg_2Cl_2/Hg) - E(Cu^{2+}/Cu)$$

$$= E^{\ominus}(Hg_2Cl_2/Hg) - E^{\ominus}(Cu^{2+}/Cu) - \frac{0.0592}{2}\lg c(Cu^{2+})$$

$$\lg c(Cu^{2+})=[E^{\ominus}(Hg_2Cl_2/Hg)-E-E^{\ominus}(Cu^{2+}/Cu)]\times\frac{2}{0.0592}$$

$$=(0.2415-0.0414-0.3419)\times\frac{2}{0.0592}=-4.7905V$$

$$c(Cu^{2+})=1.620\times10^{-5}\ mol\cdot L^{-1}$$

解析：根据浓度与电极电势关系的能斯特方程式，可通过测原电池电动势的方法求溶液浓度。本题中，一个电极是甘汞参比电极，其电极电势是个常数，另一电极常为金属及其离子组成的电极，测出电动势后，该数据与甘汞电极的电极电势相减（要知道正负极，正极电极电势减去负极电极电势），该数据就是金属及其离子的电极电势，然后根据浓度与电极电势关系的能斯特方程式求出金属离子的浓度。

9. 解　$E=E(右)-E(左)$

$$=E^{\ominus}(H^+/H_2)-E^{\ominus}(H^+/H_2)-\frac{0.0592}{2}\lg\frac{c^2(H^+)}{p(H_2)/p^{\ominus}}$$

$$=-\frac{0.0592}{2}\lg\frac{c^2(H^+)}{p(H_2)/p^{\ominus}}$$

$$=-\frac{0.0592}{2}\lg\left[\frac{K_{HA}^{\ominus}c(HA)}{c(A^-)}\right]^2\frac{1}{p(H_2)/p^{\ominus}}$$

$$=-\frac{0.0592}{2}\lg\left\{\left[\frac{K_{HA}^{\ominus}\times1.0}{1.0}\right]^2\frac{1}{100/100}\right\}=-0.0592\lg K_{HA}^{\ominus}$$

$$\lg K_{HA}^{\ominus}=-E/0.0592=-0.551/0.0592=-9.307$$

$$K_{HA}^{\ominus}=4.93\times10^{-10}$$

解析：这是标准氢电极与浓度处于标准态的缓冲溶液构成的浓差原电池，用于测定构成缓冲溶液中弱酸的解离常数 $K_{HA}^{\ominus}$，此时的电极电势也可写成 $E^{\ominus}(HA/A^-)$，此时的标准是指缓冲溶液中弱酸和弱酸盐的浓度处于标准态（1.0mol·L^{-1}），而不是 H^+ 浓度，代入能斯特方程式，可推导出 $\lg K_{HA}^{\ominus}=-E^{\ominus}(HA/A^-)/0.0592$，即可求出 $K_{HA}^{\ominus}$。

10. 解　$Zn+Cu^{2+}=\!=\!=Zn^{2+}+Cu$

平衡时，　$E(Cu^{2+}/Cu)=E(Zn^{2+}/Zn)$

$$E^{\ominus}(Cu^{2+}/Cu)+\frac{0.0592}{2}\lg c(Cu^{2+})=E^{\ominus}(Zn^{2+}/Zn)+\frac{0.0592}{2}\lg c(Zn^{2+})$$

$$\lg\frac{c(Zn^{2+})}{c(Cu^{2+})}=\lg K^{\ominus}=[E^{\ominus}(Cu^{2+}/Cu)-E^{\ominus}(Zn^{2+}/Zn)]\times\frac{2}{0.0592}$$

$$=[0.34-(-0.76)]\times\frac{2}{0.0592}=37.162$$

$K^{\ominus}=\frac{c(Zn^{2+})}{c(Cu^{2+})}=1.452\times10^{37}$　因为反应很完全，$c(Zn^{2+})\approx0.10\ mol\cdot L^{-1}$

$$c(Cu^{2+})=c(Zn^{2+})/(1.452\times10^{37})=0.10/(1.452\times10^{37})\times=6.89\times10^{-39}mol\cdot L^{-1}$$

解析：$CuSO_4$ 溶液中投入足够的 Zn 粒，生成 Zn^{2+} 和 Cu，随着反应的进行，Zn^{2+} 浓度不断增加，$E(Zn^{2+}/Zn)$ 也不断升高，Cu^{2+} 浓度不断减小，$E(Cu^{2+}/Cu)$ 也不断降低，总会达到两者相等的时候，这时就达到了化学平衡，代入能斯特方程式可求出浓度比；因该反应的 $\Delta E^{\ominus}$ 为 1.1V，平衡时反应已很完全，故 $c(Zn^{2+})\approx0.10\ mol\cdot L^{-1}$，然后根据浓度比求出 $c(Cu^{2+})$，虽然 $c(Cu^{2+})$ 很小，但不能认为是 0。

本题也可以用平衡常数与标准电动势的关系式直接求解，

$$\lg K^{\ominus}=\frac{nE^{\ominus}(\text{电动势})}{0.0592}=\frac{n[E^{\ominus}(Cu^{2+}/Cu)-E^{\ominus}(Zn^{2+}/Zn)]}{0.0592}$$

$$=\frac{2[0.34-(-0.76)]}{0.0592}=37.162$$

$K^{\ominus}=\frac{c(Zn^{2+})}{c(Cu^{2+})}=1.452\times10^{37}$，与上述结果一样。

11. 解 电极反应为：$MnO_2(s)+4H^+(aq)+2e^-\longrightarrow Mn^{2+}(aq)+2H_2O(l)$

$$2Cl^-(aq)-2e^-\longrightarrow Cl_2(g)$$

(1) 在标准状态下，电动势

$$E=E^{\ominus}(MnO_2/Mn^{2+})-E^{\ominus}(Cl_2/Cl^-)=1.23-1.36=-0.13<0$$

该反应不能发生。

(2) 要使该反应发生 $E(MnO_2/Mn^{2+})\geqslant E(Cl_2/Cl^-)$ 即

$$E^{\ominus}(MnO_2/Mn^{2+})+\frac{0.0592}{2}\lg\frac{c^4(H^+)}{c(Mn^{2+})}\geqslant E^{\ominus}(Cl_2/Cl^-)+\frac{0.0592}{2}\lg\frac{p(Cl_2)/p^{\ominus}}{c^2(Cl^-)}$$

为方便起见，假设 $c(Mn^{2+})=1.0\ mol\cdot L^{-1}$，$p(Cl_2)=100kPa$，设 $c(HCl)=x mol\cdot L^{-1}$

则 $$E^{\ominus}(MnO_2/Mn^{2+})+\frac{0.0592}{2}\lg x^4\geqslant E^{\ominus}(Cl_2/Cl^-)+\frac{0.0592}{2}\lg x^{-2}$$

$$\lg x\geqslant[E^{\ominus}(Cl_2/Cl^-)-E^{\ominus}(MnO_2/Mn^{2+})]\times\frac{1}{3\times0.0592}$$

$$=(1.36-1.23)\times\frac{1}{3\times0.0592}=0.732$$

$$c(HCl)=x=5.39mol\cdot L^{-1}$$

解析：对于有 H^+ 参与的电极半反应，由于 H^+ 浓度也列入能斯特方程式，而且常有较高的指数，故 H^+ 浓度的改变对电极电势影响较大。本题中在标准态时，即 $c(H^+)=c(Cl^-)=1.0\ mol\cdot L^{-1}$时，$E^{\ominus}(MnO_2/Mn^{2+})<E^{\ominus}(Cl_2/Cl^-)$，所述化学反应不能进行，$c(HCl)$ 增加后，$c(H^+)$ 和 $c(Cl^-)$ 均增加，由能斯特方程式可知，$E(MnO_2/Mn^{2+})$ 升高，$E(Cl_2/Cl^-)$ 降低，两者相等时，反应可开始进行，但要维持反应，$c(HCl)$ 要增加到比反应平衡或开始进行时要高。

12. 解 $$(1)pH=pH_s+\frac{E-E_s}{0.0592}=6.0+\frac{0.231-0.350}{0.0592}=4.0$$

$$c(H^+)=1.0\times10^{-4}mol\cdot L^{-1}$$

$$(2)\ K_a^{\ominus}=\frac{c(H^+)c(A^-)}{c(HA)}\approx\frac{c^2(H^+)}{c(HA)-c(H^+)}=\frac{(1.0\times10^{-4})^2}{0.010-1.0\times10^{-4}}=1.0\times10^{-6}$$

解析：本题就是用玻璃电极测溶液 pH 的常用方法。可推导如下：

电极反应为$\frac{1}{2}H_2(p^{\ominus})+e^-\rightleftharpoons H^+(aq)$

在氢气处于标准态时，$E(H^+/H_2)=E^{\ominus}(H^+/H_2)+0.0592\lg c(H^+)=0-[-0.0592\times\lg c(H^+)]=-0.0592pH$

用标准缓冲溶液时，$E_s=E^{\ominus}(Hg_2Cl_2/Hg)-E(H^+/H_2)=E^{\ominus}(Hg_2Cl_2/Hg)+0.0592pH_s$

$$E^{\ominus}(Hg_2Cl_2/Hg) = E_s - 0.0592pH_s$$

测样品溶液时，同样 $E = E^{\ominus}(Hg_2Cl_2/Hg) - E(H^+/H_2) = E^{\ominus}(Hg_2Cl_2/Hg) + 0.0592pH$

$$E^{\ominus}(Hg_2Cl_2/Hg) = E - 0.0592pH$$

得

$$E_s - 0.0592pH_s = E - 0.0592pH$$

$$pH = pH_s + \frac{E - E_s}{0.0592}$$

其中 E_s、pH_s 分别为标准缓冲溶液时的电动势和 pH，测定中没有用到 $E^{\ominus}(Hg_2Cl_2/Hg)$ 的数值，这样就避免了不同甘汞电极稍有不同等误差。从测到的 pH 值求出 $c(H^+)$，然后很容易计算 $K_a^{\ominus}$。

13. 解 99%以上的 Br^- 被 MnO_4^- 氧化达平衡时，溶液中有关离子浓度为

$$2MnO_4^-(aq) + 10Br^-(aq) + 16H^+(aq) = 2Mn^{2+} + 8H_2O + 5Br_2(l)$$

	MnO_4^-	Br^-	H^+	Mn^{2+}
变化浓度/ $mol \cdot L^{-1}$	1/5×99%	1×99%	1.6×99%	1/5×99%
平衡浓度/ $mol \cdot L^{-1}$	0.802	0.01		1.198

此时 $E(Br^-/Br_2) = E^{\ominus}(Br^-/Br_2) + \frac{0.0592}{2}\lg\frac{1}{c^2(Br^-)} = 1.08 - \frac{0.0592}{2}\lg(0.01)^2 = 1.20V$

$$E(MnO_4^-/Mn^{2+}) = E^{\ominus}(MnO_4^-/Mn^{2+}) + \frac{0.0592}{5}\lg\frac{c(MnO_4^-)c^8(H^+)}{c(Mn^{2+})}$$

$$= 1.51 + \frac{0.0592}{5}\lg\frac{0.802 \times c^8(H^+)}{1.198}$$

此时

$$E(Br^-/Br_2) = E(MnO_4^-/Mn^{2+})$$

$$1.20 = 1.51 + \frac{0.0592}{5}\lg\frac{0.802 \times c^8(H^+)}{1.198}$$

解得 $c(H^+) = 5.07 \times 10^{-4} mol \cdot L^{-1}$ $pH = 3.29$

即 $pH < 3.29$ 时，MnO_4^- 可氧化99%以上的 Br^-。

同理，MnO_4^- 不氧化 Cl^- 的 pH 为

$$1.36 = 1.51 + \frac{0.0592}{5}\lg\frac{0.802 \times c^8(H^+)}{1.198}$$

解得 $pH = 1.56$

即 $pH > 1.56$ 时，MnO_4^- 不氧化 Cl^-。所以，pH 应控制在 1.56～3.29 之间。

解析：随着反应的进行，氧化电对和还原电对的电极电势会因氧化剂和还原剂的消耗会此消彼长，另外，H^+ 浓度对氧化电对电极电势也有较大影响，这一切都能在能斯特方程式中体现，把有关浓度（如需要反应一定百分比时达平衡的浓度）代入能斯特方程式中，平衡时（即两电极电势相等时）的 H^+ 浓度即可求出。本题反应中 H^+ 在不断地消耗，要及时补充使 pH 在 1.56～3.29 之间，也不能加入太多，否则会同时氧化 Cl^-。

14. 解 根据所给电极电势，可画出 Fe 的电极电势图：

$$Fe^{3+}\frac{0.771V}{n_1=1}Fe^{2+}\frac{?}{n_2=2}Fe$$

$$n_3E^{\ominus}(Fe^{3+}/Fe)=n_1E^{\ominus}(Fe^{3+}/Fe^{2+})+n_2E^{\ominus}(Fe^{2+}/Fe)$$

$$E^{\ominus}(Fe^{2+}/Fe)=\frac{n_3E^{\ominus}(Fe^{3+}/Fe)-n_1E(Fe^{3+}/Fe^{2+})}{n_2}$$

$$=\frac{3\times(-0.037)-0.771}{2}=-0.44V$$

标准电动势 $E^{\ominus}=E^{\ominus}(Fe^{3+}/Fe^{2+})-E^{\ominus}(Fe^{2+}/Fe)=0.771-(-0.44)=1.21V$

$$\lg K^{\ominus}=\frac{nE^{\ominus}}{0.0592}=\frac{2\times1.21}{0.0592}=40.88$$

$$K^{\ominus}=7.56\times10^{40}$$

解析：求反应 $2Fe^{3+}+Fe \rightleftharpoons 3Fe^{2+}$ 的标准平衡常数，可将反应看作电池反应，并将电池反应设计成相应的两个半电池反应。根据已知电对的标准电极电势（或元素的电极电势图），得出两个半电池的标准电极电势和标准电动势，代入公式求出平衡常数。求平衡常数公式中的 n 指乘最小公倍数后电池反应中转移的电子数。

第五章　物质结构基础

中　学　链　接

1. 原子结构

（1）原子核

① 原子的构成：原子核（带正电），核外电子（带负电）

原子序数＝核电荷数＝核内质子数＝核外电子数

② 原子核：体积极小，只占原子体积几千亿分之一，但几乎集中了整个原子的质量。

③ 元素：具有相同核电荷数（质子数）的一类原子。质子数相同，化学性质完全相同，若中子数不同，则为同位素。

④ 质量数（A）＝质子数（Z）＋中子数（N）

⑤ 原子量：原子的相对质量＝$\dfrac{\text{一个原子的质量}}{1\text{个}^{12}C\text{的质量}\times 1/12}$

平均原子量＝$\sum$同位素的质量数×同位素原子个数百分比

（2）核外电子运动状态——电子云　电子质量极小，为质子质量的 1/1840，运动速度快，有微观粒子运动的特性。

电子云：用小黑点的疏密来形象地描述电子在核外不同位置上出现机会的一种图像。

① 核外电子分层排布

a. 电子层：决定电子离核远近和电子的能量；取值范围为自然数。

b. 电子亚层：同一层上电子间运动角度方向不同，能量（除氢原子）也有不同。

② 核外电子排布规律

a. 能量最低原理：电子优先进入低能量原子轨道。

b. 泡利不相容原理：每个原子轨道中最多有 2 个电子，且自旋相反。

c. 洪特规则：分占能量相同的不同轨道、自旋相同时体系能量较低。

2. 化学键与晶体结构

（1）离子键　原子间通过得失电子而形成的阴、阳离子之间的强烈相互作用。

（2）离子晶体　阴、阳离子间通过离子键相互结合而成的晶体叫离子晶体。

（3）共价键　原子间通过共用电子对（电子云重叠）所形成的化学键叫共价键。极性键与非极性键，极性分子与非极性分子。

（4）分子晶体　微粒（分子）间以分子间作用力结合而成的晶体叫分子晶体。

（5）原子晶体　微粒（原子）间以共价键相互作用结合而成的晶体叫原子晶体。

（6）金属键与金属晶体

① 金属键：金属阳离子与自由电子间存在的相互作用力叫金属键。

② 金属晶体：微粒（金属阳离子与自由电子）间通过金属键形成的晶体叫金属晶体。

3. 元素周期律和元素周期表

（1）元素周期律

① 核外电子排布呈周期性变化：随着核电荷数的增加，最外层电子数从 1 个到 8 个（第一周期 2 个）不断重复。

② 原子半径呈周期性变化：同一周期，从左到右，随着核电荷数的增加，原子半径逐渐减小。

③ 元素主要化合价呈周期性变化：同一周期，从左到右，随着核电荷数的增加，最高正化合价逐渐增加，负化合价逐渐减小。

④ 元素的得失电子能力呈周期性变化：同一周期，从左到右，随着核电荷数的增加，失电子能力逐渐减弱，得电子能力逐渐增加。

（2）元素周期表

① 电子层数相同的原子为同一周期元素，最外层电子数相同的原子为同一族（主族）。

② 元素原子的电子层数就是周期数，原子最外层电子数就是族数（主族）。

基 本 要 求

1. 原子结构

① 四个量子数的名称、符号、取值和意义。

② 原子轨道、概率密度、电子云等概念，s、p、d 原子轨道与电子云的形状和空间伸展方向。

③ 多电子原子轨道近似能级图和核外电子排布规律。

④ 各类元素的电子层结构特征，原子结构与在周期表位置的对应关系。

2. 分子结构与晶体结构

① 离子键及其特征、离子晶体及其特性。

② 共价键的形成、特点、类型及分子几何构型（包括键能、键长、键角、键的极性等键参数），原子晶体的特性。

③ 杂化轨道理论及其应用。

④ 分子轨道理论的要点，根据该理论描述简单同核双原子分子的键合状况。

⑤ 分子间作用力的类型、特点，氢键，分子晶体的特性。

知 识 要 点

一、原子结构

1. 波尔理论与薛定谔方程

① 波尔认识到氢原子的线状光谱与氢原子结构的关系，提出了原子能级的概念。波尔模型认为，电子只能在若干圆形轨道上绕核运动，该轨道要符合量子化条件，即轨道间的角动量 L 只能是 $h/(2\pi)$ 的整数倍。

$$L=mvr=n\frac{h}{2\pi},\ \Delta E=h\nu$$

波尔理论成功地解释了氢原子和其它类氢离子的光谱。

② 薛定谔方程就是用波函数 Ψ 描述电子运动状态，求出的解 Ψ，根据 Ψ 描述的空间图形就是原子轨道。

2. 量子数

在解薛定谔方程过程中引入了三个参数 n、l 和 m，称为量子数，它是量子力学中描述电子运动的物理量。Ψ 的具体表达式与主量子数 n、角量子数 l、磁量子数 m 有关。当这三个量子数的各自数值一定时，Ψ 的表达式即原子轨道也随之确定。

（1）主量子数 n　n 的取值范围是 1，2，3，4… 即正整数。它是决定电子平均离核远近和原子轨道能级高低的主要量子数。n 值越大，则电子平均离核越远，原子轨道能量越高。

（2）角量子数 l　l 是决定电子运动角动量的，它说明原子中电子运动的角动量是量子化的。它决定了电子在空间的角度分布与电子云的形状。l 的取值范围是 0，1，2，3，$(n-1)$…显然，l 的取值受到 n 值的限制。

（3）磁量子数 m　m 表示原子轨道在空间的不同取向，取值范围为 0，±1，±2，±3，…，$\pm l$，共可取（$2n+1$）个数值。

（4）自旋最子数 m_s　m_s 是决定电子自旋运动状态的量子数，m_s 可取两个值：$+1/2$ 和 $-1/2$，对应的有两种电子自旋状态。

3. 波函数、原子轨道和电子云

（1）波函数和原子轨道　波函数 Ψ 是以直角坐标（x，y，z）或球坐标（r，θ，ϕ）为自变量的函数，对应于一组 n，l，m，就有一个波函数 Ψ，它代表一种电子运动状态，称为一个原子轨道。

（2）电子云　波函数 Ψ 没有直观的物理量与之对应，但是 $|\Psi|^2$ 与电子在空间出现的概率密度（即在空间某点单位体积内电子出现的概率）成正比。为了直观起见，可用黑点的疏密程度表示电子出现概率密度的大小，这种以黑点疏密程度来表示电子出现概率密度分布的图形叫电子云。

4. 核外电子排布

① Pauli 不相容原理。

② 最低能量原理：由于钻穿效应，有能级交叉，$E=n+0.7l$。

③ Hund 规则及其特例：在等价轨道上，电子总是尽量先分占不同的轨道且自旋平行。等价轨道处于全充满（p^6、d^{10}、f^{14}）、半充满（p^3、d^5、f^7）或全空（p^0、d^0、f^0）的状态时，体系比较稳定。

二、原子的电子层结构和元素周期律

1. 原子的电子层结构与元素周期表关系

① 由原子最外层的主量子数可知该元素所在的周期数。

② 各周期中元素的数目等于对应能级组中原子轨道所能容纳的最多电子数。

③ 周期表中性质相似的元素排成一列，称为族，分主族（价电子构型 $ns^{1\sim2}np^{0\sim6}$）和副族[价电子构型 $ns^{1\sim2}(n_{-2})f^{0\sim14}(n_{-1})d^{0\sim10}np^0$]。

④ 周期表中同一族元素的电子层数虽然不同，但它们的价电子构型相同。对主族来说，族数就是最外层电子数，对副族而言，族数就是价电子数（除ⅠB族、ⅡB族和Ⅷ族）。

2. 元素性质的周期性

元素的基本性质，如有效核电荷、原子半径、电离能、电子亲和能、电负性等，都与原子的结构密切相关，因而也呈现明显的周期性变化。

（1）有效核电荷　核对最外层电子的净作用力。

元素的化学性质主要取决于原子最外层电子。在短周期中元素从左到右，随着核电荷数的增加，有效核电荷数也逐渐增加（由于屏蔽效应增加较缓慢）。同一族元素，从上到下，相邻元素增加一个电子层，由于屏蔽效应较大有效核电荷数增加缓慢。

(2) 原子半径　相邻原子核间距离的一半（根据原子间结合力的不同有共价半径、金属半径和范德华半径）。

同一周期中，从左到右，原子半径逐渐减小；同一族中，从上到下，原子半径增大；副族元素中变化幅度较小。

(3) 元素的电离能　气态原子失去电子的能力。

同一周期中，从左到右，元素的第一电离能逐渐增大；同一族中，从上到下，元素的第一电离能逐渐减小；副族元素变化不明显。

(4) 电子亲和能　气态原子得电子能力。

同一周期中，从左到右，元素的第一电子亲和能逐渐增大（负值增大）；同一族中，从上到下，元素的电子亲和能逐渐减小（负值减小）。

(5) 元素的电负性　原子在分子中吸引电子的能力。

同一周期中，从左到右，元素的电负性逐渐增大，非金属性逐渐增强；同一族中，从上到下，元素的电负性逐渐减小，非金属性逐渐减弱；副族元素变化不明显。

三、分子结构基础

1. 离子键

(1) 离子键本质　离子键本质是阴、阳离子间库伦静电作用力，其强弱与元素的电负性之差，离子半径和离子电荷数有关，电负性之差越大、离子半径越小、离子所带电荷越多、离子键越强。离子键的特点是无方向性和无饱和性。

(2) 离子半径变化规律

① 同一周期主族元素离子半径从左到右依次减小。

例如：$r(Na^+)>r(Mg^{2+})>r(Al^{3+})$ $r(P^{3-})>r(S^{2-})>r(Cl^-)$

② 同一主族，从上到下，电荷数相同的离子半径依次增大。

例如：$r(Na^+)<r(K^+)<r(Rb^+)$

③ 同一元素不同价态的阳离子，所带电荷数越多半径越小。

例如：$r(Fe^{2+})>r(Fe^{3+})$$r(Cu^+)>r(Cu^{2+})$

④ 核外电子数相同的离子，核电荷数越大，半径越小。

例如：$r(S^{2-})>r(Cl^-)>r(K^+)>r(Ca^{2+})$

2. 现代价键理论

(1) 要点　两原子自旋方向相反的单电子相互接近时能量降低，可形成稳定的共价键。两原子间轨道重叠越多，形成的共价键越牢固。

(2) 特点和类型

① 特点　饱和性：一个原子有几个未成对电子（包括激发后形成的），就可和几个自旋相反的电子配对成键。方向性：共价键尽可能沿着原子轨道重叠最大的方向形成，即最大重叠原理。

② 类型　σ键：以“头碰头”的方式重叠，轨道重叠部分沿键轴呈圆柱形对称。π键：以“肩并肩”的方式平行重叠，轨道重叠部分是呈镜面反对称的垂直于键轴。

两原子间第一根键（或单键）是σ键，两原子间有多重键时，其中一根是σ键，其余是π键（这里不考虑δ键）。

(3) 轨道杂化理论

① 要点　同一原子中能量相近的轨道，在成键过程中形成轨道总数不变的新轨道，以增强成键能力。

② 类型与实例　现列表如下

杂化类型	sp	sp^2	sp^3	不等性 sp^3
参与杂化的原轨道	1个s，1个p	1个s，2个p	1个s，3个p	1个s，3个p
杂化轨道数	2	3	4	4
杂化轨道间夹角	180°	120°	109°28′	<109°28′
空间构型	直线形	平面正三角形	正四面体	“V”形或三角锥形
实例	$BeCl_2$，C_2H_2	BF_3，C_2H_4	CH_4，$SiCl_4$	H_2O，NH_3

3. 价层电子对互斥理论

（1）要点

① 分子或离子的空间构型取决于中心原子周围的价层电子数。

② 价电子对尽可能彼此远离，使它们之间斥力最小。

（2）通常的对称结构

价层电子对数	2	3	4	5	6
电子对空间构型	直线形	平面正三角形	四面体	三角双锥	八面体

4. 分子轨道理论

（1）要点

① 分子轨道由原子轨道通过线性组合而成，成键轨道能量低于原轨道，反键轨道能量高于原轨道，轨道总数不变。

② 原子轨道组合应符合三原则：能量近似原则、原子轨道最大重叠原则和轨道对称匹配原则。

③ 电子在各分子轨道中的排布，遵守原子轨道中电子排布三原则；在分子轨道中用键级表示键的牢固程度。一般来说，键级越高，键越牢固；键级为零，则表明原子间不可能结合成分子。

（2）同核双原子分子的分子轨道理论结构　选择好分子轨道的能级顺序，将同核双原子分子的电子按核外电子排布三原则依次填入相应的分子轨道，写出分子轨道式。根据分子轨道式中外层电子的排布情况分析分子中的化学键。分子轨道中有单电子的分子具有顺磁性，无单电子的则具有反磁性。

5. 分子间作用力和氢键

（1）极性分子与非极性分子　凡分子的正、负电荷重心重合，不产生偶极，称为非极性分子。若分子的正、负电荷重心不重合，分子中有“+”和“−”极，即产生偶极，称为极性分子。

（2）分子间作用力（又称范德华力）

① 取向力　极性分子固有偶极间的作用力，只存在于极性分子之间。

② 诱导力　固有偶极和诱导偶极间的作用力，存在于极性分子和非极性分子之间，极性分子间也有诱导力。

③色散力　瞬时偶极间的作用力，存在于一切分子间。

（3）氢键

① 氢键的形成　当氢原子与电负性大的 X 原子（如 N、O、F）以极性共价键结合时，

共用电子对强烈的偏向X原子，原只有一个电子的H原子几乎成了“裸露”的质子，由于其半径特小，正电荷密度大，还能吸引另一电负性大、半径小的Y原子（X、Y原子可以相同，也可以不同）中的孤对电子而形成氢键X－H…Y。

② 对物质性质的影响　分子间有氢键的物质的熔点、沸点和汽化热比同系列氢化物要高。有氢键的液体一般黏度较大，由于氢键易发生缔合现象，从而影响液体的密度；另外，氢键的存在使其在水中的溶解度大为增加。

四、晶体结构

根据组成晶体的质点种类及粒子间作用力的不同，可将晶体分为离子晶体、原子晶体、金属晶体和分子晶体，还有些物质属于混合型晶体。

晶体类型	离子晶体	原子晶体	分子晶体	金属晶体
晶格质点	阴、阳离子	原子	分子	金属阳离子，自由电子
粒子间作用力	离子键	共价键	范德华力	金属键
熔点	较高	高	低	一般较高
硬度	较大	大	小	一般较大
导电性	固体不导电	不导电	不导电	良好
示例	NaCl，CaO	金刚石，硅	干冰，碘	Cu，Ag，Na

习　题

一、判断题

1. 原子中某电子的符合量子化条件的波函数 Ψ 代表了该电子可能的空间运动状态，每种状态可视为一个原子轨道。（　）

2. 原子轨道波函数的具体形式代表了电子的完整运动状态。（　）

3. 不同原子的原子光谱不同，主要是因为原子核内的复杂程度不同而引起的。（　）

4. 因为氢原子只有一个电子，所以它只有一条原子轨道。（　）

5. 在氢原子和类氢离子中，电子的能量只取决于主量子数 n。（　）

6. M电子层原子轨道的主量子数都等于3。（　）

7. s电子在球面轨道上运动，p电子在双球面轨道上运动。（　）

8. 在波函数 Ψ 的角度分布图中，负值部分表示电子在此区域内不出现。（　）

9. p轨道的空间构型为双球形，每一个球形代表一条原子轨道。（　）

10. 同一亚层中不同的磁量子数 m 表示不同的原子轨道，因此，它们的能量也不相同。（　）

11. s区元素原子丢失最外层的s电子得到相应的离子，d区元素原子丢失最高能级的d电子得到相应的离子。（　）

12. 原子的外层电子所处的能级的能量越高，该电子的电离能越大。（　）

13. 第三周期元素，Na-Mg-Al-Si-P-S-Cl-Ar的电离能都是逐渐增大的。（　）

14. 离子化合物中，原子间的化学键也有共价键。（　）

15. s电子与s电子间配对形成的共价键一定是 σ 键，p电子与p电子间配对形成的化学键一定是 π 键。（　）

16. 按价键理论，π 键不能单独存在，在共价双键或叁键中只能有一个 σ 键。（　　）

17. 一般说来，σ 键比 π 键的键能大。（　　）

18. 轨道杂化时，同一原子中所有的原子轨道都参与杂化。（　　）

19. 杂化轨道的几何构型决定了分子的几何构型。（　　）

20. sp^2 杂化轨道是由 1s 原子轨道和 2p 原子轨道杂化的结果。（　　）

21. 键的极性越强，键能就越大。（　　）

22. 两原子间形成的同型共价键键长越短，共价键就越牢固。（　　）

23. 偶极分子中一定有极性键存在，有极性键的分子不一定是偶极分子。（　　）

24. 色散力只存在于非极性分子之间。（　　）

25. 非金属元素间的化合物为分子晶体 。（　　）

26. O_2^+ 的键级是 2.5，O_2 的键级是 2.0，单从氧原子之间的结合来说，O_2^+ 比 O_2 稳定。（　　）

27. 稀有气体分子由单个原子构成，低温凝固后形成的晶体属于原子晶体。（　　）

28. 同类分子（结构相似的分子晶体）的分子量越大，分子间的作用力也越大。（　　）

29. 所有含氢化合物之间都存在氢键。（　　）

30. H_2O 的熔点比 HF 高，说明 O—H…O 氢键的键能比 F—H…F 氢键的键能大。（　　）

二、选择题

1. 同种元素的原子具有相同的（　　）。

A. 质子数　　B. 中子数　　C. 质量数　　D. 原子质量

2. 硼有两种同位素：$^{5}_{10}B$ 和 $^{5}_{11}B$，硼的相对原子质量为 10.8，则 $^{5}_{10}B$ 和 $^{5}_{11}B$ 的原子个数比是（　　）。

A. 1∶3　　B. 1∶4　　C. 1∶2　　D. 1∶5

3. 波尔原子模型能够很好地解释（　　）。

A. 多电子原子光谱　　B. 原子光谱在磁场中的分裂

C. 氢原子光谱的成因和规律　　D. 原子光谱线的强度

4. 下列各组中，互为同位素的是（　　）。

A. 金刚石，石墨　　B. $^{16}_{8}O$，$^{17}_{8}O$　　C. H_2O，H_2D　　D. 白磷，红磷

5. 不同原子的光谱（　　）。

A. 都是连续光谱　　B. 都是不连续光谱

C. 仅仅波长不同　　D. 都是一些孤立的暗色线条

6. 量子力学中所说的原子轨道是指（　　）。

A. 波函数 Ψ_{n,l,m,m_s}　　B. 电子云　　C. 波函数 $\Psi_{n,l,m}$　　D. 概率密度

7. 能够表示电子核外运动概率密度的是（　　）。

A. 波函数 Ψ　　B. 波函数平方 $|\Psi|^2$

C. 原子轨道的径向分布　　D. 原子轨道的角度分布

8. 在下面关于原子轨道角度分布图节面的说法中，正确的是（　　）。

A. Y_s 有 1 个节面　　B. Y_{p_y} 的节面是 xz 平面

C. Y_{p_y} 的节面是 yz 平面　　D. Y_{p_y} 的节面是 xy 平面

9. 电子所以能维持在原子核周围运动而不脱离原子核，主要是由于（　　）

A. 库仑引力　　B. 电子的波动性　C. 电子自旋　　D. 三种原因都有

10. 下列电子的量子数合理的是（　　）。

A. （3，0，－1，＋1/2）　　B. （3，0，0，＋1/2）

C. （3，1，2，－1/2）　　D. （3，2，－2，1）

11. 能够表示3p电子运动状态的一组量子数中错误的是（　　）。

A. （3，1，－1，＋1/2）　　B. （3，1，1，－1/2）

C. （3，0，0，＋1/2）　　D. （3，1，0，－1/2）

12. 在多电子原子中，具有如下量子数的电子，能量最高的是（　　）。

A. （6，0，0，－1/2）　　B. （4，3，－2，＋1/2）

C. （5，2，2，－1/2）　　D. （5，1，0，＋1/2）

13. 下列基态原子的电子排布式中，不正确的是（　　）。

A. $1s^2 2s^2 2p_x^2 2p_y^1 2p_z^1$　　B. $1s^2 2s^2 2p_x^1 2p_y^2 2p_z^1$

C. $1s^2 2s^2 2p_x^1 2p_y^1 2p_z^2$　　D. $1s^2 2s^2 2p_x^2 2p_y^2 2p_z^0$

14. 在下列关于电子亚层的说法中，正确的是（　　）。

A. p亚层有一个轨道　　B. 同一亚层的各轨道是简并的

C. 同一亚层的电子运动状态相同　　D. d亚层全充满的元素属金属

15. 在具有下列电子构型的原子中，属于激发态的是（　　）

A. $1s^2 2s^2 p^1$　　B. $1s^2 2s^2$　　C. $1s^2 2s^2 2p^5$

D. $1s^2 2s^2 2p^6 3s^2 3p^6 3d^4 4s^2$

16. 某元素的基态原子的最外层电子构型为 $ns^n np^{n+1}$，则该原子中未成对的电子数为（　　）。

A. 0　　B. 1　　C. 2　　D. 3

17. 在第四周期元素的基态原子中，未成对电子数最多为（　　）。

A. 3个　　B. 4个　　C. 5个　　D. 6个

18. 原子半径最接近下列哪一个值（　　）。

A. 1μm　　B. 0.1nm　　C. 1pm　　D. 1fm

19. 若发现第115号元素，则可确定它在周期表中的位置是（　　）。

A. 第七周期，ⅢA族　　B. 第七周期，ⅤB族

C. 第七周期，ⅤA族　　D. 难以确定

20. 某原子的基态电子组态是［Xe］$4f^{14}5d^{10}6s^2$，该元素属于（　　）。

A. 第六周期，ⅡB族，ds区　　B. 第六周期，ⅡB族，p区

C. 第六周期，ⅡB族，f区　　D. 第六周期，ⅡB族，d区

21. 如果第七周期元素填满，则第七周期的元素数目应为（　　）

A. 50　　B. 32　　C. 18　　D. 8

22. 下列元素第一电离能最大的是（　　）。

A. N　　B. O　　C. P　　D. S

23. 下列元素原子半径递变规律正确的是（　　）。

A. K＞Ca＞Mg＞Al　　B. Ca＞K＞Al＞Mg

C. Al＞Mg＞Ca＞K　　D. Mg＞Al＞K＞Ca

24. 主族元素A、B、C中A、B的阳离子与C的阴离子具有相同的电子层结构，且B的离子半径大于A的离子半径，此三元素原子序数间的关系为（　　）。

A. A>B>C　B. A<B<C　C. B>A>C　D. B>C>A

25. 下列元素中，原子半径最接近的一组是（　　）。

A. Be，Mg，Ca，Sr　B. B，C，N，O　C. Cr，Mn，Fe，Co　D. F，Cl，Br，I

26. 下列基态原子中，第一电离能排列顺序正确的是（　　）。

A. C>N>O>F　B. F>O>N>C　C. I>Br>Cl>F　D. F>Cl>Br>I

27. 下列各组物质性质的比较中正确的是（　　）。

A. 热稳定性：$PH_3<SiH_4<NH_3<H_2O$　B. 酸性：$HNO_3<H_3PO_4<H_2SO_4<HClO_4$

C. 酸性：$NH_3<H_2O<HF<HCl$　D. 熔点：Al>Na>Mg>K

28. 对于基态原子的外层轨道的能量，存在 $E_{3d}>E_{4s}$，这是因为（　　）。

A. 屏蔽效应　B. 钻穿效应　C. 能量最低原理　D. A 和 C

29. 原子轨道沿两核连线以“肩并肩”方式进行重叠的是（　　）。

A. σ 键　B. 氢键　C. π 键　D. 离子键

30. 若以键轴为 x 轴，下列各组中的两个原子轨道能组合成 π 分子轨道的是（　　）。

A. s－s　B. $s-p_x$　C. p_x-p_x　D. p_y-p_y

31. 下列分子中键有极性，分子也有极性的是（　　）。

A. CCl_4　B. CS_2　C. BF_3　D. NH_3

32. 下列化合物中，键的极性最小的是（　　）。

A. CH_4　B. NH_3　C. H_2O　D. HCl

33. 下列分子中，C 与 O 之间键长最短的是（　　）。

A. CO　B. CO_2　C. CO_3^{2-}　D. CH_3COOH

34. 下列气态氢化物中，分子偶极矩逐渐变小的顺序为（　　）。

A. HCl，HBr，HI，HF　B. HF，HCl，HBr，HI

C. HI，HBr，HCl，HF　D. HBr，HCl，HF，HI

35. 下列化合物中，分子间能形成氢键的是（　　）。

A. HCl　B. H_2S　C. CH_3OH　D. CH_2F_2

36. 根据分子轨道理论，O_2 的最高占有轨道是（　　）。

A. π2p　B. π* 2p　C. σ2p　D. σ* 2p

37. H_2S 分子的空间构型和中心离子的杂化方式分别为（　　）

A. 直线形，sp 杂化　B. V 形，sp^2 杂化

C. 直线形，sp^3d 杂化　D. V 形，sp^3 杂化

38. 下列化合物中，既存在离子键和共价键，又存在配位键的是（　　）。

A. NaOH　B. H_2S　C. NH_4F　D. $BaCl_2$

39. 根据价层电子互斥理论，SO_3^{2-} 的空间构型为（　　）。

A. T 形　B. 三角锥形　C. 正四面体形　D. V 形

40. 下列分子中，键级等于零的是（　　）。

A. O_2　B. F_2　C. N_2　D. Ne_2

41. 下列分子中具有反磁性的是（　　）

A. B_2　B. O_2　C. H_2^+　D. N_2

42. 下列分子或离子中，没有孤对电子的是（　　）。

A. H_2O　B. H_2S　C. NH_4^+　D. PCl_3

43. 现代价键理论无法解释其存在的物种是（　　）

A. CO_2　B. H_2^+　C. H_3O^+　D. CO

44. 下列分子中，空间构型不是直线形的是（　）。

A. CO　B. CO_2　C. H_2O　D. $HgCl_2$

45. 下列说法中错误的是（　）。

A. 杂化轨道有利于形成 σ 键　B. 杂化轨道均参加成键

C. 杂化后，更能满足"最大重叠"原理　D. 杂化后提高成键能力

46. 下列分子中键角最大的是（　）。

A. CO_2　B. PCl_3　C. $SiCl_4$　D. NH_3

47. 溴（Br_2）的沸点为 58.5℃，而 ICl 的沸点为 97.4℃，ICl 比 Br_2 沸点高的主要原因是（　）。

A. ICl 的分子量比 Br_2 大　B. ICl 为离子型化合物，而 Br_2 为共价型化合物

C. ICl 的蒸汽压比 Br_2 高　D. ICl 为极性分子，而 Br_2 为非极性分子

48. 下列物质按熔点升高顺序排列正确的是（　）。

A. $CaO>MgO>SiBr_4>SiCl_4$　B. $MgO>CaO>SiBr_4>SiCl_4$

C. $SiBr_4>MgO>CaO>SiCl_4$　D. $CaO>MgO>SiCl_4>SiBr_4$

49. 氨比甲烷易溶于水，其原因是（　）。

A. 相对分子质量的差别　B. 密度的差别　C. 氢键　D. 熔点的差别

50. 下列物质中无一定熔点的是（　）。

A. 食盐　B. 铜　C. 冰　D. 玻璃

51. 下列离子中，半径最大的是（　）。

A. Cl^-　B. K^+　C. S^{2-}　D. Ca^{2+}

52. 下列分子中，与 NH_4^+ 杂化类型相同的是（　）。

A. NH_3　B. SiF_4　C. CS_2　D. H_2O

53. 下列各种晶体中，含有简单的独立分子的晶体是（　）

A. 原子晶体　B. 离子晶体　C. 分子晶体　D. 金属晶体

54. 下列各晶体中，熔化时需要破坏共价键的是（　）。

A. 干冰　B. SiC　C. NaCl　D. 锌

55. 单质中不会出现的化学键是（　）。

A. 离子键　B. 金属键　C. 共价键　D. 非极性键

56. 主量子数 $n=4$，$m_s=+1/2$ 时，可容许的最多电子数为（　）。

A. 32　B. 8　C. 12　D. 16

57. 最外层上只有两个电子，其量子数为 $n=6$，$l=0$ 的元素不可能属于（　）。

A. d 区　B. s 区　C. f 区　D. p 区

58. 按电负性减小的顺序排列的是（　）。

A. K，Na，Li　B. F，O，N　C. As，P，N　D. 以上都是

59. 下列元素中，第一电子亲和能（负值）最大的是（　）。

A. 氟　B. 氧　C. 氯　D. 硫

60. NaCl 晶体中 Na^+ 和 Cl^- 周围都有 6 个相反离子按八面体形状排列的，解释这样的结构，可用（　）。

A. 杂化轨道　B. 键的极性　C. 离子半径大小　D. 离子电荷

三、填充题

1. 原子光谱是由于原子中的电子在__________时__________形成的。电子作为微观粒子，具有和其它微观粒子一样的共性是__________和__________。用于描述电子在核外运动的数学表达式叫做__________方程。对于一条确定的原子轨道需要用__________，__________，__________共__________个量子数来描述，而对于一个确定的电子还需要__________才能描述其运动状态。

2. 电子云的角度分布是用__________对__________作图，它表示了__________在不同时，电子出现的__________的变化。氢原子的径向分布函数用 $D(r)$ 表示，$D(r)\mathrm{d}r=R_{n,l}^2(r)\ 4\pi r^2\mathrm{d}r$。即概率＝概率密度×体积，以__________为纵指标，以__________为横指标作图，就得到氢原子的各种状态电子径向分布函数图，该图反映了氢原子的各种状态的电子出现的__________与__________的关系。

3. 下列事实与原子结构中的哪一部分有关？①元素在周期表中的排列顺序与__________有关；②元素的化学性质与__________有关；③元素在周期表中的周期数与__________有关；④元素在周期表中的族数与__________（或）__________有关。

4. 有三种元素的原子在 $n=4$ 的电子层上都只有一个电子，在次外层 $l=2$ 的轨道中的电子数分别为0、5、10。第一种原子是__________，位于周期表中第__________周期，第__________族，其核外电子排布式为__________；第二种原子是__________，位于周期表中第__________周期，第__________族，其核外电子排布式为__________；第三种原子是__________，位于周期表中第__________周期，第__________族，其核外电子排布式为__________。

5. 指出具有下列性质的元素（稀有气体除外）：原子半径最大的是__________，最小的是__________；电离能最大的是__________，最小的是__________；电负性最大的是__________，最小的是__________；电子亲和能最大的是__________。

6. 石墨为层状晶体，每一层中每个碳原子采用__________杂化方式以共价键相连。未杂化的__________轨道之间形成__________键，层与层之间靠__________相互连接在一起。

7. 填下列四表

（1）

原子序数	17			
电子构型		$1s^2 2s^2 2p^6$		
外围电子构型			$3d^5 4s^1$	
周期				4
族				ⅡB
元素符号				

（2）

分子式	中心原子杂化轨道类型	分子空间构型	键有无极性	分子有无极性	分子间作用力
CCl_4					
C_2H_2					
SO_2					
NH_3					

(3)

物质	Al	干冰	SiC	$BaSO_4$
晶体中的微粒				
微粒间作用力				
晶体类型				
熔点高低				
导电性				

(4) 用分子轨道理论填充下表

分子或离子	电子排布方式	单电子数	磁性(顺,逆)	键级
B_2				
O_2^+				
O_2^{2-}				

四、问答题

1. 波函数和原子轨道，电子在核外出现的概率，概率密度和电子云，径向波函数和角度波函数，它们的含义是什么？有何关系？

2. 为什么每个电子层最多只能容纳 $2n^2$ 个电子？

3. 为什么原子的最外电子层上最多只能有 8 个电子，次外层上最多只能有 18 个电子？

4. 解释下列现象。

(1) 为什么熔融 $AlBr_3$ 导电性能差，而它的水溶液能很好地导电？

(2) 在室温下，为什么水是液体而 H_2S 是气体？

(3) 邻羟基苯甲酸的熔点低于对羟基苯甲酸？

(4) BF_3 的偶极矩为零而 NF_3 的偶极矩不为零？

(5) C 和 Si 是同族元素，但通常情况下 CO_2 是气体，SiO_2 则是高熔点、高硬度晶体。

五、计算题

1. 设子弹的质量为 10g，速率为 $1000m \cdot s^{-1}$。电子的质量为 $9.1\times10^{-31}kg$，速率为 $7.28\times10^5\ m \cdot s^{-1}$。请根据德布路易关系式和测不准原理关系式，通过计算说明宏观物质和微观粒子的区别。(设速率测不准量均为 $\Delta v_x=1.0\times10^{-3}m \cdot s^{-1}$)

2. 当氢原子的一个电子从第二能级层跃迁至第一能级层时发射出光子的波长是 121.6 nm；当电子从第三能级层跃迁至第二能级层时，发射出光子的波长是 656.3 nm。问哪一个光子的能量高；问一个电子从第三能级层跃迁至第一能级层时发射出光子的频率和波长。

3. 氢原子光谱中可见光谱线波长 (nm) 的经验公式为

$$\lambda=\frac{364.6\times n^2}{n^2-4}$$

试计算：(1) 可见光区内，氢原子的最长和最短波长谱线的 λ (nm)；

(2) 可见光区内，氢原子光谱有多少条谱线。

答案与解析

一、判断题

1. (√) 解析：量子力学的原子轨道就是这样定义的。

2. (×) 解析：原子轨道波函数由三个量子数确定，一个电子的完整运动状态需四个量子数才能确定，即原子轨道确定后，还要确定电子在轨道中的自旋状态。

3. (×) 解析：原子光谱是核外电子在不同量子化的轨道上跃迁时放出能量引起的，轨道间的能量差决定光谱的数据，而原子轨道是根据核外电子在原子核的正电场中波动方程式求出的，与原子核内正电荷与核外电子有关，而与原子核内的中子数无关，如同位素的原子光谱相同，故原子核内的复杂程度不同对光谱不同不是主因。

4. (×) 解析：原子轨道是指原子核的正电荷电场能控制的核外电子运动波函数 Ψ 区域，只要有足够正电场，可以有许多原子轨道；氢原子也同样，虽然核外只有一个电子，但有许多轨道，电子常在这些轨道间跃迁放出特征光谱的几种光。

5. (√) 解析：氢原子和类氢离子的原子轨道是所有原子中最简单的一种，由于只有一个电子，只要考虑原子核与一个电子间的关系，而没有电子间的相互作用，电子的能量只与量子化的离核距离有关，即只与主量子数 n 有关。波尔用经典力学处理也得到了满意的结论。

6. (√) 解析：M 电子层就是第 3 电子层，该层中原子轨道为 3s，3p，3d，当然主量子数都等于 3。

7. (×) 解析：s 轨道球形和 p 轨道双球形是该轨道中电子在不同角度上的概率分布，即 s 轨道球形表示该轨道电子在各个角度上的分布是相等的，p 轨道双球形是指坐标原点到双球面某一点的距离与电子在该角度方向上（该直线与坐标轴夹角）的概率成正比，如 p_x 轨道，在 X 轴方向运动概率最大，在 YOZ 平面上的概率为零，称为节面。故不能认为 s 电子在球面轨道上运动，p 电子在双球面轨道上运动。

8. (×) 解析：在波函数 Ψ 的角度分布图中，正负值是根据量子力学计算得到的，它表示原子轨道的对称性，而与电子在此区域内是否出现无关。

9. (×) 解析：p 轨道的双球形是根据量子力学计算的，根据求出的波函数 Ψ 描绘出来的双球形是其中的一条轨道。

10. (×) 解析：同一亚层是指主量子数 n 和副量子数 l 均相同，根据轨道能量与 $(n+0.7l)$ 有关，故同一亚层中磁量子数 m 不同的原子轨道能量应相同，称等价轨道或简并轨道。

11. (×) 解析：对于 d 区元素原子，由于有较大的钻穿效应，即处于最外层的 s 电子有较多跑到离核较近区域的概率，使其能量低于次外层的 d 电子，但毕竟处于最外层，能跑到离核最远的区域，故 d 区元素原子首先丢失最外层的 s 电子得到相应的离子。其实，电子失去时能量按 $(n+0.4l)$ 顺序，这样，ns 电子能量高于 $(n-1)$ d 电子，电子首先失去。

12. (×) 解析：电离能是气态原子失去电子所需的能量，电子越易失去，所需能量越少，电离能越小，外层电子所处的能级的能量越高，越易失去，电离能越小。

13. (×) 解析：一般来说，同一周期，从左到右，电离能是逐渐增大的。但也有例外，对于 3s 全充满的 Mg 和 3p 半充满的 P，是处于稳定状态，要其失去电子，需要较多能量，故其电离能反而比在其右边的原子要大。

14. (√) 解析：离子化合物是由离子组成质点的物质，离子之间的化学键是离子键，若离子本身比较复杂，如 NH_4^+、NO_3^-、SO_4^{2-} 内部有共价键。

15. (×) 解析：s 电子与 s 电子间球形电子云间的重叠，在任何角度都是一样的，都是 σ 键，p 电子与 p 电子间的电子云若沿键轴方向重叠是“头碰头”，是 σ 键，如 Cl_2，O_2 中的一条键；p 电子与 p 电子间的电子云若沿与键轴垂直方向重叠，则是“肩并肩”，是 π 键，

如 O_2 中的另一共价键，N_2 中的其中两共价键也是 π 键。

16. (√) 解析：因 σ 键中电子云重叠较多，两原子成键时必首先以“头碰头”的方式形成稳定性较高的 σ 键，但“头碰头”后两原子的方向位置已固定，故“头碰头”的 σ 键只能有一次，余下的其它的电子云只能在侧面以“肩并肩”重叠。

17. (√) 解析：σ 键是以电子云重叠最大的“头碰头”方式成键，π 键是以电子云重叠较小、仅在上下两头以“肩并肩”方式成键，要拆开 σ 键所需能量高，故 σ 键比 π 键的键能大。

18. (×) 解析：轨道杂化时，只有能量相近的参与成键或与成键密切相关的外层原子轨道间才重组（即杂化），以提高成键能力。

19. (×) 解析：分子的几何构型是组成分子的原子核间的连线组成的图形（因现在只能测定原子核的位置）；只有与所有杂化轨道成键的原子是同一种原子时，杂化轨道的几何构型和分子的几何构型一致，如 CH_4 是正四面体，BF_3 是正三角形，$BeCl_2$ 是直线形；若与杂化轨道成键的原子不是同一种原子，或某些杂化轨道并不用来成键时（不等性杂化），杂化轨道的几何构型与分子的几何构型不一样，如 CH_3Cl 是变形四面体，NH_3 是三角锥形。

20. (×) 解析：杂化轨道符号上标是指该种轨道参与杂化的数目，并非原轨道的主量子数。如 sp^2 杂化轨道指有 1 条 s 轨道和 2 条 p 轨道参与杂化组成的。

21. (×) 解析：键的极性是指共用电子对偏移的程度，键能是拆开该共价键所需能量，两者是不同的，如 N_2 中的键无极性，但其键能却很大。

22. (√) 解析：同型共价键键长越短，两原子核靠得越近，则电子云重叠越多，共价键就越牢固。

23. (√) 解析：偶极分子就是极性分子，其内部电荷分布不均匀，而这不均匀是由于其内部不同原子电负性不同、吸引共用电子对能力不同引起的，也即有极性键；若分子几何构型高度对称，内部极性键引起的键的偶极相互抵消，这样即使键有极性，分子可以是非极性分子，如 CH_4、BF_3、$BeCl_2$ 等。

24. (×) 解析：色散力是由于核外电子云的负电荷重心与原子核的正电荷重心瞬间不重合形成的瞬时偶极间的作用力，任何分子的核外电子在不停地运动，都有瞬时偶极，所以任何分子间都有色散力存在。

25. (×) 解析：分子晶体指的是组成晶体的结构质点是分子，质点间作用力是范德华力；非金属元素可以通过质点间以共价键作用力组成原子晶体，如金刚石、石英等；另外非金属元素还可以以离子组成离子晶体，如 NH_4NO_3。

26. (√) 解析：氧原子之间的结合能力即键能，对于同型共价键应与键级有关，键级越大，键能越大，原子间结合能力越强。

27. (×) 解析：虽然结构质点是原子，但它们间的作用力是范德华力，具有熔点低的特征，所以应该是分子晶体。

28. (×) 解析：一般来说，同类分子（结构相似的分子晶体）的分子量越大，分子间的作用力也越大。但若分子间有氢键，其分子间作用力比无氢键的相似物质大，熔沸点高，如 H_2O 的熔沸点高于 H_2S。

29. (×) 解析：形成氢键时，H 原子一定要与电负性大、半径小的 X 原子（如 N、O、F）以极性共价键结合，共用电子对强烈地偏向 X 原子，H 原子由于半径特小、电荷密度大，还能吸引另一电负性大、半径小的 Y 原子（如 N、O、F）中的孤对电子而形成氢键

X—H…Y。若H原子并未与X原子（如N、O、F）形成共价键，则该含氢化合物间不存在氢键。

30.（×）解析：氢键键能是指拆开1mol X—H…Y所需能量，物质的熔点与总分子间作用力有关，H_2O中有2个H原子，能形成更多的氢键，表现在缔合度较大、分子间总作用力较大，故熔点较高。

二、选择题

1.（A）解析：不同元素的区别就在于质子数不同，元素的定义就是把质子数相同的原子归为一类，因只要质子数相同，原子的化学性质也相同。

2.（B）解析：平均相对原子质量为各种同位素的质量数乘摩尔分数之和；可设$^{5}_{10}B$的摩尔分数为x，$^{5}_{11}B$的摩尔分数为（$1-x$），$10\times x+11\times(1-x)=10.8$，$x=0.2$，$n(^{5}_{10}B):n(^{5}_{11}B)=0.2:(1-0.2)=1:4$。

3.（C）解析：波尔原子模型成功地解释氢原子光谱与氢原子轨道能级差的对应关系，使原子光谱成为探索原子结构的窗口，但波尔原子模型对多电子原子光谱不能说明。

4.（B）解析：A，D是同素异形体，C是两种同位素构成的不同分子，同位素指的是质子数相同的原子。

5.（B）解析：对多电子光谱数据波尔原子模型无法求出，但核外原子轨道是量子化的理论对所有原子都适合，故核外电子的跃迁都是在能量不连续的量子化轨道间进行，故不同原子的光谱都是不连续的。

6.（C）解析：n、l、m三个量子数确定后，就能求得波函数Ψ的合理解，图形也能描绘出来，这就是原子轨道；Ψ平方后就是概率密度或电子云；确定一条原子轨道不需要确定自旋量子数，在一条轨道中两种自旋量子数都可有，故A是错误的。

7.（B）解析：根据波动方程，其解的平方表示该处波的强度，对应于电子波就是电子在该处出现的概率密度。

8.（B）解析：Y_{p_y}指的是在立体坐标中伸展方向为y轴的p轨道，在xz平面上的概率分布为零，即xz平面是它的节面。

9.（A）解析：微粒间的吸引力，本质上都是电性引力，原子核带正电荷，吸引了带负电荷的电子使之不脱离原子核。

10.（B）解析：根据各种量子数的取值规定，磁量指数m的绝对值应不大于副量子数l，A和C取值错误，自旋量子数只能取1/2或−1/2，D不是，故只有B所取量子数均合理。

11.（C）解析：3p就是主量子数n为3，副量子数l为1，后面的量子数只要符合取值规定即可，故A、B、D均能表示3p电子，C是3s电子。

12.（C）解析：多电子原子中，电子能量按（$n+0.7l$）计，A、B、C、D的能量分别计算得6.0，6.1，6.4，5.7，故C能量最高。

13.（D）解析：按洪特规则，4个电子在3个2p轨道中先分占不同轨道，第4个电子再进入3个2p轨道中的任何一个，但不能先占满2个轨道而空出一个轨道，故D是错误的。

14.（B）解析：同一亚层意味着主量子数n和副量子数l均相同，故能量相同，是简并轨道；p亚层有三条轨道，电子运动伸展方向不同；第三周期后，p区非金属的d亚层是全充满的。

15.（D）解析：A、B、C中，电子排布均符合能量最低原理，处于基态，在D中，根据洪特规则关于半充满或全充满时能量低的特例，基态时的排布应为$1s^2 2s^2 2p^6 3s^2 3p^6 3d^5 4s^1$，故D属于激发态。

16. (D) 解析：基态时最外层电子构型为$ns^n np^{n+1}$，既然np有电子占据，ns^n肯定是已满的ns^2，即$n=2$，p轨道上的电子$n+1=3$个，而p轨道有3条，根据洪特规则，3个电子分占不同轨道，且自旋相同，未成对的电子数为3。

17. (D) 解析：第四周期元素开始有d轨道，若d轨道半充满就有5个未成对电子，若此时4s轨道也只有1个电子（根据洪特规则，这样分布能量低），所以未成对电子数最多可达6个。

18. (B) 解析：原子半径接近10^{-10}m，即0.1nm。

19. (C) 解析：115号元素的价电子构型为［Rn］$5f^{14}6d^{10}7s^2 7p^3$，可见，处于第七周期ⅤA族。对于电子在核外排布，简便方法为：原子序数减去其前一周期的稀有气体原子序数作为原子实，剩下的电子，在$(n-2)f(n-1)dnsnp$轨道按能量高低按ns，$(n-2)f$，$(n-1)d$，np顺序排布，根据价电子构型与在周期表中位置的关系指出在周期表中的位置。

20. (A) 解析：根据价电子构型与在周期表中位置的关系，原子的最外电子层数为6，故是第六周期，次外层d轨道已满，最外层s轨道2个电子，故为ⅡB族，ds区。

21. (B) 解析：第七周期的元素数目应为该能级组轨道全部充满电子的数目，即$5f^{14}6d^{10}7s^2 7p^6$，共有32个电子，有32种元素。

22. (A) 解析：同一周期中，从左到右，元素的电负性逐渐增大，同一族中，从上到下，元素的电负性逐渐减小；但在第二、第三周期，元素半充满或全充满时（Be、N、Mg、P），该原子的第一电离能大于右边的元素，故第一电离能最大的是N。

23. (A) 解析：根据同一周期，从左到右，半径逐渐减小，K＞Ca，Mg＞Al，又根据同一主族，从上到下，半径逐渐增大，Ca＞Mg，从而得出K＞Ca＞Mg＞Al。判断这类题目首先要理出所给元素在周期表中的相对位置，再根据规则得出结论。

24. (A) 解析：C的阴离子具有与A、B的阳离子相同的电子层结构，说明A、B在同一个周期，C在上一个周期，原子序数最小；B的离子半径大于A的，说明B的周期表位置在前A，故A＞B＞C。

25. (C) 解析：主族元素原子半径的变化比较明显，同一周期从左到右，每次递变10pm左右，同一主族，从上到下，每次递变20pm左右，而过渡元素新增加的电子排布在次外d层轨道上，对半径影响较小，同一周期，从左到右，每次递变小于5pm，故Cr，Mn，Fe，Co原子半径最接近。

26. (D) 解析：同一周期中，从左到右，元素的电负性逐渐增大，同一族中，从上到下，元素的电负性逐渐减小；但在第二、第三周期，元素半充满或全充满时（Be、N、Mg、P），其第一电离能大于右边的元素，故只有D排列正确。

27. (C) 解析：周期表中原子性质递变有规律性，物质性质的递变也有规律性。氢化物的热稳定性同周期从左到右逐渐增加，A中PH_3＜SiH_4顺序错误；最高氧化态含氧酸的酸性是同周期从左到右逐渐增强，同主族从上到下逐渐减弱，B中HNO_3＜H_3PO_4顺序错误；非金属氢化物的酸性是同周期从左到右逐渐增强，同主族从上到下也逐渐增强，C的顺序正确。金属的熔点与自由电子密度有关，同周期从左到右熔点升高，同主族从上到下熔点降低，D排序中Na＞Mg是错误的。

28. (B) 解析：4s电子有较多的机会跑到离核较近的区域（从电子云径向分布图可看

到)，避开了其它电子对它的屏蔽作用，使其总体能量小于3d，这就是钻穿效应。

29. (C)。

30. (D) 解析：根据组成分子轨道的对称匹配原则，只有 p_y-p_y 能组成 π 分子轨道，p_x-p_x 只能组成 σ 分子轨道。

31. (D) 解析：这些分子中的键都是有极性的，但 A、B、C 都是几何构型高度对称的分子，键的极性带来的电荷分布不匀在分子中相互抵消，故整个分子无极性，只有 NH_3 是三角锥形，分子有极性。

32. (A) 解析：键的极性大小取决于成键两原子间的电负性之差，显然，C、H 间的电负性差值最小。

33. (A) 解析：两原子间化学键越多，键能越强，键长越短；在 CO 中，C 与 O 之间有三根键，其中一根是 O 提供孤对电子的配位键，而题中其它几种物质中，C 与 O 之间都是双键。

34. (B) 解析：分子偶极矩是分子中正、负电荷重心所带电荷数与两中心间距离的乘积，两成键原子间电负性相差越大，正、负电荷重心所带电荷数也越多，两中心间距离也越远（并非两成键原子核间距离）。

35. (C) 解析：分子中，H 与 X 原子（如 N、O、F）直接连接（成键）才能有氢键，C 中，H 与 O 直接连接，而在 D 中，F 与 C 成键，与 H 不连接。

36. (B) 解析：最高占有轨道是指有电子填充的能量最高的分子轨道，O_2 的分子轨道电子排布式为$[KK(\sigma_{2s})^2(\sigma*_{2s})^2(\sigma_{2p_x})^2(\pi_{2p_y})^2(\pi_{2p_z})^2(\pi*_{2p_y})^1(\pi*_{2p_y})^1]$，可见，$O_2$ 的最高占有轨道是 $\pi*2p$。

37. (D) 解析：H_2S 分子与 H_2O 相似，只是杂化程度较小，键角稍大于 90°。

38. (C) 解析：NH_4F 中，NH_4^+ 与 F^-是离子键；N 与 H 三根是普通共价键，一根是 N 原子提供孤对电子的配位键（成键后，与一般共价键无区别）。

39. (B) 解析：根据价层电子互斥理论，O 与 S 成键时 O 不提供电子，中心原子 S 最外层本身有 6 个电子，加上离子带的 2 个电子，有 4 对电子，其中一对是孤对电子，以正四面体分布，3 对电子与 O 键合，故为三角锥形。

40. (D) 解析：Ne_2 的分子轨道电子排布式为 $(\sigma_{1s})^2(\sigma*_{1s})^2$，键级＝（2－2）/2＝0。

41. (D) 解析：N_2 的分子轨道电子排布为 $KK(\sigma_{2s})^2(\sigma*_{2s})^2(\sigma_{2p_x})^2(\pi_{2p_y})^2$ $(\pi_{2p_z})^2$，无单电子，分子反磁性，其它几个都有单电子。

42. (C) 解析：N 原子外层共有 5 个电子，3 个电子与 H 形成共价键，2 个电子提供给 H^+形成配位键，没有孤对电子留下。而题中其它分子均有孤对电子。

43. (B) 解析：现代价键理论的电子配对法至少要 2 个电子才能成键，H_2^+只有 1 个电子，无法用现代价键理论解释其存在。

44. (C) 解析：CO_2、$HgCl_2$ 均是 sp 杂化，分子呈直线形，双原子分子均是直线形，H_2O 是不等性 sp^3 杂化，其中两条杂化轨道上由孤对电子占据，四面体另两端与 H 键合，连接三原子核的线是弯曲形的。

45. (B) 解析：并非所有杂化轨道均参与成键，不等性杂化中，有些杂化轨道由孤对电子占据，如中 NH_3，是不等性 sp^3 杂化，其中一条杂化轨道并不参与成键。

46. (A) 解析：PCl_3、$SiCl_4$、NH_3 都是等性或不等性 sp^3 杂化，键角小于或等于 109°28′，而 CO_2 是 sp 杂化，键角等于 180°，故 CO_2键角最大。

47. (D) 解析：ICl 和 Br_2 分子量接近，色散力也接近，但 Br_2 为非极性分子，分子间的作用力只有色散力，而 ICl 为极性分子，分子间除了色散力以外，还存在取向力、诱导力，总作用力远大于 Br_2 分子的色散力，故 ICl 比 Br_2 沸点高。

48. (B) 解析：这四种物质分属两种晶体，CaO 和 MgO 是离子晶体，熔点远高于分子晶体 $SiCl_4$ 和 $SiBr_4$；离子晶体 CaO 和 MgO 电荷数相等，但 Mg^{2+} 半径小于 Ca^{2+} 半径，MgO 中离子间作用力大于 CaO 中离子间作用力，MgO 晶体中离子键强，熔点高；$SiCl_4$ 和 $SiBr_4$ 是结构相似的分子晶体，分子间作用力与分子量有关，$SiBr_4$ 分子量大，分子间作用力强，熔点较高，故熔点正确顺序为 MgO＞CaO＞$SiBr_4$＞$SiCl_4$。

49. (C) 解析：溶质与溶剂形成氢键时，溶解度反常的大。氨与水之间能形成氢键，而甲烷与水不能形成氢键，甲烷是非极性分子，水是极性分子，根据相似相溶原理，甲烷在水中溶解度很小。

50. (D) 解析：有固定熔点是晶体的特性，食盐、铜和冰都是晶体，都有固定的熔点，而玻璃是非晶体，加热到一定程度，逐渐软化并慢慢熔化，在此期间温度不断上升，无固定熔点。

51. (C) 解析：这 4 种微粒核外电子数相等，但核电荷数不同，核电荷数越大，对核外电子吸引得越紧，离子半径越小，S^{2-} 的核电荷数最小，离子半径最大。

52. (B) 解析：$NH_4{}^+$ 杂化与 NH_3 不同，NH_3 的孤对电子提供给 H^+ 形成配位键后，4 个键完全相同，原不等性 sp^3 杂化变成等性 sp^3 杂化，与 SiF_4 中 sp^3 杂化一样。题中 NH_3 和 H_2O 为不等性 sp^3 杂化，CS_2 是 sp 杂化。

53. (C) 解析：只有分子晶体结构质点间仅有范德华力，无化学键作用，是简单分子。其它晶体，每个结构质点均与周围多个结构质点有化学键作用，且连绵不断，构成巨大分子，其分子式其实是最简式，结构中无简单小分子。

54. (B) 解析：原子晶体中各结构质点间的作用力是共价键，要熔化必须破坏共价键，上面物质中 SiC 是原子晶体。

55. (A) 解析：单质是同种元素组成的，原子间电负性相同，之间不可能有电子净得失（金属间电子净得失为零），故不可能出现离子键。

56. (D) 解析：每个电子层中，可容许的最多电子数为 $2n^2$，$n=4$ 时，可容许的最多电子数为 32，但还要符合 $m_s=+1/2$，即自旋相同，只有一半电子，即 16 个电子。

57. (D) 解析：最外层 $n=6$，$l=0$ 的元素即 $6s^2$，它可以是［Xe］$4f^{0\sim14}5d^{0\sim10}6s^2$ 中任何一种，最后一个电子填在 s、d、f 轨道都有可能，但不会在 p 轨道，故不会在 p 区。

58. (B) 解析：同一周期中，从左到右，元素的电负性逐渐增大；同一族中，从上到下，元素的电负性逐渐减小；只有 B 符合。

59. (C) 解析：一般来说，同一周期中，从左到右，元素的第一电子亲和能逐渐增大（负值增大）；同一族中，从上到下，元素的电子亲和能逐渐减小（负值减小）。但有例外，第三周期某些元素（S、Cl）的第一电子亲和能（负值）大于第二周期同族元素（O、F）的第一电子亲和能，原因是从第二周期到第三周期开始有空的 d 轨道，原子半径增加较多，同样得到一个电子后，电子云密度要小许多，电子间斥力较小，放出能量较多，故第一电子亲和能较大。

60. (C) 解析：由于离子键无方向性无饱和性，只要空间条件许可，会有尽量多的异号离子排列过来，故排列方式主要取决于空间因素即离子半径的大小。

三、填充题

1. 不同能级轨道中跃迁，放出能量，波动性，粒子性。薛定谔。主量子数，副量子数，磁量子数，3，自旋量子数。

2. $Y_{n,l,m}$（θ，ϕ）；θ，ϕ；方位角（角度），概率密度，D（r），r，概率，距离 r。

3. 核电荷数；价层电子组态；能级组数（或电子层数）；最外层电子数，价层电子数。

4. K，4，ⅠA，[Ar] $4s^1$；Cr，4，ⅥB，[Ar] $3d^5 4s^1$；Cu，4，ⅠB，[Ar] $3d^{10} 4s^1$。

5. Cs（Fr），H；F，Cs（Fr）；F，Cs（Fr）；Cl。

6. sp^2，p，大 π，分子间力。

7. 填下列四表

（1）

原子序数	17	10	24	30
电子构型	[Ne]$3s^2 3p^5$	$1s^2 2s^2 2p^6$	[Ar]$3d^5 4s^1$	[Ar]$3d^{10} 4s^2$
外围电子构型	$3s^2 3p^5$	$2s^2 2p^6$	$3d^5 4s^1$	$3d^{10} 4s^2$
周期	3	2	4	4
族	ⅦA	0	ⅥB	ⅡB
元素符号	Cl	Ne	Cr	Zn

（2）

分子式	中心原子杂化轨道类型	分子空间构型	键有无极性	分子有无极性	分子间作用力
CCl_4	sp^3	正四面体	有	无	色散力
$BeCl_2$	sp	直线形	有	无	色散力
SO_2	不等性 sp^2	V形	有	有	色散力，取向力，诱导力
NH_3	不等性 sp^3	三角锥形	有	有	色散力，取向力，诱导力，氢键

（3）

物　质	Al	干冰	SiC	$BaSO_4$
晶体中的微粒	铝离子和自由电子	CO_2 分子	Si原子，C原子	Ba^{2+}，SO_4^{2-}
微粒间作用力	金属键	范德华力	共价键	离子键
晶体类型	金属晶体	分子晶体	原子晶体	离子晶体
熔点高低	高	低	很高	高
导电性	良好	不导电	不导电	固体不导电

（4）用分子轨道理论填充下表

分子或离子	电子排布式	单电子数	磁性（顺，逆）	键级
B_2	$[KK(\sigma_{2s})^2(\sigma*_{2s})2(\pi_{2p_y})^1(\pi_{2p_z})^1]$	2	顺	1
O_2^+	$[KK(\sigma_{2s})^2(\sigma*_{2s})^2(\sigma_{2p_x})^2(\pi_{2p_y})^2(\pi_{2p_z})^2(\pi*_{2p_y})^1]$	1	顺	2.5
O_2^{2-}	$[KK(\sigma_{2s})^2(\sigma*_{2s})^2(\sigma_{2p_x})^2(\pi_{2p_y})^2(\pi_{2p_z})^2(\pi*_{2p_y})^2(\pi*_{2p_z})^2]$	0	逆	1

四、问答题

1. 答：（1）波函数即原子轨道波函数，是薛定谔方程的合理解，包含 n、l、m 三个常数项和 r、θ、ϕ 三个变量的数学函数式，通常用 $\Psi_{n,l,m}$（r，θ，ϕ）表示，量子力学用 Ψ 描述核外电子在三维空间的运动状态。虽然波函数本身缺乏明确的物理意义，波函数的平方 Ψ^2 可表示电子在核外空间某处内出现的概率密度。常把原子轨道函数简称为原子轨道，即原子轨道和波函数是同义词。量子力学中的原子轨道指的是电子运动的空间范围，并非电子运动的固定轨道。

(2) 波函数的平方 Ψ^2 可表示电子在核外空间某处内出现的概率密度，即在该处周围为单位体积内电子出现的概率，概率＝概率密度×体积。化学上常用小黑点的疏密程度来表示电子在核外空间各处出现概率密度的大小，这种概率密度分布的图形称电子云。

(3) 波函数 $\Psi_{n,l,m}(r,\theta,\phi)$ 是有 r、θ、ϕ 三个自变量的函数，通过变量分离，$\Psi_{n,l,m}(r,\theta,\phi)=R_{n,l}(r)Y_{l,m}(\theta,\phi)$。波函数的平方 $\Psi^2_{n,l,m}(r,\theta,\phi)=R^2_{n,l}(r)Y^2_{l,m}(\theta,\phi)$，表示电子在核外空间某处出现的概率密度，表示电子概率密度的几何图形称电子云。

(4) $Y_{l,m}(\theta,\phi)$ 为角度波函数，作 $Y_{l,m}(\theta,\phi)$ - (θ,ϕ) 图，得到原子轨道波函数的角度分布图，表示原子轨道在核外空间的取向。作 $Y^2_{l,m}(\theta,\phi)$ - (θ,ϕ) 图得到电子云的角度分布图。$R^2_{n,l}(r)$ 是只与 r 有关的函数，表示概率密度的径向分布。径向分布函数 $D(r)=R^2_{n,l}(r)4\pi r^2$，表示电子在核外空间某一区域（距核半径为 r，单位厚度的球壳）出现的概率与离核距离 r 之间的关系。作 $D(r)$ - r 图得到电子云的径向分布函数图。

2. 答：根据量子数的取值规则，当主量子数为 n 时，则轨道的角动量量子数 l 可取 0，1，2，…，$(n-1)$ 共 n 个，而磁量子数 m 可取 0，±1，±2，…，$\pm l$ 共 $(2l+1)$ 个。一个原子轨道要由一组 n，l，m 决定，有多少个 m 值，就有多少个原子轨道，也就是说每个电子层共有 $(2l+1)$ 个原子轨道。所以，第 n 层可容许的轨道数为下列等差数列之和 $\sum 2(n-1)l=1+3+5+\cdots+(2n+1)=n^2$，根据泡利不相容原理，每个原子轨道至多可容纳 2 个自旋方向相反的电子，所以每个电子层最多只能容纳 $2n^2$ 个电子。

3. 答：这是多电子原子中轨道能级交错的必然结果。多电子原子的轨道能级的相对高低为 $E_{(n-1)\mathrm{d}}>E_{n\mathrm{s}}$。原子的最外层电子数要超过 8 个，在 ns 和 np 轨道 8 个电子填满后，再填 nd 轨道，但根据能量最低原理，在填充 nd 轨道前，必须先填充其外层的 $(n+1)$s 轨道；而填充了其外层的 $(n+1)$s 轨道，则又增加了一个新的电子层，原来的 nd 轨道就变成了次外层，因此最外层电子不超过 8 个。

在多电子原子中，$E_{n\mathrm{s}}<E_{(n-2)\mathrm{f}}$，原子的次外层电子数要超过 18 个，在 ns、np 和 $(n-1)$d 轨道 18 个电子填满后，必须填次外层的 f 轨道。但在填充次外层的 f 轨道前，必须先填充其外二层的 $(n+1)$s 轨道，这样又增加了一个新的电子层，原来次外层的 $(n-1)$f 轨道就变成了倒数第三层，因此次外层电子不超过 18 个。

4. (1) 因为 $AlBr_3$ 是共价化合物，熔融时以分子形式存在，所以导电性能差。而 $AlBr_3$ 溶于水后，在极性水分子的作用下可以发生电离，生成 Al^{3+} 和 Br^-，因此，它的水溶液可以导电。

(2) O 元素和 S 元素同属ⅣA 主族元素，H_2O 分子和 H_2S 分子都是极性分子，都存在着取向力、诱导力和色散力，但是 H_2O 分子之间还存在分子间氢键，使 H_2O 分子的分子间作用力比 H_2S 分子的要大，其沸点要高。因此，在室温下，水是液体而 H_2S 是气体。

(3) 在邻羟基苯甲酸分子中，因为有羟基和羧基相邻，形成了分子内氢键，不能再形成分子间氢键。而在对羟基苯甲酸中，因为羟基和羧基是对位，相离远，不能形成分子内氢键，只能形成分子间氢键。分子间氢键的形成，使对羟基苯甲酸分子间的作用力增大，因此其熔点高于邻羟基苯甲酸。

(4) BF_3 分子的中心原子 B 采用的是等性的 sp^2 杂化，因此分子的空间构型为正三角形，分子中正、负电荷重心重合，分子的偶极矩为零。NF_3 分子中中心原子 N 采用的是不等性的 sp^3 杂化，因此，分子是一种不对称的三角锥形结构，这样正电荷重心位于 N 原子一侧，而负电荷重心位于 3 个 F 原子一侧，整个分子中正、负电荷重心不重合，分子的偶极矩不等于零。

(5) 晶体类型不同。CO_2 是分子晶体，作用力是较小的色散力，所以是气体（常温常压下）。但 SiO_2 是原子晶体，有强有力的共价键，因此，SiO_2 是高熔点高硬度晶体。

五、计算题

1. 解　(1) 对子弹，由德布路易关系式

波长 $$\lambda=\frac{h}{mv}=\frac{6.626\times10^{-34}}{10\times10^{-3}\times1000}=6.626\times10^{-35}\,\text{m}$$

位置不确定量 $$\Delta x\geqslant\frac{h}{\Delta p_x}=\frac{h}{m\Delta v_x}=\frac{6.626\times10^{-34}}{10\times10^{-3}\times1.0\times10^{-3}}=6.626\times10^{-29}\,\text{m}$$

(2) 对电子，由德布路易关系式

波长 $$\lambda=\frac{h}{mv}=\frac{6.626\times10^{-34}}{9.1\times10^{-31}\times7.28\times10^{5}}=1.0\times10^{-9}\,\text{m}=1\text{nm}$$

位置不确定量 $$\Delta x\geqslant\frac{h}{\Delta p_x}=\frac{h}{m\Delta v_x}=\frac{6.626\times10^{-34}}{9.1\times10^{-31}\times1.0\times10^{-3}}=0.728\ \text{m}$$

子弹的波长远低于波长最短的电磁波（1.0×10^{5}nm），根本无法测量，波动性难以察觉，可以忽略。其位置不确定量很小，可以准确测定子弹的位置。说明子弹等宏观物体有固定的轨道，它们的运动服从经典力学规律。电子的波长 1nm，完全可以测量，其位置不确定量很大，比几摩尔原子的还大，它们的运动不服从经典力学规律，只能用量子力学来描述其运动状态。

解析：用德布路易关系式可求不同运动速率的物质的波长，由普朗克常数 h 来联系这些关系。海森堡测不准原理是指物质动量的不确定量与位置的不确定量的乘积大于等于普朗克常数 h，可计算出位置不确定量与物质本身大小的关系，对子弹，位置不确定量远小于子弹本身的长度，根本无法察觉，是宏观物质；对电子，其位置不确定量远大于电子本身，用经典力学根本无法解释其运动规律。

2. 解　(1) 由 $E=h\nu=hc/\lambda$ 得两光子的能量分别为

$$E_1=\frac{hc}{\lambda_1}=\frac{6.626\times10^{-34}\times2.998\times10^{8}}{121.6\times10^{-9}}=1.63\times10^{-18}\,\text{J}$$

$$E_2=\frac{hc}{\lambda_2}=\frac{6.626\times10^{-34}\times2.998\times10^{8}}{656.3\times10^{-9}}=3.03\times10^{-19}\,\text{J}$$

可见，电子从第二层跃迁到第一层的能量高。

(2) $$E_3=E_1+E_2=1.63\times10^{-18}+3.03\times10^{-19}=1.933\times10^{-18}\ \text{J}$$

$$\nu=\frac{E_3}{h}=\frac{1.933\times10^{-18}}{6.626\times10^{-34}}=2.917\times10^{17}\,\text{s}^{-1}$$

$$\lambda=\frac{c}{\nu}=\frac{2.998\times10^{8}}{2.917\times10^{17}}=1.028\times10^{-9}\ \text{m}=\ 1.028\text{nm}$$

解析：由 $E=hc/\lambda$ 可知，波长与能量成反比，可从发射光的波长求出轨道间的能量差；也可由能量求得波长。

3. 解　(1) 可见光波长范围为：400～700nm

依题意 $$400\ \text{nm}\leqslant\frac{364.6\times n^2}{n^2-4}\leqslant700\text{nm}$$

$$400\times n_1^2-1600\leqslant 364.6\times n_1^2$$

$$n_1\leqslant 6.72，取整数\ n_1=6$$

$$\lambda_{min}=\frac{364.6\times 6^2}{6^2-4}=410.2\ nm$$

同理 $n_2\geqslant 2.89$，取整数 $n_2=3$

$$\lambda_{max}=\frac{364.6\times 3^2}{3^2-4}=656.3\ nm$$

(2) $$N=n_1-n_2+1=4(条)$$

第六章　配位化合物

中　学　链　接

配位键：一个原子单方面提供孤对电子与另一有空轨道的原子通过共用该电子对而形成的共价键叫配位键。如 NH_4^+ 中，NH_3 分子中 N 原子上的孤对电子与有空轨道的 H^+ 通过共用电子对形成配位键。

基　本　要　求

① 配合物的基本概念、组成和命名。

② 配合物的价键理论及应用。

③ 配位平衡的计算。

知　识　要　点

一、配合物的基本概念、组成和命名

1. 配合物

由可以提供孤对电子的离子或分子（称为配体）和具有接受孤对电子的空轨道的原子和离子（统称中心离子）按一定的组成和空间构型组成配位个体，含有配位个体的化合物叫配位化合物，简称配合物。

2. 组成

（1）内界与外界　配位个体为配合物内界，与配位个体以离子键结合的其它简单离子为配合物的外界。

（2）中心离子与配体　在配位个体中，位于几何中心，能够提供空轨道的原子或离子统称为中心体，也称形成体；在配位个体中，位于中心离子（或中心原子）周围，能够提供孤对电子的分子或离子称之为配位体，简称配体。

（3）配位数　在配位个体中，直接与中心体结合的配位原子的总数目我们称之为配位数。在只有单齿配体存在的配合物中配位数就是配体的个数，在有多齿配体存在的配合物中配位数要大于配体的个数。

3. 命名

① 内界和外界服从一般无机化合物的命名原则。

② 配位个体：配位体数（以汉字数码表示）→配位体名称（不同配体之间用点分开）→合→中心离子名称→中心离子氧化数（加括号，以罗马数字表示）。

若有多种配体按先离子后分子，先无机后有机，先简单后复杂的原则来命名。

二、配合物的价键理论

1. 基本要点

① 有空轨道的中心原子与有孤对电子的配位体形成配位键；

② 中心原子（或离子）采用杂化轨道成键，杂化方式与空间构型有关。

2. 配合物的杂化方式与空间构型的关系

配位数	空间构型	杂化轨道类型	实例
2	直线形	sp	$[Ag(NH_3)_2]^+$、$[Cu(CN)_2]^-$
3	平面三角形	sp^2	$[Cu(CN)_3]^{2-}$、$[HgI_3]^-$
4	正四面体	sp^3	$[Zn(NH_3)_4]^{2+}$、$[Cd(CN)_4]^{2-}$
4	平面正方形	dsp^2	$[Ni(CN)_4]^{2-}$、$[Cu(NH_3)_4]^{2+}$
6	八面体	sp^3d^2	$[FeF_6]^{3-}$、$[SiF_6]^{2-}$
6	八面体	d^2sp^3	$[Fe(CN)_6]^{3-}$

三、内轨型与外轨型

① 配位原子电负性较大，不易给出电子，对中心离子影响不大，中心离子原有的电子层构型不变，仅用外层空轨道 ns，np，nd 杂化，该杂化轨道与配位原子形成的配位键为外轨型。反之，配位原子电负性较小，易给出电子对，使中心离子在 d 电子较少时发生归并，空出内层 d 轨道参与杂化，该杂化轨道与配位原子形成的配位键为内轨型。

② 对同一中心原子而言，内轨型配合物较稳定，单电子数较少，多为低自旋配合物；外轨型配合物单电子数较多，多为高自旋配合物。

四、配合物的配位平衡

$$Cu^{2+} + 4NH_3 \rightleftharpoons [Cu(NH_3)_4]^{2+}$$

$$K^{\ominus}(稳) = \frac{c([Cu(NH_3)_4]^{2+})}{c(Cu^{2+})c^4(NH_3)};K^{\ominus}(不稳) = \frac{c(Cu^{2+})c^4(NH_3)}{c([Cu(NH_3)_4]^{2+})}$$

五、配位平衡与其它平衡的关系

① 配位平衡与酸碱平衡，如

$$[Cu(NH_3)_4]^{2+} + 4H^+ \rightleftharpoons Cu^{2+} + 4NH_4^+$$

② 配位平衡与沉淀溶解平衡，如

$$[Cu(NH_3)_4]^{2+} + S^{2-} \rightleftharpoons CuS\downarrow + 4NH_3$$

③ 配位平衡与氧化还原平衡，如

$$2Fe(CN)_6^{4-} + I_2 \rightleftharpoons 2Fe(CN)_6^{3-} + 2I^-$$

平衡向什么方向进行，可通过计算平衡常数及有关物质浓度来判断。

习　题

一、判断题

1. 配合物均由含配离子的内界和简单外界离子组合成。　（　）

2. 复盐也是配合物。　（　）

3. 配合物是一种分子间化合物。（ ）

4. 包含配离子的配位化合物都易溶于水。（ ）

5. 配体的配位原子数等于配位数。（ ）

6. 配位剂的浓度越大，生成配离子的配位数也越大。（ ）

7. 螯合物中，中心离子的配位数一定不等于配体的数目。（ ）

8. 若配体分子中含有两个或两个以上能提供孤对电子的原子，就能作螯合剂。（ ）

9. 配离子的电荷数等于中心离子的电荷数。（ ）

10. F^- 作配体形成的配合物均为外轨型。（ ）

11. 以 d^2sp^3 和 sp^3d^2 杂化轨道成键的配离子具有相同的空间构型。（ ）

12. 配位数为 4 的配合物的空间构型不全是正四面体。（ ）

13. 同一中心离子相同配位数的配离子，内轨型的磁矩不大于外轨型。（ ）

14. 配离子的不同空间构型，是中心原子采用不同类型杂化轨道与配体结合的结果。（ ）

15. 用 EDTA 作重金属的解毒剂是因为其可以降低金属离子的浓度。（ ）

16. 因为配体 CN^- 的配位原子 C 容易给出孤对电子，故$[Hg(CN)_4]^{2-}$为内轨型配合物。（ ）

17. 四面体形的配合物可以有光学异构的现象，但不能有顺反异构的现象。（ ）

18. E（Zn^{2+}/Zn）电对加入氨水后，其电对电势下降。（ ）

19. 累积稳定常数 β_4 是反应$[Cu(NH_3)_3]^{2+} + NH_3 \rightleftharpoons [Cu(NH_3)_4]^{2+}$的平衡常数。（ ）

20. $[CuY]^{2-}$ 和 $[Cu(en)_2]^{2+}$ 的 K_f 分别为 5×10^{18} 和 1×10^{21}，所以在水溶液中 $[Cu(en)_2]^{2+}$ 比 $[CuY]^{2-}$ 更稳定。（ ）

二、选择题（单选）

1. 下列关于配合物的说明，错误的是（ ）。

A. 中心离子与配体以配位键结合

B. 配位体是具有孤对电子的负离子或分子

C. 配位数是中心离子结合的配位体个数之和

D. 配离子存在于溶液中，也存在于晶体中

2. 在$[Co(C_2O_4)_2(en)]^-$中，中心离子的配位数是（ ）。

A. 3　B. 4　C. 5　D. 6

3. 下列化合物中，属于配合物的是（ ）。

A. $(NH_4)_2Fe(SO_4)_2$　B. $Na_2S_2O_3$　C. $Fe(CO)_5$　D. $KAl(SO_4)_2$

4. 下列分子或离子中，不能作为配体的是（ ）。

A. H^+　B. F^-　C. $S_2O_3^{2-}$　D. $C_2O_4^{2-}$

5. 下列配体中，属于多齿配体的是（ ）。

A. SCN^-　B. CH_3NH_2　C. F^-　D. en

6. 配合物命名先后顺序错误的是（ ）。

A. 先内界，后外界　B. 先无机后有机　C. 先离子后分子　D. 先氨后水

7. 对配合物$[Cr(H_2O)_5F][SiF_6]$，下列说法正确的是（ ）。

A. 前者是内界，后者是外界　B. 后者是内界，前者是外界

C. 两者都是配位个体　D. 两者都是外界

8. 下列物质中能作螯合剂的是（　　）。

A. SCN^-　　B. H_2NNH_2　　C. SO_4^{2-}　　D. $H_2NCH_2CH_2OH$

9. I_2 能在 KI 溶液中溶解度大幅增大的原因是（　　）。

A. 同离子效应　　B. 盐效应　　C. 生成配位化合物　D. 氧化还原作用

10. 能够形成内轨型配合物的杂化轨道有（　　）。

A. sp^3　　B. sp^3d^2　　C. dsp^2　　D. sp^2

11. 配合离子 $[CuCl_4]^{2-}$ 的空间构型和杂化轨道分别为（　　）。

A. 正四面体 sp^3　B. 正方形 dsp^2　C. 八面体 d^2sp^3　D. 八面体 sp^3d^2

12. $[Fe(CN)_6]^{3-}$ 的磁矩为 1.7，则中心离子杂化轨道为（　　）。

A. sp^3d^2　　B. d^2sp^3　　C. dsp^2　　D. dsp^3

13. 在配合物 $[Co(NH_3)_5Cl](NO_3)_2$ 中，中心离子的电荷数为（　　）。

A. $+1$　　B. $+2$　　C. $+3$　　D. 无法确定

14. 在下列各电对中，标准电极电势 $E^{\ominus}$ 值最大的是（　　）。

A. $[Ag(S_2O_3)_2]^{3-}/Ag$　B. $[Ag(NH_3)_2]^+/Ag$　C. $[Ag(CN)_2]^-/Ag$　D. 无法确定

15. 已知 $[PbCl_2(OH)_2]^{2-}$ 有两种不同的空间构型，则中心离子的杂化方式为（　　）。

A. sp^3　　B. d^2sp^3　　C. sp^3 或 dsp^2　　D. dsp^2

16. $CoCl_3 \cdot 5NH_3$ 中加入 $AgNO_3$ 溶液有 AgCl 沉淀，样品过滤，滤液中再加 $AgNO_3$ 溶液并煮沸，又有 AgCl 沉淀，重量为原来的一半，此化合物的结构为（　　）。

A. $[Co(NH_3)_4Cl_2]Cl$　　B. $[Co(NH_3)_5Cl]Cl_2$

C. $[Co(NH_3)_3Cl_3] \cdot 2NH_3$　　D. $[Co(NH_3)_5(H_2O)]Cl_3$

17. 下列配合物的中心离子的配位数均为 6，相同浓度的水溶液导电能力最强的是（　　）。

A. $K_2[MnF_6]$　　B. $[Co(NH_3)_6]Cl_3$

C. $[Cr(NH_3)_4Cl_2]Cl$　　D. $K_4[Fe(CN)_6]$

18. 在 $[Cu(NH_3)_4]^{2+}$ 溶液中，存在下列平衡：$[Cu(NH_3)_4]^{2+} \rightleftharpoons Cu^{2+} + 4NH_3$，向该溶液中分别加入以下试剂，能使平衡左移的是（　　）。

A. HCl　　B. NH_3　　C. NaCN　　D. Na_2S

19. 在配位平衡和沉淀平衡互相转化过程中，一些沉淀剂或配位剂争夺 Ag^+ 的顺序是（　　）。

A. $Cl^- < NH_3 < Br^- < S_2O_3^{2-} < I^- < CN^- < S^{2-}$

B. $Cl^- > NH_3 < Br^- < S_2O_3^{2-} < I^- < CN^- < S^{2-}$

C. $Cl^- > NH_3 > Br^- > S_2O_3^{2-} > I^- > CN^- > S^{2-}$

D. $Cl^- < NH_3 > Br^- > S_2O_3^{2-} > I^- > CN^- > S^{2-}$

20. 要使 AgCl 大量溶解，可在溶液中加入（　　）。

A. H_2O　　B. KCl　　C. $AgNO_3$　　D. KCN

21. 下列配离子中，磁矩最大的是（　　）。

A. $[Fe(H_2O)_6]^{3+}$　B. $[Fe(H_2O)_6]^{2+}$　C. $[Fe(CN)_6]^{3-}$　D. $[Fe(CN)_6]^{4-}$

22. 已知 $[Co(SCN)_4]^{2-}$ 的 $\mu = 4.3\mu_B$，则该配合物属于（　　）。

A. 内轨型，高自旋　B. 外轨型，高自旋　C. 内轨型，低自旋　D. 外轨型，低自旋

23. 利用生成配合物使难溶电解质溶解，下面哪种情况最有利于沉淀的溶解（　　）。

A. K_f 大 K_{sp} 大　　B. K_f 大 K_{sp} 小　　C. K_f 小 K_{sp} 大　　D. K_f 小 K_{sp} 小

24. 已知 $Fe^{3+} + e^- \rightleftharpoons Fe^{2+}$，$E^{\ominus} = 0.77V$；$[Fe(CN)_6]^{3-} + e^- \rightleftharpoons [Fe(CN)_6]^{4-}$，$E^{\ominus} = -0.60V$；$I_2 + 2e^- \rightleftharpoons 2I^-$，$E^{\ominus} = 0.54V$。下列说法错误的是（　　）。

A. Fe^{3+} 的氧化能力强于 $[Fe(CN)_6]^{3-}$　　B. $[Fe(CN)_6]^{3-}$ 仍能将 I^- 氧化成 I_2

C. 在标准态下，Fe^{3+} 能氧化 I^- 成 I_2　　D. I_2 能氧化 $[Fe(CN)_6]^{4-}$ 成 $[Fe(CN)_6]^{3-}$

25. Co^{3+} 与 $[Co(CN)_6]^{3-}$ 的氧化能力的相对大小是（　　）。

A. $Co^{3+} = [Co(CN)_6]^{3-}$　　B. $Co^{3+} > [Co(CN)_6]^{3-}$

C. $Co^{3+} < [Co(CN)_6]^{3-}$　　D. 以上说法都不正确

26. 电对氧化型形成的配合物越稳定，其电极电势（　　）。

A. 越高　　B. 越低　　C. 变正　　D. 变负

27. 配合物的中心原子的轨道进行杂化时，其轨道必须是（　　）。

A. 具有单电子的轨道　　B. 空轨道

C. 能量相差较大的轨道　　D. 同层轨道

28. 配离子 $[Co(en)_3]^{3+}$ 的下列说法中，正确的是（　　）。

A 是双基配体，形成的是螯合物　　B. 配位数是 6

C. 该配离子比 $[Co(NH_3)_6]$ 更稳定　　D. 以上三种说法都对

29. 下列说法错误的是（　　）。

A. $[Ag(NH_3)_2]^+$ 比 Ag^+ 更容易获得电子

B. 加酸可以破坏 $[Ag(NH_3)_2]^+$

C. 铜易形成 $[Cu(NH_3)_4]^{2+}$ 配离子，故不宜用铜器盛放氨水

D. AgBr 沉淀可以溶于 $Na_2S_2O_3$ 溶液

30. 根据晶体场理论，在一个八面体强场中，若 CFSF（晶体场稳定化能）最大，则中心离子电子数是（　　）。

A. 2　　B. 4　　C. 6　　D. 8

三、填充题

1. 配合物的内界与外界之间以______相结合，而中心离子和配位体之间以______相结合，配合物的主要性质取决于______。螯合物是指中心离子与______结合形成的具有____________的配合物，螯合物比______要稳定，其稳定性与______和______有关。若中心离子采用 sp^3 和 dsp^2 杂化轨道与配体成键，则中心离子的配位数均为______，形成的配合物类型分别为______和______，配合物的空间构型分别为______和______。

2. 配合物 $K_3[Cr(C_2O_4)_2Cl_2]$ 的中心离子是______，配位体是______，配位原子是______，配位数为______，配位个体的电荷数为______，中心离子的氧化数为______，命名为________________________。

3. ______配离子，可根据______直接比较其在水溶液中的稳定性，而______的配离子，必须利用____________式进行计算后，才能比较其在水溶液中的稳定性。

4. 配合物是内轨型还是外轨型，除与______有关外，还与中心离子的______有关，一般可根据______判断配合物的类型，近似计算公式为____________；$K_4[Fe(CN)_6]$ 是内轨型，其单电子数为______，成键采用的杂化轨道为______；

$[Fe(H_2O)_6]Cl_3$ 是外轨型，其单电子数为________，成键采用的杂化轨道为________，几何构型均为________。

5. 填下表

分子式	中心离子	配体	配位数	配离子电荷数	中心离子杂化方式	空间构型	命名
$[Co(NH_3)_6]Cl_3$							
$[Cu(en)_2]SO_4$							
$Fe(CO)_5$							

四、问答题

1. 为什么当硫酸溶液作用于深蓝色的 $[Cu(NH_3)_4]$ SO_4 溶液时颜色变浅？当 NaOH 溶液加入时无沉淀，而加入 Na_2S 溶液出现黑色沉淀？

2. 在有 AgCl 沉淀的试管中，加入过量的氨水，沉淀溶解，将此溶液分成两份，一份加入 NaCl 溶液少许，无变化；另一份中加入 NaI 溶液少许，则出现黄色沉淀。解释以上现象，并写出有关反应方程式。

3. 判断下列反应进行的方向，并指出哪个反应进行得最完全：

(1) $[Hg(NH_3)_4]^{2+} + Y^{4-} \rightleftharpoons [HgY]^{2-} + 4NH_3$

(2) $[Cu(NH_3)_4]^{2+} + Zn^{2+} \rightleftharpoons [Zn(NH_3)_4]^{2+} + Cu^{2+}$

(3) $2[Ag(CN)_2^-] + S^{2-} \rightleftharpoons Ag_2S\downarrow + 4CN^-$

(4) $[Ag(NH_3)_2]^+ + 2H^+ + Cl^- \rightleftharpoons AgCl\downarrow + 2NH_4^+$

4. 请分别用价键理论和晶体场理论解释：

(1) $[Fe(CN)_6]^{4-}$ 是反磁性的；

(2) $[Fe(H_2O)_6]^{2+}$ 是顺磁性的。

五、计算题

1. 在 40mL 0.1mol·L^{-1} $AgNO_3$ 溶液中加入 10 mL 15mol·L^{-1}的氨水，溶液中 Ag^+，NH_3，$[Ag(NH_3)_2]^+$ 的浓度各是多少？{$K_f[Ag(NH_3)_2]^+ = 1.1\times10^7$}

2. 在 1.0L 6.0mol·L^{-1} 氨水中，加入 0.1 mol $CuSO_4$ 固体（忽略体积变化），求溶液中 Cu^{2+} 浓度。若在此溶液中加水，使体积扩大至原来的 10 倍，求此时溶液中 Cu^{2+} 的浓度。{已知 $K_f[Cu(NH_3)_4]^{2+} = 2.1\times10^{13}$}

3. 将 0.20mol·L^{-1} $K[Ag(CN)_2]$溶液与 0.20mol·L^{-1} KI 溶液等体积混合，如欲不产生 AgI 沉淀，溶液中应至少含有多少游离 CN^-？{$K_f[Ag(CN)_2^-] = 1.3\times10^{21}$ $K_{sp}^{\ominus}(AgI) = 8.51\times10^{-17}$}

4. 有一混合溶液含有 0.1mol·L^{-1} NH_3，0.01mol·L^{-1} NH_4Cl 和 0.15mol·L^{-1} $[Cu(NH_3)_4]^{2+}$，试问这个溶液中有无 $Cu(OH)_2$ 沉淀生成？{$K_f[Cu(NH_3)_4]^{2+} = 2.1\times10^{13}$ $K_{sp}[Cu(OH)_2] = 2.2\times10^{-20}$ $K_b(NH_3) = 1.8\times10^{-5}$}

5. 计算 AgBr 在 1.0mol·L^{-1} $Na_2S_2O_3$ 溶液中的溶解度（mol·L^{-1}），500mL 浓度为 1.0mol·L^{-1}的 $Na_2S_2O_3$ 溶液可溶解 AgBr 多少克？{$[Ag(S_2O_3)_2]^{3-}$ 的 $K_f = 1.6\times10^{13}$；AgBr 的 $K_{sp} = 5.35\times10^{-13}$}

6. 0.10g AgBr 固体能否完全溶解于 100mL 1.00mol·L^{-1}氨水中？

7. 在某温度时用 1.0L 1.0mol·L^{-1}氨水处理过量的 $AgIO_3$ 固体时溶解了 85g。若此温度下 $AgIO_3$ 的溶度积常数为 4.5×10^{-8}，试计算$[Ag(NH_3)_2]^+$的稳定常数。

8. 计算体系$[Ag(NH_3)_2]^+ + e^- \rightleftharpoons Ag + 2NH_3$ 的标准电极电势。

{已知$[Ag(NH_3)_2]^+$的$K_f=1.1\times10^7$，$E^\ominus(Ag^+/Ag)=0.80V$}

9. 已知$E^\ominus(Co^{3+}/Co^{2+})=1.84V$，$E^\ominus(O_2/H_2O)=1.23V$,$K_f[Co(NH_3)_6]^{3+}=2.3\times10^{35}$ $K_f[Co(NH_3)_6]^{2+}=4.4\times10^4$

(1) 试判断在标准态下，反应$4Co^{3+}+2H_2O \longrightarrow 4Co^{2+}+O_2+4H^+$能否自发进行。

(2) 试判断在标准态下，反应$4[Co(NH_3)_6]^{3+}+4OH^- \longrightarrow 4[Co(NH_3)_6]^{2+}+O_2+2H_2O$能否自发进行。

10. 当往10mL 0.5mol·L^{-1} $FeCl_3$溶液中加入一定量NaCN固体，然后加入10mL 1mol·L^{-1}KI溶液。通过计算说明至少需加多少摩尔NaCN固体，才能使混合溶液中无I_2析出？（不考虑因NaCN固体的加入引起溶液体积的变化）

已知：$E^\ominus(Fe^{3+}/Fe^{2+})=0.77V$，$E^\ominus(I_2/I^-)=0.54V$，$[Fe(CN)_6]^{3-}$的$K_f=1.0\times10^{42}$，$[Fe(CN)_6]^{4-}$的$K_f=1.0\times10^{37}$。

11. 有以下原电池：

$(-)Ag(s) \mid Ag(CN)_2^-(0.10mol\cdot L^{-1}),CN^-(1.0mol\cdot L^{-1}) \parallel Ag^+(0.1mol\cdot L^{-1}) \mid Ag(+)$

已知：$E^\ominus(Ag^+/Ag)=0.80V$,$E^\ominus[Ag(CN)_2^-/Ag]=-0.44V$

(1) 写出两极反应和电池反应；

(2) 求原电池的电动势；

(3) 求电池反应的平衡常数；

(4) 求$Ag(CN)_2^-$配离子的K_f。

12. 已知的$[Fe(H_2O)_6]^{2+}$的分裂能$\Delta_o=10400cm^{-1}$；$[Fe(CN)_6]^{4-}$的分裂能$\Delta_o=33000cm^{-1}$；电子成对能$P=15000cm^{-1}$。请判断这两种配离子中d电子的分布，并计算配离子各自的磁矩和晶体场稳定化能。

答案与解析

一、判断题

1. (×) 解析：配合物一般由含配离子的内界和简单外界离子组合成，外界离子主要平衡配离子所带电荷，若配位个体（配离子）本身是电中性的，就不需要外界离子，这时就无外界。如$Fe(CO)_5$，$[Cr(NH_3)_3Cl_3]$；有时配合物由配阴离子和配阳离子组成，如$[Cu(NH_3)_4][CuCl_4]$，两离子均为各自内界。

2. (×) 解析：复盐溶于水得到的都是简单离子，而配合物溶于水有较复杂的配离子。

3. (×) 解析：配合物本身是一种复杂的分子，如$[Cu(NH_3)_4]SO_4$，NH_3与Cu^{2+}是化学键结合，并非如$CaCl_2\cdot8NH_3$分子间缔合。

4. (×) 解析：配离子与外界是以离子键结合，大多溶于水，但有些离子键也不溶于水，如$Fe_4[Fe(CN)_6]_3$、$Fe_3[Fe(CN)_6]_2$，是不溶于水的蓝色染料；有些配位个体是电中性的，也不溶于水，如$Fe(CO)_5$。

5. (√) 解析：配合物的配位数等于中心离子与配体的配位键数目（并非配体数目），每个配位原子只形成一个配位键，故配位原子数等于配位数。

6. (×) 解析：中心离子的配位数主要与中心离子本身的结构有关，如价层轨道、电子在价层轨道分布、离子半径及所带电荷数等。

7. （√）解析：螯合物中一定有螯合剂，即有多个配位原子的配位剂，其配位数多于一，这样配位数肯定多于配位体数。

8. （×）解析：中心离子中能接受孤对电子的杂化轨道的空间分布有一定的距离，若配体分子中含有两个或两个以上能提供孤对电子的原子是连在一起的，就只能有一个原子提供孤对电子形成配位键，而另一有孤对电子的原子与另一空的杂化轨道有较远距离，不能形成配位键，故这种配位剂不能作螯合剂。

9. （×）解析：配离子的电荷数等于中心离子的电荷数和配体所带电荷数的代数和，若配体不是电中性的，配离子的电荷数就不等于中心离子的电荷数。

10. （×）解析：配合物的内轨型与外轨型除与配体有关外，还与中心离子的 d 电子分布有关，若有 10 个 d 电子即内层 d 轨道已充满，就只能是外轨型了；若 d 电子数少于 5 个，内层本身有空轨道，就能形成内轨型配合物。

11. （√）解析：d^2sp^3 和 sp^3d^2 杂化轨道均是正八面体，即具有相同的空间构型。

12. （√）解析：配位数为 4 即杂化轨道数为 4，有正四面体的 sp^3 和平面正方形的 dsp^2。

13. （√）解析：同一中心离子若是内轨型配离子，肯定发生了单电子归并而空出内层轨道，单电子数目减小，磁矩减小。

14. （√）解析：可认为中心原子轨道杂化后，配体的孤对电子进入这些杂化轨道，故配离子的空间构型取决于中心离子的杂化轨道。

15. （√）解析：EDTA 是螯合剂。螯合剂中配位原子越多，则形成五元环或六元环的数目越多，螯合物就越稳定。EDTA 分子有 6 个配位原子，它可以和绝大多数金属离子形成五元环的螯合物，具有特殊的稳定性，因此可以大大降低溶液中金属离子的浓度，可作重金属的解毒剂。

16. （×）解析：虽然 CN^- 是易给出孤对电子的配体，但 Hg^{2+} 的 5d 已满，只能是外轨型。

17. （√）解析：正四面体的各个角的位置等价，每个角的位置交换后各点间相对位置不变，无顺反异构的现象；但若四面体各个角的基团都不相同，位置交换后无法重合，有镜面关系或手性关系即有光学异构的现象。

18. （√）解析：电对加入氨水后，Zn^{2+} 与氨水溶液先生成 $Zn(OH)_2$ 沉淀后生成 $[Zn(NH_3)_4]^{2+}$ 配离子，均使 Zn^{2+} 浓度下降，根据能斯特方程式，电极电势下降。

19. （×）解析：题中平衡常数是第四级配位的单级平衡常数，累积稳定常数是把前面几级的单级平衡常数全乘上。

20. （×）解析：这两个是不同类型的配合物，计算游离 Cu^{2+} 浓度的公式不同，故不能光凭 K_f 的大小来判断配离子的稳定性，实际上通过计算后可知道，$[CuY]^{2-}$ 比 $[Cu(en)_2]^{2+}$ 在水溶液中更稳定。

二、选择题（单选）

1. （C）解析：有些配位体如螯合剂，每个配体有一个以上配位原子，这样，配位数大于中心离子结合的配位体个数之和。

2. （D）解析：题中 $C_2O_4^{2-}$ 和 en 都是二齿配体，故配位数应为 6。另外，若中心离子的氧化数为+3，配位数一般为 6。

3. （C）解析：题中 $(NH_4)_2Fe(SO_4)_2$ 和 $KAl(SO_4)_2$ 均为复盐，B 是一般硫代酸盐，$[Fe(CO)_5]$本身是配位个体，是配合物。

4. (A) 解析：配体是提供孤对电子的分子或离子，H^+无电子提供，故不能作为配体。题中其它离子都有孤对电子，可作配体。

5. (D) 解析：CH_3NH_2 或 F^- 中含孤对电子可作配位原子的原子只有一个，en 是 $H_2NCH_2CH_2NH_2$，有两个含孤对电子的 N 原子，且中间隔了两个原子，这两个 N 原子均可作配位原子，故 en 可作多齿配体。SCN^- 虽有两个原子能提供孤对电子，但这两个可作配位的原子中间只隔了一个原子，若都作配位原子生成螯合物，形成的是四元环，很不稳定，故这两个原子一般不同时作配位原子，若 S 作配位原子，称硫氰根，若 N 作配位原子，称异硫氰根，写作 NCS^-。

6. (A) 解析：配合物命名大体按一般无机物的命名，从左到右，若内界是配阳离子，分子式中写在右边，按无机物左到右的规则命名，先外界，后内界；配离子内界的命名有题中 B、C、D 所述规则。

7. (C) 解析：内界和外界是针对配位个体与平衡其电荷的其它简单离子而言，对配合物$[Cr(H_2O)_5F][SiF_6]$来说，阴、阳离子都是配位个体，都是其配合物的内界。

8. (D) 解析：理由同第 5 题。

9. (C) 解析：$I_2(s) \rightleftharpoons I_2(aq)$，$I_2$ 在纯水中溶解度很小，加入 KI 后，I^- 与溶液中的 I_2 形成配合物，$I_2(aq) + I^-(aq) \rightleftharpoons I_3^-(aq)$，促进了 $I_2(s)$的溶解。

10. (C) 解析：dsp^2 其实是$(n-1)dnsnp^2$，d 写在前面是内层 d 轨道，sp^3d^2 其实是 $nsnp^3nd^2$，d 写在后面是外层 d 轨道，故只有 dsp^2 能形成内轨型配合物。

11. (B) 解析：$[CuCl_4]^{2-}$ 的空间构型是平面正方形，配位数是 4，只能是正方形 dsp^2。

12. (B) 解析：Fe^{3+}有 5 个自旋相同的单电子，磁矩远大于 1.7，现测出在配合物中的磁矩为 1.7，单电子数减少，肯定发生了单电子归并，空出了内层空轨道，配位数为 6，故杂化轨道为 d^2sp^3。

13. (C) 解析：整个配合物是电中性的，外界 2 个 NO_3^- 带 2 个单位负电荷，内界一个 Cl^-带 1 个单位负电荷，总负电荷数是-3，故中心离子的电荷数为$+3$。

14. (B) 解析：题中的标准电极电势，其本质都是 Ag^+/Ag 电对的电极电势，其标准态是指银配离子和配位剂的浓度为标准态（$1mol \cdot L^{-1}$），题中三种配离子属于同一类型，K_f 越大，配合物越稳定，平衡时溶液中游离的 Ag^+ 浓度越小，根据能斯特方程式，电极电势越低，故$[Ag(NH_3)_2]^+/Ag$ 电对 $E^{\ominus}$ 值最大。

15. (D) 解析：配位数为 4 的配合物有两种杂化方式，分别为 sp^3 和 dsp^2，因配体只有两种，若是 sp^3 正四面体则不管如何排列，都能重合，即同一种空间构型，若是 dsp^2 平面正方形，两种不同配体有相邻和相对两种不同相对位置，即有两种不同的空间构型。

16. (B) 解析：溶液未煮沸时与 Ag^+ 生成 AgCl 沉淀的 Cl^- 是外界的 Cl^-，溶液煮沸时，与 Ag^+生成 AgCl 沉淀的 Cl^-是内界的 Cl^-，AgCl 沉淀的重量为未煮沸时的一半，即内界 Cl^- 是外界 Cl^- 的一半，此化合物的结构为$[Co(NH_3)_5Cl]Cl_2$。

17. (D) 解析：溶液导电能力与溶液中离子浓度与离子所带电荷有关，$K_4[Fe(CN)_6] = 4K^+ + [Fe(CN)_6]^{4-}$，可见 $K_4[Fe(CN)_6]$溶于水后，能电离出 5 个离子，总电荷数为 8，多于其它 3 个配合物，故 $K_4[Fe(CN)_6]$的水溶液导电能力最强。

18. (B) 解析：加入 NH_3，就是增加产物浓度，能使平衡左移。若加入 HCl，与 NH_3 生成 NH_4Cl，使平衡右移；加入 Na_2S，Cu^{2+} 与 S^{2-} 生成 CuS 沉淀，使平衡右移；若加入 NaCN，与 Cu^{2+} 生成稳定性比$[Cu(NH_3)_4]^{2+}$大得多的$[Cu(CN)_4]^{2-}$，使平衡右移。

19. (A) 解析：沉淀剂或配位剂争夺 Ag^+ 的能力强弱是指争夺到后生成沉淀或配离子的稳定性，具体计算是：沉淀或配离子生成，沉淀剂或配位剂在标准浓度时，溶液中还剩下游离 Ag^+ 浓度，剩下游离 Ag^+ 浓度越小，原配位剂或沉淀剂结合 Ag^+ 能力越强。通过计算或 Ag^+ 与沉淀剂或配位剂交替生成沉淀和沉淀溶解生成配合物的实验均可知是 A 正确的。

20. (D) 解析：加入 KCl 或 $AgNO_3$，由于同离子效应，溶解度减小；加入水，由于 AgCl 难溶于水，AgCl 溶解量增加不多；加入 KCN 后，生成了稳定的 $[Ag(CN)_2]^-$ 配离子，可大大增加 AgCl 溶解量。

21. (A) 解析：给电子对能力很强的 CN^- 作配体，对于 d 轨道分别有 5 个和 4 个单电子的 Fe^{3+} 和 Fe^{2+}，会发生 d 电子归并，空出内层 d 轨道生成内轨型配离子，单电子数减少，磁矩小。若给电子对能力很弱的 H_2O 作配体，不会对 d 电子产生影响，$[Fe(H_2O)_6]^{3+}$ 还是有 5 个单电子，单电子数最多，磁矩最大。

22. (B) 解析：从 $\mu=4.3\mu_B$ 可见，Co^{2+} 的单电子数 3 个没变，没有腾出内层空轨道，是利用外层轨道杂化后成键的，故属于外轨型，高自旋。

23. (A) 解析：K_{sp} 大是指沉淀的溶解度相对较大，较容易溶解，K_f 大指生成的配合物稳定，不容易解离，这样，配位剂容易从溶液中结合到相对较高浓度的金属离子生成稳定的配离子，有利于难溶电解质的溶解。例如：$AgX(s)+2L^-$(配位剂)$\rightleftharpoons AgL_2^-+X^-$，

$$K=\frac{c(AgL_2^-)c(X^-)}{c^2(L^-)}\times\frac{c(Ag^+)}{c(Ag^+)}=K_{sp}\times K_f$$

可见，要使平衡右移（沉淀溶解），K 大，就必须 K_f 大 K_{sp} 大。

24. (B) 解析：氧化能力的强弱，只需看电极电势的大小，氧化还原反应能否发生，只需比较氧化剂的电极电势与还原剂的电极电势，B 中，氧化剂 $[Fe(CN)_6]^{3-}$ 的电极电势为 $-0.60V$，小于还原剂 I^- 的电极电势，该反应不能发生，故 B 是错误的。

25. (B) 解析：Co^{3+} 形成配离子后，游离的 Co^{3+} 浓度下降，电极电势降低，氧化能力减小。

26. (B) 解析：电对氧化型形成的配合物越稳定，游离的氧化态离子浓度越小，电极电势就越低。

27. (B) 解析：中心原子杂化出的新轨道全是用来接受孤对电子形成配位键的，接受孤对电子的轨道必须是空轨道，原轨道也必须是空轨道。

28. (D) 解析：en（乙二胺）是双基配体，比单基配体形成的配合物更稳定。

29. (A) 解析：Ag^+ 形成 $[Ag(NH_3)_2]^+$ 配离子后，游离的 Ag^+ 浓度减小，电极电势降低，氧化能力减小，更加不易获得电子。

30. (C) 解析：中心离子 d 轨道在配体作用下，轨道能量发生分裂，其中三个轨道能量减低，两个轨道能量升高（轨道总能量不变）。电子在这些 d 轨道重新分布时，在低能量轨道中电子越多，在高能量轨道中电子越少，体系总能量下降越多，或 CFSF（晶体场稳定化能）最大，若中心离子有 6 个 d 电子，且全部分布在 3 个低能量的 d 轨道中，则体系总能量下降越多。

三、填充题

1. 离子键，配位键，配位个体。多齿配体，环状结构，同类简单配合物，环的大小，环的数目，4，外轨型，内轨型，正四面体，平面正方形。

2. Cr^{3+}，$C_2O_4^{2-}$，O、Cl，6，-3，$+3$，二氯。二草酸根合铬酸钾。

3. 相同类型，K_f，不同类型，配位平衡关系。

4. 配体，电子构型，磁矩，$\mu=\sqrt{n(n+2)}$；0，d^2sp^3，5，sp^3d^2，正八面体。

5.

分子式	中心离子	配体	配位数	配离子电荷数	中心离子杂化方式	空间构型	命名
$[Co(NH_3)_6]Cl_3$	Co^{3+}	NH_3	6	+3	d^2sp^3	正八面体	氯化六氨合钴(Ⅲ)
$[Cu(en)_2]SO_4$	Cu^{2+}	en	4	+2	dsp^2	正方形	硫酸二乙二胺合铜(Ⅱ)
$Fe(CO)_5$	Fe	CO	5	0	sp^3d	三角双锥	五羰基合铁

四、问答题

1. 答：在$[Cu(NH_3)_4]SO_4$溶液中存在平衡：$[Cu(NH_3)_4]^{2+} \rightleftharpoons Cu^{2+}+4NH_3$，$H_2SO_4$加入溶液，由于$H^+$与$NH_3$结合生成$NH_4^+$，使上述平衡中$NH_3$浓度减少，导致平衡右移，$[Cu(NH_3)_4]^{2+}$浓度减小，溶液的颜色变浅。在上述平衡中，由于配合物较稳定，溶液中游离的Cu^{2+}浓度较小，若加入的NaOH溶液浓度不够大，$c(Cu^{2+})\times c^2(OH^-)<K_{sp}^{\ominus}[Cu(OH)_2]$，则无$Cu(OH)_2$沉淀；若加入的$Na_2S$溶液，由于$K_{sp}^{\ominus}$ (CuS) 很小，只要S^{2-}不要实在太低，$c(Cu^{2+})c(S^{2-})>K_{sp}^{\ominus}(CuS)$，出现黑色沉淀。

2. 答：在AgCl沉淀中加入过量的氨水可生成$[Ag(NH_3)_2]^+$配离子，故沉淀消失。

$[Ag(NH_3)_2]^+$配离子在溶液中有：$[Ag(NH_3)_2]^+ \rightleftharpoons Ag^+ + 2NH_3$

在第一份溶液中加入NaCl溶液后，由于

$$c(Ag^+)c(Cl^-)<K_{sp}^{\ominus}(AgCl)$$

所以不生成AgCl沉淀。

在第二份溶液中加入NaI溶液后，由于

$$c(Ag^+)c(I^-)>K_{sp}^{\ominus}(AgI)$$

故出现AgI沉淀。

上述现象的有关化学方程式为：

$$AgCl(s)+2NH_3(aq) \rightleftharpoons [Ag(NH_3)_2]^+(aq)+Cl^-(aq)$$

$$[Ag(NH_3)_2]^+(aq)+I^-(aq) \rightleftharpoons AgI(s)+2NH_3(aq)$$

3. 首先计算出反应的平衡常数，然后利用标准平衡常数判断反应进行的方向。标准平衡常数越大，正反应进行的趋势也越大。

(1) 反应的标准平衡常数为

$$K_1=\frac{c([HgY]^{2-})c^4(NH_3)}{c([Hg(NH_3)_4]^{2+})c(Y^{4-})}\times\frac{c(Hg^{2+})}{c(Hg^{2+})}=\frac{c([HgY]^{2-})}{c(Hg^{2+})c(Y^{4-})}\times\frac{c^4(NH_3)c(Hg^{2+})}{c([Hg(NH_3)_4]^{2+})}$$

$$=\frac{K_f([HgY]^{2-})}{K_f([Hg(NH_3)_4]^{2+})}=\frac{6.3\times10^{21}}{1.9\times10^{19}}=3.3\times10^2$$

反应的平衡常数不太大，在浓度相近的情况下，反应正向进行。

(2) 反应的标准平衡常数为

$$K_2=\frac{c(Cu^{2+})c([Zn(NH_3)_4]^{2+})}{c(Zn^{2+})c([Cu(NH_3)_4]^{2+})}\times\frac{c^4(NH_3)}{c^4(NH_3)}=\frac{c([Zn(NH_3)_4]^{2+})}{c(Zn^{2+})c^4(NH_3)}\times\frac{c(Cu^{2+})c^4(NH_3)}{c([Cu(NH_3)_4]^{2+})}$$

$$=\frac{K_f([Zn(NH_3)_4]^{2+})}{K_f([Cu(NH_3)_4]^{2+})}=\frac{2.9\times10^9}{2.1\times10^{13}}=1.4\times10^{-4}$$

反应的平衡常数很小，在Zn^{2+}浓度并不远大于Cu^{2+}浓度的情况下，反应逆向进行。

(3) 反应的标准平衡常数为

$$K_3=\frac{c^4(CN^-)}{c^2([Ag(CN)_2]^-)c(S^{2-})}\times\frac{c^2(Ag^+)}{c^2(Ag^+)}=\frac{c^4(CN^-)c^2(Ag^+)}{c^2([Ag(CN)_2]^-)}\times\frac{1}{c^2(Ag^+)c(S^{2-})}$$

$$=\frac{1}{K_f{}^2([Ag(CN)_2]^-)K_{sp}(Ag_2S)}=\frac{1}{(1.26\times10^{21})^2\times6.3\times10^{-50}}=10^7$$

反应的平衡常数很大，大于 10^5，反应几乎单向向右进行。

(4) 反应的标准平衡常数为

$$K_4=\frac{c^2(NH_4{}^+)}{c([Ag(NH_3)_2]^+)c^2(H^+)c(Cl^-)}\times\frac{c^2(NH_3)c(Ag^+)}{c^2(NH_3)c(Ag^+)}$$

$$=\frac{c^2(NH_3)c(Ag^+)}{c([Ag(NH_3)_2]^+)}\times\frac{c^2(NH_4{}^+)}{c^2(H^+)c^2(NH_3)}\times\frac{1}{c(Ag^+)c(Cl^-)}$$

$$=\frac{1}{K_f([Ag(NH_3)_2]^+)}\times\frac{K_b^2(NH_3)}{K_w^2}\times\frac{1}{K_{sp}(AgCl)}$$

$$=\frac{1}{1.1\times10^7}\times\frac{(1.8\times10^{-5})^2}{(1.0\times10^{-14})^2}\times\frac{1}{1.77\times10^{-10}}=1.66\times10^{21}$$

反应的平衡常数很大，远大于 10^5，反应几乎单向向右进行。

解析：解此类题目，先写出平衡关系浓度表达式，再设法转换成我们比较熟悉的形式，如不同配位剂争夺金属离子，分子分母同乘金属离子平衡浓度，这时平衡常数可转化成不同配合物稳定常数之比；如不同金属离子争夺同一种配位剂，分子分母同乘配位剂平衡浓度（或有一定的指数），这时平衡常数可转化成不同配合物稳定常数之比；如沉淀剂与配位剂争夺金属离子，分子分母同乘金属离子平衡浓度（或有一定的指数），这时平衡常数可转化成配合物稳定常数和沉淀溶度积常数乘积的倒数；如 H^+ 与金属离子争夺配位剂，分子分母同乘配位剂平衡浓度，这时平衡常数可转化成配合物稳定常数和酸解离常数（或有一定的指数）乘积的倒数。

若平衡常数大于 10^5，可认为反应单向向右，若平衡常数小于 10^{-5}，可认为反应单向向左，若平衡常数在 10^{-5}～10^5 范围，可通过浓度调节控制反应方向。

4. 答：价键理论认为：

$[Fe(CN)_6]^{4-}$ 配离子中，配位原子 C 电负性小，对中心离子 d 电子影响较大，使中心体离子的 6 个 3d 电子归并成 3 个 3d 轨道，剩下 2 个 3d 轨道与 4s，4p 轨道杂化，以 d^2sp^3 杂化轨道形成配离子。因此配离子中电子全部配对而呈反磁性。

$[Fe(H_2O)_6]^{2+}$ 配离子中，配位原子 O 电负性大，对中心离子 d 电子影响较小，中心体离子的 6 个 3d 电子分占 5 个 3d 轨道，以 4s，4p 和 4d 轨道组合成 sp^3d^2 杂化轨道形成配离子。因为 3d 轨道中有 4 个未成对电子而使配离子呈顺磁性。

晶体场理论认为：

题中所给的两个配离子都是八面体型。在八面体场中，中心离子 Fe^{2+} 的 5 个 3d 轨道在配体场的影响下分裂成两组：2 个高能级的 d_γ 轨道和 3 个较低能级的 d_ε 轨道。

在 $[Fe(CN)_6]^{4-}$ 配离子中，CN^- 为强场配体，因此中心离子 Fe^{2+} 的 d 电子组态为 $d_\varepsilon^6d_\gamma^0$，即 6 个 d 电子占据 3 个 d_ε 轨道且两两配对，使配离子呈反磁性。

在 $[Fe(H_2O)_6]^{2+}$ 配离子中，H_2O 为弱场配体，因此中心离子 Fe^{2+} 的 d 电子组态为 $d_\varepsilon^4d_\gamma^2$，即 6 个 d 电子分占 5 个 d 轨道，因此有 4 个未成对电子而使配离子呈顺磁性。

五、计算题

1. 解 合并未反应前，$c(Ag^+)=\frac{0.1\times40}{50}=0.08mol\cdot L^{-1}$，$c(NH_3)=\frac{15\times10}{50}=3mol\cdot L^{-1}$

NH_3 远远过量，可认为 Ag^+ 几乎全部结合成$[Ag(NH_3)_2]^+$，设结合后解离出的 $c(Ag^+)=x mol \cdot L^{-1}$

$$Ag^+ + 2NH_3 \rightleftharpoons [Ag(NH_3)_2]^+$$

开始浓度/$mol \cdot L^{-1}$　　0　　$3-2\times0.08$　　0.08

平衡浓度/$mol \cdot L^{-1}$　　x　　$2.84+2x$　　$0.08-x$

由于 K_f 很大，x 很小，$2.84+2x\approx2.84$，$0.08-x\approx0.08$

$$由\quad K_f=\frac{c([Ag(NH_3)_2]^+)}{c(Ag^+)c^2(NH_3)}$$

$$得\ c(Ag^+)=x=\frac{c([Ag(NH_3)_2]^+)}{K_f c^2(NH_3)}=\frac{0.08}{1.1\times10^7\times2.84^2}=9.02\times10^{-10} mol \cdot L^{-1}$$

$$c(NH_3)=2.84+2x\approx2.84 mol \cdot L^{-1}$$

$$c([Ag(NH_3)_2]^+)=0.08 mol \cdot L^{-1}$$

解析：首先算出溶液混合后瞬间有关物质的浓度，混合后，浓度降低，根据稀释定律，求出稀释后配位反应开始前有关物质浓度；一般情况下，配位剂远过量，且 K_f 一般较大，配位反应很完全，解离出的游离金属离子浓度很小，在计算配离子平衡浓度和剩下配位剂平衡浓度时完全可忽略其影响，这样计算简便，精确度几乎不受影响，然后代入到配位平衡关系表达式进行计算；一个金属离子往往结合多个配体分子或离子，计算时不要漏掉配位剂浓度项的指数。

2. 解　（1）设平衡时溶液中 $c(Cu^{2+})=x mol \cdot L^{-1}$

$$Cu^{2+} + 4NH_3 \rightleftharpoons [Cu(NH_3)_4]^{2+}$$

平衡浓度/$mol \cdot L^{-1}$　　x　　$6.0-0.4+4x$　　$0.10-x$

代入平衡关系表达式　　$K_f=\dfrac{c([Cu(NH_3)_4]^{2+})}{c(Cu^{2+})c^4(NH_3)}$

$$c(Cu^{2+})=x=\frac{c([Cu(NH_3)_4]^{2+})}{K_f c^4(NH_3)}=\frac{0.1-x}{2.1\times10^{13}\times(5.6+4x)^4}$$

$$\approx\frac{0.10}{2.1\times10^{13}\times5.6^4}=4.84\times10^{-18} mol \cdot L^{-1}$$

（2）加水稀释后，$c(NH_3)=6.0/10=0.6 mol \cdot L^{-1}$，设平衡时溶液中 $c(Cu^{2+})=y mol \cdot L^{-1}$

$$Cu^{2+} + 4NH_3 \rightleftharpoons [Cu(NH_3)_4]^{2+}$$

平衡浓度/$mol \cdot L^{-1}$　　y　　$0.6-0.04+4y$　　$0.010-y$

代入平衡关系表达式　　$K_f=\dfrac{c([Cu(NH_3)_4]^{2+})}{c(Cu^{2+})c^4(NH_3)}$

$$c(Cu^{2+})=y=\frac{c([Cu(NH_3)_4]^{2+})}{K_f c^4(NH_3)}=\frac{0.010-y}{2.1\times10^{13}\times(0.56+4y)^4}$$

$$\approx\frac{0.010}{2.1\times10^{13}\times0.56^4}=4.8\times10^{-15} mol \cdot L^{-1}$$

解析：同第 1 题，配位剂远过量，且 K_f 较大，配位反应很完全，解离出的游离金属离子浓度很小，从计算出数据可见，即使稀释 10 倍时，其数据在计算配离子平衡浓度和剩下配位剂平衡浓度时完全可忽略。稀释后，配离子浓度减小 10 倍，但由于平衡左移，Cu^{2+} 浓度增加了 1000 倍。

3. 解　合并未反应前，$c([Ag(CN)_2^-])=0.20/2=0.1 mol \cdot L^{-1}$，$c(I^-)=0.20/2=0.1 mol \cdot L^{-1}$

要不产生 AgI 沉淀，$c(Ag^+)\leqslant\frac{K_{sp}^{\ominus}(AgI)}{c(I^-)}=\frac{8.51\times10^{-17}}{0.1}=8.51\times10^{-16}mol\cdot L^{-1}$

设平衡体系中 $c(CN^-)=x mol\cdot L^{-1}$

$$Ag^+ \quad + \quad 2CN^- \rightleftharpoons [Ag(CN)_2]^-$$

平衡浓度/$mol\cdot L^{-1}$　8.51×10^{-16}　x　$0.1-8.51\times10^{-16}\approx0.1$

代入平衡关系表达式 $K_f=\frac{c([Ag(CN)_2]^-)}{c(Ag^+)c^2(CN^-)}$

$$c(CN^-)=x=\sqrt{\frac{c([Ag(CN)_2]^-)}{K_f\times c(Ag^+)}}=\sqrt{\frac{0.1}{1.3\times10^{21}\times8.51\times10^{-16}}}=3.0\times10^{-4}mol\cdot L^{-1}$$

解析：先根据溶度积关系，求出不产生沉淀所容许的 Ag^+，溶液中有 CN^- 与 Ag^+ 配位，而且溶液中还必须存在有游离的 CN^-，在配位平衡中控制所容许 Ag^+ 浓度（也是 Ag^+ 的平衡浓度），然后代入平衡关系表达式，计算出所需 CN^- 浓度。

4. 解　溶液中 $c(OH^-)=K_b(NH_3)\frac{c(NH_3)}{c(NH_4^+)}=1.8\times10^{-5}\times\frac{0.1}{0.01}=1.8\times10^{-4}mol\cdot L^{-1}$

设溶液中 $c(Cu^{2+})=x mol\cdot L^{-1}$

$$Cu^{2+}+4NH_3 \rightleftharpoons [Cu(NH_3)_4]^{2+}$$

平衡浓度/$mol\cdot L^{-1}$　x　$0.1+4x$　$0.15-x$

代入平衡关系表达式　$K_f=\frac{c([Cu(NH_3)_4]^{2+})}{c(Cu^{2+})c^4(NH_3)}$

$$c(Cu^{2+})=x=\frac{c([Cu(NH_3)_4]^{2+})}{K_f c^4(NH_3)}=\frac{0.15-x}{2.1\times10^{13}\times(0.1+4x)^4}$$

$$\approx\frac{0.15}{2.1\times10^{13}\times0.1^4}=7.14\times10^{-11}mol\cdot L^{-1}$$

$$Q[Cu(OH)_2]=c(Cu^{2+})\times c^2(OH^-)=7.14\times10^{-11}\times(1.8\times10^{-4})^2$$

$$=2.3\times10^{-18}>K_{sp}[Cu(OH)_2]$$

有 $Cu(OH)_2$ 沉淀出现。

解析：沉淀是否出现，浓度商和其溶度积比较即可知；溶液中同时含有 NH_3 和 NH_4Cl，是缓冲溶液，可用计算缓冲溶液的公式计算 $c(OH^-)$，再根据配位平衡关系表达式计算 $c(Cu^{2+})$，NH_3 同时参与酸碱平衡和配位平衡。

5. 解　(1) 设 AgBr 在 $1.0mol\cdot L^{-1}Na_2S_2O_3$ 溶液中的溶解度为 $s mol\cdot L^{-1}$，根据题意，有

$$AgBr(s)+2S_2O_3^{2-}(aq) \rightleftharpoons [Ag(S_2O_3)_2]^{3-}(aq)+Br^-(aq)$$

初始浓度/$mol\cdot L^{-1}$　1.0　0　0

平衡浓度/$mol\cdot L^{-1}$　$1.0-2s$　s　s

$$K=\frac{c([Ag(S_2O_3)_2]^{3-})c(Br^-)}{c(S_2O_3{}^{2-})}\times\frac{c(Ag^+)}{c(Ag^+)}=\frac{c([Ag(S_2O_3)_2]^{3-})}{c(S_2O_3{}^{2-})c(Ag^+)}\times\frac{c(Ag^+)c(Br^-)}{1}$$

$$=K_f\times K_{sp}=1.6\times10^{13}\times5.35\times10^{-13}=8.56$$

$$K=\frac{s^2}{(1.0-2s)^2}=8.56$$

$$s=0.427mol\cdot L^{-1}$$

(2) 500mL 浓度为 $1.0mol\cdot L^{-1}$ 的 $Na_2S_2O_3$ 溶液可溶解 AgBr 的质量为

$$m=0.427\times500\times10^{-3}\times188=40.1g$$

解析：计算沉淀在配位剂中的溶解量，先写出沉淀在配位剂中溶解的方程式，平衡时配合物的浓度或原沉淀阴离子的浓度即为沉淀的溶解度（$mol \cdot L^{-1}$）或其离子系数倍，代入平衡关系表达式，该平衡常数即为配合物的稳定常数与沉淀溶度积常数相乘（物质前系数为常数项指数），求出溶解度。

6. 解　设 1.0 L 1.00$mol \cdot L^{-1}$ 氨水可溶解 $x$mol AgBr，并设溶解达平衡时 $c([Ag(NH_3)_2]^+) = x mol \cdot L^{-1}$（严格讲应略小于 $x mol \cdot L^{-1}$）$c(Br^-) = x mol \cdot L^{-1}$

$$AgBr(s) + 2NH_3 \cdot H_2O \rightleftharpoons [Ag(NH_3)_2]^+ + Br^- + 2H_2O$$

平衡浓度/$mol \cdot L^{-1}$　　$1.0-2x$　　x　　x

$K^{\ominus} = K_f^{\ominus}([Ag(NH_3)_2]^+) \cdot K_{sp}^{\ominus}(AgBr) = 1.1\times10^7 \times 5.35\times10^{-13} = 5.88\times10^{-6}$

$$K^{\ominus} = \frac{c([Ag(NH_3)_2]^+)c(Br^-)}{c^2(NH_3)} = \frac{x\times x}{(1.0-2x)^2} = 5.88\times10^{-6}$$

$$x = 2.4\times10^{-3} mol \cdot L^{-1}$$

故 1.0 L 1.0$mol \cdot L^{-1}$　$NH_3 \cdot H_2O$ 可溶解 2.4×10^{-3}mol AgBr。

则 100mL 1.0$mol \cdot L^{-1}$ $NH_3 \cdot H_2O$ 只能溶解 AgBr 的克数为

$2.4\times10^{-3} mol \cdot L^{-1} \times 0.10L \times 187.77\ g \cdot mol^{-1} = 0.045\ g < 0.10\ g$

即 0.10g AgBr 不能完全溶解于 100mL 1.00$mol \cdot L^{-1}$的氨水中。

解析：方法同第 4 题，也可求溶解 0.10g AgBr 所需氨水的量，如设 1.0 L 溶液在溶解平衡时$[Ag(NH_3)_2]^+$的浓度为 $0.10/187.77 = 5.3\times10^{-4} mol \cdot L^{-1}$，此时把溶液中 NH_3 的浓度求出，加上配位所需 NH_3 的浓度，与所给 NH_3 的浓度比较，结果大于所给 NH_3 的浓度，表示用所给 NH_3 无法溶解 0.10g AgBr 固体。

7. 解

$$AgIO_3(s) + 2NH_3 \rightleftharpoons [Ag(NH_3)_2]^+ + IO_3^-(aq)$$

平衡浓度/$mol \cdot L^{-1}$　　$1-2\times\frac{85}{283}$　　$\frac{85}{283}$　　$\frac{85}{283}$

$$平衡常数\ K = \frac{c([Ag(NH_3)_2]^+)c(IO_3^-)}{c^2(NH_3)} \times \frac{c(Ag^+)}{c(Ag^+)}$$

$$= K_f([Ag(NH_3)_2]^+)K_{sp}(AgIO_3) = \frac{\left(\frac{85}{283}\right)^2}{\left(1-2\times\frac{85}{283}\right)^2}$$

已知 $K_{sp}(AgIO_3) = 4.5\times10^{-8}$，解得　$K_f([Ag(NH_3)_2]^+) = 1.23\times10^7$。

解析：用一定量氨水处理时溶解了 85g $AgIO_3$，由此可算出平衡时$[Ag(NH_3)_2]^+$和 IO_3^- 的浓度，并按反应方程式得出 NH_3 反应后的剩余浓度，这些均为平衡浓度，依此可求出该反应的平衡常数；又难溶盐被配位剂溶解的平衡常数可推导得配离子稳定常数与难溶盐溶度积常数之乘积，因已知溶度积常数，可求出配离子稳定常数。

8. 解　根据能斯特方程，有

$$E^{\ominus}([Ag(NH_3)_2]^+/Ag) = E^{\ominus}(Ag^+/Ag) + 0.0592\times \lg c(Ag^+)$$

$$Ag^+ + 2NH_3 \rightleftharpoons [Ag(NH_3)_2]^+$$

在标准态下，有

$$c([Ag(NH_3)_2]^+) = c(NH_3) = 1.0 mol \cdot L^{-1}$$

根据平衡关系

$$K_f = \frac{c([Ag(NH_3)_2]^+)}{c(Ag^+)c^2(NH_3)}$$

得

$$c(Ag^+) = \frac{c([Ag(NH_3)_2]^{2+})}{K_f c^2(NH_3)} = \frac{1}{1.1\times10^7\times1^2} = 9.09\times10^{-8} mol \cdot L^{-1}$$

$$E^{\ominus}([Ag(NH_3)_2]^+/Ag)=E^{\ominus}(Ag^+/Ag)+0.0592\times \lg c(Ag^+)$$
$$=0.80+0.0592\times \lg(9.09\times 10^{-8})=0.38V$$

解析：$E^{\ominus}([Ag(NH_3)_2]^+/Ag)$的标准电极电势在本质上还是$E(Ag^+/Ag)$的电极电势，只是$Ag^+$的浓度不在$1.0mol\cdot L^{-1}$的标准态，而其它有关浓度如$[Ag(NH_3)_2]^+$，$NH_3$处于$1.0mol\cdot L^{-1}$的标准态，代入配位平衡关系表达式，计算出$Ag^+$的平衡浓度，代入能斯特方程即可求出电极电势。

9. 解 (1) $E^{\ominus}(Co^{3+}/Co^{2+})>E^{\ominus}(O_2/H_2O)$，标准态下，反应能自发进行。

(2) $E^{\ominus}([Co(NH_3)_6]^{3+}/[Co(NH_3)_6]^{2+})$

$= E^{\ominus}(Co^{3+}/Co^{2+})+0.592\times \lg c(Co^{3+})/c(Co^{2+})$

$$Co^{3+}+6NH_3 \rightleftharpoons [Co(NH_3)_6]^{3+}$$

$$K_f([Co(NH_3)_6]^{3+})=\frac{c([Co(NH_3)_6]^{3+})}{c(Co^{3+})c^6(NH_3)},c(Co^{3+})=\frac{c([Co(NH_3)_6]^{3+})}{K_f([Co(NH_3)_6]^{3+})c^6(NH_3)}$$

$$Co^{2+}+6NH_3 \rightleftharpoons [Co(NH_3)_6]^{2+}$$

$$K_f([Co(NH_3)_6]^{2+})=\frac{c([Co(NH_3)_6]^{2+})}{c(Co^{2+})c^6(NH_3)},c(Co^{2+})=\frac{c([Co(NH_3)_6]^{2+})}{K_f([Co(NH_3)_6]^{2+})c^6(NH_3)}$$

$E^{\ominus}([Co(NH_3)_6]^{3+}/[Co(NH_3)_6]^{2+})$

$$=E^{\ominus}(Co^{3+}/Co^{2+})+0.592\times \lg\frac{\dfrac{c([Co(NH_3)_6]^{3+})}{K_f([Co(NH_3)_6]^{3+})c^6(NH_3)}}{\dfrac{c([Co(NH_3)_6]^{2+})}{K_f([Co(NH_3)_6]^{2+})c^6(NH_3)}}$$

$$=E^{\ominus}(Co^{3+}/Co^{2+})+0.592\times \lg\frac{K_f([Co(NH_3)_6]^{2+})}{K_f([Co(NH_3)_6]^{3+})}=1.84+0.0592\times \lg\frac{4.4\times 10^4}{2.3\times 10^{35}}$$

$=0.02V$

$$2H_2O \rightleftharpoons O_2+4H^++4e^-$$

$$E(O_2/H_2O)=E^{\ominus}(O_2/H_2O)+\frac{0.0592}{4}\lg\frac{c^4(H^+)}{1}=E^{\ominus}(O_2/H_2O)+\frac{0.0592}{4}\lg\left[\frac{K_w}{c(OH^-)}\right]^4$$

$=1.23+(0.0592/4)\lg(10^{-14})^4=0.40V$

$E^{\ominus}([Co(NH_3)_6]^{3+}/[Co(NH_3)_6]^{2+})<E(O_2/H_2O)$

反应不能自发进行。

解析：在标准状态下，反应能否自发进行，只需比较标准电极电势，氧化剂的标准电极电势大于还原剂的标准电极电势，反应自发进行。本题中$E^{\ominus}([Co(NH_3)_6]^{3+}/[Co(NH_3)_6]^{2+})$，其标准态是配离子和配位剂的浓度处于标准态，根据配位平衡，算出游离的Co^{3+}和Co^{2+}浓度，代入能斯特方程，求出电极电势；同样，求出OH^-浓度为标准态时的$E(O_2/H_2O)$，比较电极电势，判断反应是否自发。

10. 解 溶液混合后，有关物质浓度发生了变化，$c(Fe^{3+})=0.5/2=0.25mol\cdot L^{-1}$，$c(I^-)=1/2=0.5mol\cdot L^{-1}$。

$E(I_2/I^-)=E^{\ominus}(I_2/I^-)+0.0592\times \lg[1/c(I^-)]=0.54+0.0592\times \lg(1/0.5)=0.56V$

当$E(Fe^{3+}/Fe^{2+})=E(I_2/I^-)=0.56V$时，体系无$I_2$析出，因此

$$E(Fe^{3+}/Fe^{2+})=E^{\ominus}(Fe^{3+}/Fe^{2+})+0.0592\times \lg\frac{c(Fe^{3+})}{c(Fe^{2+})}=0.77+0.0592\times \lg\frac{c(Fe^{3+})}{c(Fe^{2+})}=0.56$$

得$\dfrac{c(Fe^{3+})}{c(Fe^{2+})}=2.84\times 10^{-4}$，根据配位平衡，$Fe^{3+}+6CN^- \rightleftharpoons [Fe(CN)_6]^{3-}$

$$K_f([Fe(CN)_6]^{3-})=\frac{c([Fe(CN)_6]^{3-})}{c(Fe^{3+})c^6(CN^-)}\text{得 } c(Fe^{3+})=\frac{c([Fe(CN)_6]^{3-})}{K_f([Fe(CN)_6]^{3-})c^6(CN^-)}$$

同理　$$c(Fe^{2+})=\frac{c([Fe(CN)_6]^{4-})}{K_f([Fe(CN)_6]^{4-})c^6(CN^-)}$$

$$\frac{c(Fe^{3+})}{c(Fe^{2+})}=\frac{c([Fe(CN)_6]^{3-})K_f([Fe(CN)_6]^{4-})}{c([Fe(CN)_6]^{4-})K_f([Fe(CN)_6]^{3-})}=\frac{c([Fe(CN)_6]^{3-})\times1.0\times10^{37}}{c([Fe(CN)_6]^{4-})\times1.0\times10^{42}}=2.84\times10^{-4}$$

所以　$$\frac{c([Fe(CN)_6]^{3-})}{c([Fe(CN)_6]^{4-})}=28.4$$

因 Fe 全部用于配合，$c([Fe(CN)_6]^{3-})+c([Fe(CN)_6]^{4-})\approx0.25\text{mol}\cdot\text{L}^{-1}$

$$c([Fe(CN)_6]^{4-})\approx\frac{0.25}{1+28.4}=8.50\times10^{-3}\text{mol}\cdot\text{L}^{-1}$$

根据$\frac{c([Fe(CN)_6]^{4-})}{c(Fe^{2+})c^6(CN^-)}=K_f([Fe(CN)_6]^{4-})$，设 $c(Fe^{2+})=1.0\times10^{-6}\text{mol}\cdot\text{L}^{-1}$

$$c(CN^-)=\sqrt[6]{\frac{c([Fe(CN)_6]^{4-})}{c(Fe^{2+})K_f([Fe(CN)_6]^{4-})}}=\sqrt[6]{\frac{8.50\times10^{-3}}{1.0\times10^{-6}\times1.0\times10^{37}}}=3.1\times10^{-6}\text{mol}\cdot\text{L}^{-1}$$

$$c(CN^-)=\{c([Fe(CN)_6]^{4-})+c([Fe(CN)_6]^{3-})\}\times6+c(CN^-)(\text{游离})$$
$$=0.25\times6+3.1\times10^{-6}=1.50\text{mol}\cdot\text{L}^{-1}$$

所以，加入 NaCN 的物质的量为 $20\times10^{-3}\times1.5=0.03\text{mol}$

解析：因体系存在 Fe^{3+} 和 I^-，要使氧化还原反应不发生，必须 $E(Fe^{3+}/Fe^{2+})\leqslant E(I_2/I^-)$。然后根据能斯特方程式求出游离的 Fe^{3+} 和 Fe^{2+} 的浓度比，要达到此浓度比，根据配位平衡与配离子与游离离子浓度关系求出，可算出各自氰根配合离子的浓度比，最后求出所需 CN^- 的总浓度。

11. 解　（1）正极反应：$Ag^++e^-\rightleftharpoons Ag$

负极反应：$Ag(CN)_2^-+e^-\rightleftharpoons Ag+2CN^-$

电池反应：$Ag^++2CN^-\rightleftharpoons Ag(CN)_2^-$

（2）$E(Ag^+/Ag)=E^\ominus(Ag^+/Ag)+0.0592\lg c(Ag^+)=0.80+0.0592\times\lg0.1=0.741\text{V}$

$$E[Ag(CN)_2^-/Ag]=E^\ominus[Ag(CN)_2^-/Ag]+0.0592\times\lg\frac{c([Ag(CN)_2]^-)}{c^2(CN^-)}$$
$$=-0.44+0.0592\times\lg0.1=-0.499\text{V}$$

$$E=E(Ag^+/Ag)-E[Ag(CN)_2^-/Ag]=0.741-(-0.499)=1.24\text{V}$$

（3）$$\lg K^\ominus=\frac{nE^\ominus}{0.0592}=\frac{1\times[0.80-(-0.44)]}{0.0592}=20.946$$

$$K^\ominus=8.83\times10^{20}$$

（4）$$E^\ominus[Ag(CN)_2^-/Ag]=E^\ominus(Ag^+/Ag)+0.0592\times\lg c(Ag^+)$$
$$=E^\ominus(Ag^+/Ag)-0.0592\times\lg K_f^\ominus[Ag(CN)_2^-]$$

$$\lg K_f^\ominus[Ag(CN)_2^-]=\frac{E^\ominus(Ag^+/Ag)-E^\ominus[Ag(CN)_2^-/Ag]}{0.0592}=\frac{0.80+0.44}{0.0592}=20.946$$

$$K_f^\ominus[Ag(CN)_2^-]=8.83\times10^{20}$$

解析：两电极反应的本质是一样的，都是 Ag^+/Ag，只是 Ag^+ 浓度不同，也可看作浓差原电池，负极 Ag^+ 的浓度由 CN^- 的浓度控制，在有关浓度已知及标准电极电势已知的情况下代入能斯特方程可求出电极电势和电动势。电极反应就是配位反应，故该反应的平衡常数等于与用标准电动势与电池反应平衡常数关系求出的平衡常数一致。

12. 解　Fe^{2+}的价电子层构型为d^6。

（1）在$[Fe(H_2O)_6]^{2+}$中，因为分裂能$\Delta_o=10400cm^{-1}$，电子成对能$P=15000cm^{-1}$，没有新归并的成对电子，无成对能。

电子分布为$d_\varepsilon^4 d_\gamma^2$，$d_\varepsilon$有3条轨道，$d_\gamma$有2条轨道，单电子数$n=4$

所以磁矩$\mu=\sqrt{n(n+2)}=\sqrt{4(4+2)}=4.9BM$

晶体场稳定化能$CFSE=4\times(-0.4\Delta_o)+2\times0.6\Delta_o$

$=4\times(-0.4\times10400)+2\times0.6\times10400=-4160\ cm^{-1}$

（2）在$[Fe(CN)_6]^{4-}$中，因为分裂能$\Delta_o=33000cm^{-1}$，电子成对能$P=15000cm^{-1}$，有2对新归并的成对电子。

电子分布为$d_\varepsilon^6 d_\gamma^0$，$d_\varepsilon$有3条轨道，6个电子，单电子数$n=0$

所以磁矩$\mu=\sqrt{n(n+2)}=\sqrt{0(0+2)}=1.4BM$

晶体场稳定化能$CFSE=6\times(-0.4\Delta_o)+2P$

$=6\times(-0.4\times33000)+2\times15000=-49200cm^{-1}$

解析：不同的配体，对d轨道的作用不同，使d轨道分裂能不同，若分裂能大于成对能，本来在较高能量d_γ轨道的电子归并到有单电子的d_ε轨道，使单电子数减少，磁矩减小，并可根据d电子的重新分布求出晶体场稳定化能。

第七章 元素化学（1）主族元素

中 学 链 接

一、金属元素

1. 金属的物理性质

在常温下一般为固态，大多呈银白色，是电和热的良导体，一般有较高的硬度和熔点，有好的延展性。

2. 结构与化学性质

由于最外层电子一般小于4，在同周期中半径较大，在反应中易失去电子呈还原性，能与非金属、水、酸反应（较活泼金属的置换反应）。

3. 钠及其重要化合物

（1）物理性质　密度：0.97g/cm^3，小于水；硬度小、可用刀片切开；银白色金属；熔点低：97.8℃。

（2）化学性质

① 与 O_2 反应（保存在煤油中）

$$4Na + O_2 \longrightarrow 2Na_2O$$（在空气中，表现为金属光泽消失）

$$2Na + O_2 \longrightarrow Na_2O_2$$（在空气或氧气中点燃）

② 与其它非金属反应

$$2Na + Cl_2 \longrightarrow 2NaCl$$

$$2Na + S \longrightarrow Na_2S$$

③ 与水反应

$$2Na + 2H_2O \longrightarrow 2NaOH + H_2$$（描述把小块钠放入加过酚酞后的水中的情景）

④ 钠的化合物的性质

a. 普通氧化物——碱性氧化物

$$Na_2O + CO_2 \longrightarrow Na_2CO_3$$

$$Na_2O + H_2O \longrightarrow 2NaOH$$

b. 过氧化物——含有过氧链

$$2Na_2O_2 + 2H_2O \longrightarrow 4NaOH + O_2\uparrow$$

$$2Na_2O_2 + 2H_2SO_4 \longrightarrow 2Na_2SO_4 + 2H_2O + O_2\uparrow$$

c. 常见钠盐的反应

$$Na_2CO_3 + Ca(OH)_2 \longrightarrow CaCO_3\downarrow + 2NaOH$$

$$Na_2CO_3 + CO_2 + H_2O \longrightarrow 2NaHCO_3$$

$$2NaCl + 2H_2O \xrightarrow{电解} H_2\uparrow + 2NaOH + Cl_2\uparrow$$

4. 铝及其重要化合物

（1）物理性质　导热导电性良好，延展性好。

（2）化学性质

① 与 O_2 及其它非金属反应

$4Al+3O_2 \longrightarrow 2Al_2O_3$（放热很多，很稳定，在铝金属表面形成氧化物保护膜，俗称“钝化”）

$$2Al+3S \longrightarrow Al_2S_3$$

$$2Al+3Cl_2 \longrightarrow 2AlCl_3$$

② 铝热反应

$2Al+Fe_2O_3 \longrightarrow Al_2O_3+2Fe$　（V_2O_5、Cr_2O_3、MnO_2 也能发生铝热反应）

③ 铝的两性

$$2Al+6HCl \longrightarrow 2AlCl_3+3H_2\uparrow$$

$$2Al+2NaOH+2H_2O \longrightarrow 2NaAlO_2+3H_2\uparrow$$

④ 氧化铝和氢氧化铝的两性

$$Al_2O_3+6HCl \longrightarrow 2AlCl_3+3H_2O$$

$$Al_2O_3+2NaOH \longrightarrow 2NaAlO_2+H_2O$$

$$Al(OH)_3+3HCl \longrightarrow AlCl_3+3H_2O$$

$$Al(OH)_3+NaOH \longrightarrow NaAlO_2+2H_2O$$

⑤ 铝的复盐——明矾 $KAl(SO_4)_2 \cdot 12H_2O$

$$KAl(SO_4)_2 = K^++Al^{3+}+2SO_4^{2-}$$

$$Al^{3+}+3H_2O \rightleftharpoons Al(OH)_3\text{(胶体)}+3H^+\text{(作净水剂)}$$

二、非金属元素

1. 非金属概论

（1）结构和物理性质　单质常由两个或两个以上原子通过共价键结合而成，如 O_2、I_2、P_4、S_8，它们是分子晶体，熔点较低，易挥发或升华。有些是原子晶体，如 C（金刚石）、Si、B 熔点高。

（2）化学性质　核外电子数较多（一般多于 5 个），半径较小，在化学反应中易得电子呈一定的氧化性，若碰到较强的氧化剂，如 O_2、F_2 则呈还原性。单质在碱溶液中会发生歧化反应。

2. 卤素

位于周期表ⅦA 族，共有 F、Cl、Br、I、At 五种元素。

（1）氯气　黄绿色有刺激性气味的有毒气体，密度是空气的 2.5 倍，1 体积水溶解 2 体积 Cl_2，易加压液化。

① Cl_2 单质的化学性质

a. 与金属反应（与绝大多数金属直接化合）

$$2Na+Cl_2 \longrightarrow 2NaCl,\quad 2Fe+3Cl_2 \longrightarrow 2FeCl_3$$

b. 与 H_2 反应

$$H_2+Cl_2 \longrightarrow 2HCl$$

c. 与水、碱反应

$$Cl_2+H_2O \rightleftharpoons HCl+HClO$$

$$Cl_2+2NaOH \longrightarrow NaCl+NaClO+H_2O$$

② 氯化氢与盐酸

a. 氯化氢（HCl）：是纯净物，有刺激性气味，密度为空气的1.36倍，1体积水能溶解500体积HCl气体。

b. 盐酸：HCl气体溶于水，是混合物，具有酸的通性。

$$Fe_2O_3+6HCl \longrightarrow 2FeCl_3+3H_2O$$

$$Zn+2HCl \longrightarrow ZnCl_2+H_2\uparrow$$

$$HCl+NaOH \longrightarrow NaCl+H_2O$$

c. Cl^- 的检验

$AgNO_3+Cl^- \longrightarrow AgCl+NO_3^-$，加入稀硝酸后沉淀不消失。

③ 次氯酸　有漂白消毒作用

$$Cl_2+H_2O \rightleftharpoons HCl+HClO$$

漂粉精：$2Cl_2+2Ca(OH)_2 \longrightarrow CaCl_2+Ca(ClO)_2+2H_2O$

(2) 氟、溴、碘

① 氟

$$F_2+H_2 \longrightarrow 2HF$$

$$2F_2+2H_2O \longrightarrow 4HF+O_2$$

$4HF+SiO_2 \longrightarrow SiF_4+2H_2O$，　HF是弱酸

② 溴　红棕色液体，有毒，在水中溶解度较小，易溶于有机溶剂。

③ 碘　紫黑色固体，易升华，难溶于水，易溶于有机溶剂，遇淀粉变蓝色。

溴、碘的化学性质与 Cl_2 相似。

与金属反应：$Zn+I_2 \longrightarrow ZnI_2$

与 H_2 反应：$H_2+Br_2 \longrightarrow 2HBr$

卤素间的置换反应：$2NaBr+Cl_2 \longrightarrow 2NaCl+Br_2$

3. 硫及其化合物

(1) 硫（硫黄）　浅黄色固体，不溶于水，溶于 CS_2。

与金属反应：$2Cu+S \longrightarrow Cu_2S$，$Hg+S \longrightarrow HgS$

与非金属反应：$H_2+S \longrightarrow H_2S$，$S+O_2 \longrightarrow SO_2$

(2) SO_2　有刺激性气味，密度是空气的4.2倍，有漂白作用，1体积水能溶解40体积 SO_2。SO_2 是形成酸雨（$pH<5.6$）的主要物质，主要由燃烧煤炭放出。

① 与水或碱性氧化物作用

$SO_2+H_2O \rightleftharpoons H_2SO_3$，　$SO_2+CaO \longrightarrow CaSO_3$

② 氧化还原性

$$SO_2+2H_2S \longrightarrow 3S+2H_2O$$

$$2SO_2+O_2 \longrightarrow 2SO_3$$

(3) 硫化氢　有臭鸡蛋味的无色有毒气体，1体积水溶解2.6体积 H_2S。

① 可燃性

$2H_2S+3O_2$（O_2 充足）$\longrightarrow 2H_2O+2SO_2$

$2H_2S+O_2$（O_2 不充足）$\longrightarrow 2H_2O+2S$

② 还原性

$$H_2S+Br_2 \longrightarrow 2HBr+S$$

③ 沉淀剂

$$CuSO_4+H_2S \longrightarrow CuS\downarrow+H_2SO_4$$

(4) 硫酸

① 稀硫酸具有酸的通性：能与碱或碱性氧化物反应，与较活泼金属作用有 H_2 放出。

② 用可溶性钡盐可以鉴定 SO_4^{2-}。

③ 浓硫酸的特性：吸水性，脱水性，氧化性（能使某些金属如 Fe、Cr、Al 钝化）。

④ 硫酸的生产：SO_2 催化氧化法。

4. 氮及其化合物

(1) 氨和铵盐

① NH_3 是有刺激性的无色气体，加压易液化，1 体积水能溶解 700 体积 NH_3，其水溶液就是氨水。

② 化学性质：碱性，能使红色石蕊试纸变蓝。

$$NH_3 \cdot H_2O \rightleftharpoons NH_4^+ + OH^-$$

$$2NH_3 + H_2SO_4 \longrightarrow (NH_4)_2SO_4$$

还原性：$4NH_3 + 5O_2 \xrightarrow{\text{Pt-Rn}} 4NO + 6H_2O$

铵盐加热易分解：$NH_4Cl \xrightarrow{\triangle} NH_3 + HCl$

(2) 氮的氧化物

① $2NO$(无色)$+ O_2 \longrightarrow 2NO_2$(红棕色)

② $3NO_2 + H_2O \longrightarrow 2HNO_3 + NO\uparrow$

③ $2NO_2 \rightleftharpoons N_2O_4$

(3) 硝酸

① 氧化性强酸，不稳定，易分解。能氧化金属、非金属，使某些金属钝化。

② 硝酸的生产：氨催化氧化成 NO，在空气中被氧化成 NO_2，通入水中制成 HNO_3。

③ 硝酸盐的分解硝酸盐均不稳定，加热会分解，根据金属离子的不同，分解产物不同。

基 本 要 求

① 卤素的氧化性，在碱溶液中的歧化反应；卤化氢的还原性、酸性、稳定性的变化规律；卤素含氧酸及盐的性质。

② 过氧化氢的氧化还原性，硫的氧化物、氢化物、含氧酸及其盐的性质。

③ 氨及铵盐的性质；氮的氧化物的性质、硝酸的氧化性、硝酸盐的分解类型；亚硝酸的氧化还原性；硝酸根离子的鉴定。

④ 碱金属和碱土金属的通性。

知 识 要 点

一、卤素

1. 卤素的通性

卤素原子的价电子构型为 ns^2np^5，除氟只形成−1 氧化数的化合物外，氯、溴、碘都能形成多种氧化数（−1，+1，+3，+5，+7）的化合物。

在卤族元素中，从上到下，原子半径逐渐增加，电负性逐渐减小，单质氧化性按 F_2，Cl_2，Br_2，I_2 的次序递减。

卤素单质（除 F 外）都可发生歧化反应，歧化反应的倾向与卤素单质的性质、反应介质及反应温度有关。

2. 含卤化合物

（1）卤化物　活泼金属和较活泼金属的低氧化态卤化物是离子型的。它们的熔点、沸点、溶解度等性质与晶格能大小有关。非金属卤化物和 p 区元素的金属卤化物多数是共价型的。

（2）卤化氢（或氢卤酸）　氢卤酸的酸性按 $HF<HCl<HBr<HI$ 的顺序依次增强。卤化氢的极性、键能按 $HF>HCl>HBr>HI$ 的次序减小，热稳定性按 $HF>HCl>HBr>HI$ 的次序降低。沸点按 $HF>HI>HCl>HBr$ 的次序降低。卤离子的还原性按 $F^-<Cl^-<Br^-<I^-$ 次序增强。

（3）含氧酸及其盐

① 酸性强弱　$HXO_4>HXO_3>HXO_2>HXO$，卤素氧化态越高，含氧酸酸性越强。

$$HClO_n>HBrO_n>HIO_n$$

② 氧化性　$HClO_4<HClO_3<HClO_2<HClO$

③ 热稳定性　$HClO_4>HClO_3>HClO_2>HClO$

④ 含氧酸盐的氧化性小于相应的含氧酸，稳定性大于相应的含氧酸。

二、氧族元素

1. 氧族元素的原子结构特征

氧族元素的价电子构型为 ns^2np^4，除 O 元素（氧化数显示为 -2，-1，0）外，其它元素可显示的氧化数为 -2，0，$+4$，$+6$。

2. 氧及其化合物

（1）臭氧（O_3）　O_2 的同素异形体，性质介于原子氧和 O_2 之间，即比 O_2 有更强的氧化性和不稳定性。

（2）过氧化氢（H_2O_2）

① 不稳定性　$2H_2O_2 \longrightarrow 2H_2O+O_2$

② 氧化还原性　以氧化性为主。

3. 硫及其化合物

① 单质硫既有氧化性又有还原性，在碱性条件下歧化。

② 金属硫化物的溶度积相差较大，有溶于水、溶于稀酸、溶于浓盐酸、溶于硝酸、溶于王水多种。水溶性硫化物水解呈碱性。硫化物易形成多硫化物。

4. 硫的含氧化合物

（1）SO_2　较稳定的酸性氧化物，溶于水生成少量的 H_2SO_3（大部分以 SO_2 形式存在），H_2SO_3 是二元中强酸，有较强的还原性，若生成亚硫酸盐，还原性更强。

（2）SO_3　酸性氧化物，有较强的氧化性，溶于水生成硫酸，浓硫酸有较强的氧化性。

（3）硫代硫酸盐

① 不稳定性，遇酸分解，如

$$S_2O_3^{2-}+2H^+ \longrightarrow S\downarrow+SO_2\uparrow+H_2O$$

② 还原性

$$I_2+2Na_2S_2O_3 \longrightarrow Na_2S_4O_6+2NaI$$

$$4Cl_2+Na_2S_2O_3+5H_2O \longrightarrow 2NaCl+2H_2SO_4+6HCl$$

③ 配位性

$$AgBr(s)+2S_2O_3^{2-} \longrightarrow [Ag(S_2O_3)_2]^{3-}+Br^-$$

三、氮族元素

1. 氮族元素的原子结构特征

氮族元素的价电子构型为 ns^2np^3，从上到下，随着电子层数的增加，电负性逐渐减小，从 N 到 Bi，呈现了一个完整的由非金属、准金属到金属的渐变过程。元素可显示的氧化数为－3～＋5。由于有惰性电子对效应，从 As 到 Bi，＋3 氧化态的稳定性逐渐升高，＋5 氧化态的稳定性逐渐降低。

2. 氮及其化合物

(1) 氮的氢化物　具有碱性和还原性。

主要包括氨（铵盐）、羟胺、联胺（肼）和叠氮酸等。氨具有的性质为氨合反应、氧化还原反应及取代反应。

铵盐呈弱酸性，遇碱放出可使红色石蕊试纸变蓝的氨气，也可用奈氏试剂检验铵根离子。固态铵盐受热易分解，分解产物与相应的酸根有关：酸根无氧化性时，产物为 NH_3 和相应的酸；酸根有氧化性时，生成 NH_4^+ 的氧化物和酸根的还原产物。

(2) 氮的含氧酸及其盐　亚硝酸、硝酸及其盐。

① 亚硝酸盐在酸性时不稳定，即刻分解：

$$2HNO_2 \longrightarrow N_2O_3+H_2O \longrightarrow NO+NO_2+H_2O$$

亚硝酸盐中 N 的氧化数为＋3，具有氧化性和还原性：

$$2NO_2^-+2I^-+4H^+ \longrightarrow I_2+2NO+2H_2O$$

$$5NO_2^-+2MnO_4^-+6H^+ \longrightarrow 2Mn^{2+}+5NO_3^-+3H_2O$$

② 浓硝酸可将除氯、氧以外的非金属氧化，得到相应的含氧酸或非金属氧化物，本身被还原为 NO；硝酸与金属反应时，产物取决于金属的活泼性和硝酸的浓度：硝酸浓度较大时，主要产物为 NO_2，浓度稀时，主要产物为 NO，极稀时，主要产物是铵盐。

(3) 磷及其化合物

① 磷常见的同素异形体有白磷和红磷，红磷较稳定；白磷（P_4）为正四面体结构，其氧化物（P_4O_6、P_4O_{10}）仍保持该四面体结构，故磷与 O_2 反应活化能低，白磷在空气中会自燃，需保存于水中。

② 磷的含氧酸：磷的含氧酸包括次磷酸（H_3PO_2）、亚磷酸（H_3PO_3）、磷酸（H_3PO_4）及其相应的多聚磷酸等；低价的酸具有还原性（如 H_3PO_2）；磷酸是中等强度的三元酸，磷酸根的鉴定方法有磷钼酸盐法和磷酸银沉淀法。

(4) 砷、锑、铋的化合物　砷、锑、铋可以形成氧化数为＋3 和＋5 的氧化物和含氧酸。As(Ⅲ)，Sb(Ⅲ)，Bi(Ⅲ)化合物的还原性依次减弱，As(Ⅴ)，Sb(Ⅴ)，Bi(Ⅴ)化合物的氧化性依次增强。As(Ⅲ)，Sb(Ⅲ)，Bi(Ⅲ)硫化物的酸性依次减弱，碱性依次增强。

四、硼、碳、锡、铅及其化合物

1. 硼的化合物

硼的价电子构型为 $2s^2p^1$，能形成氧化数为＋3 的共价化合物，在硼的化合中，硼原子以 sp^2 或 sp^3 杂化轨道成键，以 sp^2 杂化的化合物外层只有 6 个电子，称缺电子化合物；硼的氢化物又称硼烷，最简单的硼烷是乙硼烷（B_2H_6），在 B_2H_6 中，B 采取了不等性 sp^3 杂化，与 H 之间除了形成 B—H 键外，还形成了三中心键（或氢桥）。

2. 碳的化合物

碳的同素异形体有金刚石，石墨和 C_{60}。金刚石为原子晶体，石墨为层状结构的混合型晶体。CO 是金属冶炼中重要的还原剂，还能与过渡金属形成羰合物。CO_2 是最主要的温室气体。

碳酸是二元弱酸，能形成正盐和酸式盐。碳酸、碳酸氢盐、碳酸盐的热稳定性高低的顺序为：碳酸＜碳酸氢盐＜碳酸盐。

3. 锡、铅的化合物

锡原子和铅原子的价电子构型分别为 $5s^2 5p^2$ 和 $6s^2 6p^2$，它们都能生成氧化数为＋2 和＋4 的化合物。由于惰性电子对效应，氧化数为＋4 的铅的化合物有很强的氧化性，能把 Mn^{2+} 氧化成紫红色的 MnO_4^-，这也是 Mn^{2+} 的鉴定反应。Sn(Ⅱ)有很强的还原性，在酸性中，$SnCl_2$ 能将 $HgCl_2$ 还原为白色的 Hg_2Cl_2 沉淀，并可进一步还原为黑色的 Hg，这一反应用于 Sn^{2+} 或 Hg^{2+} 的鉴定；在碱性中，Sn(Ⅱ)能把多种金属离子还原成金属单质。

习　题

一、判断题

1. ⅠA、ⅡA 族金属的熔点、沸点从上到下逐渐减小。（　）

2. 碱金属和碱土金属中，元素的金属性越强，越易形成含氧高的氧化物，金属元素的氧化数也越高。（　）

3. ⅠA 族碱金属从上到下第一电离能逐渐减小，标准电极电势也逐渐降低。（　）

4. 碳酸氢钠是酸式盐，在溶液中显酸性。（　）

5. 暂时硬水可通过加热的方法使之软化。（　）

6. 所有主族金属元素最稳定氧化态的氧化物都溶于硝酸。（　）

7. 所有硫代酸盐在酸性介质中均不稳定。（　）

8. 氯气加压后易液化成氯水。（　）

9. 含氯化合物中，氯的氧化态越高，该物质的氧化性就越强。（　）

10. 用 O_3 或 H_2O_2 作氧化剂时，还原产物简单，不用分离。（　）

11. 过二硫酸钾中 S 的氧化数为＋7，说明 S 有 7 个电子参与成键。（　）

12. 浓硫酸的吸水性和脱水性其实是一回事。（　）

13. 浓硝酸能氧化许多金属，金属活泼性较大的铝制容器不能盛放浓硝酸。（　）

14. 硝酸与金属反应时，硝酸越稀，其还原产物中 N 的氧化态越低，氧化性越强。（　）

15. $AlCl_3$ 溶液蒸发掉水可得到无水 $AlCl_3$。（　）

16. 根据沉淀溶解平衡原理，在 $CaCO_3$(s)与水共存的体系中不断通入 CO_2，溶液中 Ca^{2+} 浓度将进一步减小。（　）

17. 碳酸钾的热稳定性大于碳酸钙。（　）

18. “锡疫”（即锡器皿的结构强度受到全面衰减）是产生在温度较低的情况下。（　）

19. 只有含氟或含氧的铋化合物才能保持铋处于＋5 氧化态。（　）

20. 按砷、锑、铋次序，半径增加，电负性减小，失去电子越来越容易，As(Ⅴ)、Sb(Ⅴ)、Bi(Ⅴ)的氧化性逐渐减弱。（　）

二、选择题（单选）

1. 在地壳中，丰度（按原子百分比）最大的四种元素从大到小排列是（　）。

A. O，Si，Al，H　B. O，H，Al，Si　C. O，H，Si，Al　D. O，Al，H，Si

2. 下列物质必须隔绝空气和水蒸气密封保存的是（　）。

A. $NaHCO_3$　B. Na_2O_2　C. Na　D. NaCl

3. 下列反应能得到 Na_2O 的是（　）。

A. 钠在空气中燃烧　B. 加热 $NaNO_3$　C. 加热 $NaHCO_3$　D. Na_2O_2 与 Na 作用

4. 在充足的空气中燃烧时，生成的主要产物是超氧化物的是（　）。

A. Na　B. K，Rb，Cs　C. Ba　D. Li

5. 常用于制造光电管阴极的两种元素是（　）。

A. 氯和氟　B. 铷和铯　C. 硅和锗　D. 铜和铝

6. 需用带橡胶塞的玻璃试剂瓶保存的溶液是（　）。

A. 烧碱　B. 纯碱　C. 浓硫酸　D. 硫酸钠

7. 下列各对元素中，化学性质最相似的是（　）。

A. Be 与 Mg　B. Mg 与 Al　C. Li 与 Be　D. Be 与 Al

8. 含 O_3^- 的化合物是（　）。

A. CrO_3　B. KO_3　C. WO_3　D. PtO_3

9. 点燃镁条，不能在下列气体中继续燃烧的是（　）。

A. O_2　B. N_2　C. CO_2　D. CH_4

10. 下列氢氧化物碱性最强的是（　）。

A. KOH　B. NaOH　C. LiOH　D. CsOH

11. 溴化钾与酸作用可制取溴化氢，选用的酸是（　）。

A. 浓盐酸　B. 浓硫酸　C. 浓硝酸　D. 浓磷酸

12. 向含 I^- 的溶液中缓缓地通入氯气，其产物可能是（　）。

A. I_2 和 Cl^-　B. IO_3^- 和 Cl^-　C. ICl_2^-　D. 以上三种情况都有

13. 下列物质中酸性最强的是（　）。

A. HClO　B. $HClO_2$　C. $HClO_3$　D. $HClO_4$

14. 下列物质中，稳定性最强的物质是（　）。

A. KClO　B. $KClO_3$　C. HClO　D. $HClO_3$

15. 在氯水中加入下列物质（或操作），有利于氯水反应的是（　）

A. 硫酸　B. NaOH　C. NaCl　D. 放在黑暗处

16. 能形成酸雨的气体是（　）。

A. O_3　B. SO_2　C. CO_2　D. 氟利昂

17. 使已变暗的古油画恢复原来的白色，可采用的方法是（　）。

A. 用清水小心擦洗　B. 用稀 H_2O_2 水溶液擦洗

C. 用钛白粉细心涂描　D. 用 SO_2 漂白

18. 既有氧化性，又有还原性，但是氧化性为主的二元弱酸是（　）

A. H_2S　B. H_2O_2　C. H_2SO_3　D. $H_2S_2O_3$

19. 下列物质最易被氧化的是（　）。

A. SO_2　B. Na_2SO_3　C. H_2SO_3　D. 无法判断

20. 通 H_2S 气体不能生成硫化物沉淀的下列离子是（　）。

A. Cu^{2+}　B. Zn^{2+}　C. Hg^{2+}　D. Cd^{2+}

21. 下列物质中，长久放置易变成红棕色的是（　）。

A. HBr　　B. NH_4SCN　　C. Na_2S　　D. $AgNO_3$

22. 下列各组氢化物酸性强弱顺序不正确的是（　　）。

A. $NH_3 > PH_3$　　B. $H_2S > PH_3$　　C. $H_2O > NH_3$　　D. $HF > H_2S$

23. 干燥氨气可选择的干燥剂是（　　）。

A. $NaNO_3$　　B. NaOH（s）　　C. P_2O_5　　D. 无水 $CaCl_2$

24. 下列物质受热可得到 NO_2 的是（　　）。

A. $NaNO_3$　　B. KNO_3　　C. S + HNO_3(浓)　　D. $Cu(NO_3)_2$

25. 下列物质属于一元酸的是（　　）。

A. H_3AsO_3　　B. H_3BO_3　　C. H_3PO_3　　D. H_2CO_3

26. 下列化合物中，不属于缺电子化合物的是（　　）。

A. BCl_3　　B. $H[BF_4]$　　C. B_2H_6　　D. H_3BO_3

27. $SnCl_2$ 与过量 NaOH 作用后的存在形式是（　　）。

A. SnO　　B. $Sn(OH)_2$　　C. SnO_2^{2-}　　D. $[Sn(OH)_4]^{2-}$

28. 不能被浓 HNO_3 钝化的金属是（　　）。

A. Cr　　B. Mn　　C. Fe　　D. Al

29. 下列化合物中在空气中不发烟且不与水反应的是（　　）。

A. $AlCl_3$　　B. PCl_3　　C. CCl_4　　D. $Bi(NO_3)_3$

30. 能区分 Zn^{2+} 和 Al^{3+} 的下列试剂是（　　）。

A. NaOH　　B. HCl　　C. Na_2CO_3　　D. $NH_3 \cdot H_2O$

31. 下列物质中性质稳定，受热难分解的是（　　）。

A. NH_4HCO_3　　B. Na_2CO_3　　C. $KHCO_3$　　D. $Ca(HCO_3)_2$

32. 既能与盐酸反应，又能与氢氧化钠反应产生氢气的单质是（　　）。

A. 镁　　B. 铝　　C. 硅　　D. 铜

33. 下列物质的水溶液，加入稀 H_2SO_4 或 $MgCl_2$ 溶液都能产生白色沉淀的是（　　）。

A. $BaCl_2$　　B. $Ba(OH)_2$　　C. Na_2CO_3　　D. NaOH

34. 为了除去 MgO 中混有的少量杂质 Al_2O_3，可选用的试剂是（　　）。

A. 稀 H_2SO_4　　B. 浓 $NH_3 \cdot H_2O$　　C. 稀 HCl　　D. NaOH 溶液

35. 下列溶液暴露在空气中，不产生浑浊现象的是（　　）。

A. 氢硫酸　　B. 苛性钠溶液　　C. 水玻璃　　D. 石灰水

36. 下列酸中，酸性最弱的是（　　）。

A. H_4SiO_4　　B. H_3PO_4　　C. H_2CO_3　　D. $HClO_4$

37. 加入 HCl 溶液，不能使下列溶液中离子浓度减小的是（　　）。

A. AlO_2^-　　B. HCO_3^-　　C. NH_4^+　　D. HS^-

38. 确定生物体的年代是测定（　　）。

A. 生物体中 ^{14}C 衰变一半所需时间　　B. 生物体中 ^{14}C 与 ^{12}C 的比例

C. 生物体中 C 的质量分数　　D. 生物体中有机物减少一半所需的时间

39. 向碳酸钠溶液中滴加稀盐酸，直至不产生 CO_2 气体为止，则在此过程中，溶液中碳酸氢根离子浓度的变化趋势是（　　）。

A. 逐渐减小　　B. 逐渐增大

C. 先逐渐增大，后逐渐减小　　D. 先逐渐减小，后逐渐增大

40. 惰性电子对效应是指（　　）。

A. 成对电子的反应活性

B. 第五、六周期 P 区元素的 5s、6s 电子对相对稳定

C. 单电子轨道有得电子形成电子对的趋势

D. 具孤对电子的原子可能为配位原子

三、填充题

1. 在已发现的 100 多种元素中，金属约占__________；地壳中含量（质量比）最多的元素是__________，其次是__________；含量最多的金属元素是__________，其次是__________；在常温下呈液态的金属单质是__________，非金属单质是__________；在冶金工业上，把__________称为黑色金属，其它金属称为__________；人们还按密度大小把金属分类，把密度小于__________的叫轻金属，密度比之大的叫重金属。

2. 从空气中分离稀有气体时，将液态空气分馏出氧氮之后，为了纯化稀有气体，可使气体通过__________除去 CO_2，通过__________除去微量氧，再通过__________除去 N_2，剩下的气体便是以__________为主的稀有气体了。

3. 碱金属的升华热随原子序数的增大而依次__________，碱土金属的升华热都__________于相邻碱金属的升华热，而且碱土金属的熔点和沸点远__________于碱金属，说明碱土金属的金属键比碱金属__________。金属钠和钾应保存在__________中，金属锂应保存在__________中；白磷应保存在__________中。

4. 碱金属与 O_2 反应，随着碱金属的活泼性增加和 O_2 压力的加大，可生成__________、__________、__________和__________，其中 O 的氧化数分别为__________、__________、__________和__________。

5. 氢卤酸的酸性按__________的顺序依次增强。卤化氢的极性、键能按__________的次序减小，热稳定性按__________的次序降低。沸点按__________的次序降低。卤离子的还原性按__________次序增强。

6. 在乙硼烷（B_2H_6）中，两个硼原子各采取__________杂化轨道与两个氢原子形成__________键，每个硼原子尚有__________分别与两个氢原子形成__________键。在乙硼烷结构中__________与__________所构成的平面__________。

7. $Sn(OH)_2$、$Sn(OH)_4$、$Pb(OH)_2$ 的酸碱性均为__________，其中酸性最强的是__________，碱性最强的是__________；在锡和铅的化合物中，还原性最强的是__________，氧化性最强的是__________；Pb^{2+} 的常见难溶盐有____________________等；SnS 是不溶于 Na_2S 的偏碱性硫化物，但在久置的 Na_2S 溶液中，由于存在__________，SnS 与之反应生成 SnS_3^{2-} 而溶解。

四、问答题

1. 以氯的含氧酸为例，简要说明影响含氧酸稳定性、酸性的原因。

2. 解释下列现象。

（1）硫化物溶液和亚硫酸盐溶液不能长久保存。

（2）不能在水溶液中制取 Cr_2S_3 和 Al_2S_3。

（3）HgS 不溶于盐酸、硝酸和 $(NH_4)_2S$ 溶液中，但可溶于王水或 Na_2S 溶液中。

（4）金属钾比金属钠活泼，但为什么可以用金属钠与熔融氯化钾反应来制备金属钾？

（5）按电对 Mg^{2+}/Mg 的标准电极电势，Mg 应能与 H_2O 反应生成 $Mg(OH)_2$，但为什么在室温下 Mg 与 H_2O 无明显反应？若加入 NH_4Cl，Mg 与 H_2O 能反应，为什么？

3. SO_2 和 Cl_2 都可以作漂白剂，两者漂白的机理有何差异？

4. 白磷中毒或手沾上白磷，应如何处置？

5. 完成下列反应方程式：

（1）$Na_2O_2 + CO_2 \longrightarrow$

（2）$Na_2O_2 + NaCrO_2 \longrightarrow$

（3）$KO_2 + H_2O \longrightarrow$

（4）$Cl_2 + H_2O \longrightarrow$

（5）$BrO_3^- + Br^- + H^+ \longrightarrow$

（6）$Cl_2 + KI \longrightarrow$

（7）$NaBr$（s）$+ H_2SO_4$（浓）$\xrightarrow{\triangle}$

（8）$H_2O_2 + 2I^- + 2H^+ \longrightarrow$

（9）$MnO_4^- + H_2O_2 + H^+ \longrightarrow$

（10）$Cu + H_2SO_4$（浓）$\longrightarrow$

（11）$S_2O_3^{2-} + I_2 \longrightarrow$

（12）$S + 2HNO_3$（浓）$\longrightarrow$

（13）$Zn + HNO_3$（稀）$\longrightarrow$

（14）$Mg(NO_3)_2 \xrightarrow{\triangle}$

（15）$NO_2^- + Fe^{2+} + H^+ \longrightarrow$

（16）$AsCl_3 + 3H_2O \longrightarrow$

（17）$Pb_2O_3 + HNO_3 \longrightarrow$

（18）$SnCl_2 + HgCl_2 \longrightarrow$

（19）CuS（s）$+ HNO_3 \longrightarrow$

（20）$MnSO_4 + NaClO \longrightarrow$

6. 在 6 个没有标签的试剂瓶中，分别装有白色固体试剂：Na_2CO_3、$BaCO_3$、$CaCl_2$、Na_2SO_4、$Mg(OH)_2$ 和 $MgCO_3$。试设法鉴别并以化学反应式表示之。

五、推断题

1. 白色晶体 A 与浓硫酸共热，产生一种无色、有刺激性的气体 B，此气体可使 $KMnO_4$ 溶液紫红色褪去，产生另一种刺激性气味的气体 C，C 可使湿润的淀粉碘化钾试纸变蓝。晶体 A 易溶于水，在水溶液中呈中性，向其水溶液中加入酒石酸氢钠溶液，有白色沉淀生成 D，推断 A、B、C、D 各是什么物质？写出各步的化学反应离子方程式。

2. 一种钠盐 A 溶于水，加入稀盐酸后，有刺激性气体 B 产生，同时有黄色沉淀 C 析出。气体 B 能使 $KMnO_4$ 溶液褪色，若通 Cl_2 于 A 溶液中，Cl_2 即消失得到溶液 D，D 与钡盐作用，生成不溶于稀硝酸的白色沉淀 E。试确定 A、B、C、D、E 各为何物？写出各步的化学反应离子方程式。

3. 某化合物 A 受热分解产生一种气体 B 和固体 C，B 可使将要熄灭的火柴棒复燃。C 的水溶液在酸性条件下与碘离子反应，得到的溶液遇淀粉液显蓝色。C 的水溶液在酸性介质中可使 $KMnO_4$ 溶液褪色。再检验 A 和 C 都可以与 $FeSO_4$ 和酸发生反应而显棕色，可通过加入尿素或氨基磺酸的方法除去 C 而单独检验 A。指出 A、B、C 各为何物？写出各步的化学反应离子方程式。

4. 有一白色固体 A，加入油状无色液体 B，可得紫黑色固体 C；C 微溶于水，加入 A 后，C 的溶解度增大，得一棕色溶液 D。将 D 分成两份，一份中加入无色溶液 E，另一份通入无色刺激性气体 F，都变成无色透明溶液；E 遇酸则有淡黄色沉淀及气体 F 产生，将气体 F 通入 D，在所得溶液中加入 $BaCl_2$ 溶液有不溶于酸的白色沉淀。问 A 、B 、C 、D 、E 、F 各代表何物，并写出相关的离子方程式。

六、无机制备

1. 在工业生产中，以氯化钠为原料所能得到的大宗化工产品有哪些，简述其工艺过程或写出相应的化学反应方程式。

2. 设计制备下列物质的方案：

（1）以萤石（CaF_2）为原料制备 F_2；

（2）以 NaCl 为基本原料制备 ClO_2；

（3）以 KBr 为基本原料制备 $HBrO_4$。

3. 以硫为主要原料制备（1）$Na_2S_2O_3$；（2）$Na_2S_2O_4$（保险粉）；（3）$K_2S_2O_8$。

答案与解析

一、判断题

1.（×）解析：一般情况下，同族从上到下，原子半径逐渐增大，单位体积内自由电子数逐渐减小，金属键减弱，熔点、沸点从上到下逐渐减小；由于碱土金属的晶格有差异，变化规律有些例外，镁的熔点低于钙的熔点。

2.（×）解析：碱金属和碱土金属形成含氧高的氧化物时，碱金属和碱土金属的氧化数还是＋1 和＋2，O 的氧化数变成－1、－1/2、－1/3 等。

3.（×）解析：第一电离能是使气态原子失去一个电子所需能量，该数据越小，说明该气态原子失去电子越容易；标准电极电势是标准态金属原子变为水合阳离子整个过程中所做功的标度，该数据越低，说明整个过程对外做功越多，越容易失去电子。但这两个标度不完全平行，如金属锂，第一电离能较大，但由于离子半径小，水化热很大，变成水合离子过程对外做功多，标准电极电势很低。

4.（×）解析：碳酸氢钠是酸式盐，但它在水溶液中除了继续电离外，还会水解，而且水解倾向稍大于电离，故溶液呈弱碱性。

5.（√）解析：暂时硬水中的钙镁离子是以碳酸氢盐的形式溶于水中，加热煮沸时，碳酸氢盐会分解成不溶于水的碳酸盐，沉淀后的上层清液就是已经过软化的水。

6.（√）解析：所有主族金属元素最稳定氧化态的氧化物都能与硝酸生成硝酸盐和水，而主族金属元素的硝酸盐均溶于水，故所有主族金属元素最稳定氧化态的氧化物都溶于硝酸。

7.（√）解析：由标准电极电势可知，硫代酸盐不稳定，在酸性介质中会发生歧化反应，生成单质硫和 SO_2。

8.（×）解析：氯气加压后易液化成液氯，是 Cl_2 分子的单质，而氯水是把 Cl_2 通入水中，是个混合物。

9.（×）解析：氧化性的强弱，取决于其电极电势值，并不是氧化数的大小。实际上，$HClO_4$ 的电极电势低于 HClO。

10.（√）解析：用 O_3 或 H_2O_2 作氧化剂时，还原产物分别为 O_2 或 H_2O，O_2 挥发自动离开体系，在溶液中，水并非需分离的杂质。

11.（×）解析：$K_2S_2O_8$ 中，O 的氧化数都被计为 -2，实际上其中有一个过氧链，有两个氧的氧化数应为 -1，这样，S 有 6 个电子参与成键。

12.（×）解析：吸水性是个物理过程，而脱水性是把有机物中的氢氧原子按水分子的构成即 2∶1 脱去，是个化学过程。

13.（×）解析：浓硝酸能使铝发生钝化，即在金属表面生成一层坚硬致密的氧化物薄膜，阻止了反应的进行，故能用铝制容器盛放浓硝酸。

14.（×）解析：还原产物的氧化态高低与氧化剂强弱是两回事，氧化性强是指得电子能力强，并不一定得电子数多。

15.（×）解析：$AlCl_3$ 在加热时强烈水解，只会得到氢氧化物或氧化物，绝不可能得到无水 $AlCl_3$。

16.（×）解析：$CaCO_3$（s）与水和通入的 CO_2 生成溶于水的碳酸氢钙，反使溶液中 Ca^{2+} 浓度增加。$CaCO_3(s) + CO_2 + H_2O \longrightarrow Ca(HCO_3)_2$。

17.（√）解析：碳酸盐的稳定性与金属离子的半径和电荷数有关，半径越大，电荷数越少，反极化能力越弱，碳酸盐越不易分解，越稳定。

18.（√）解析：在温度达到 $-48℃$ 时，锡的晶型由 α 型（白锡）急剧转变为粉末状的灰锡，实际上由延展性好的金属晶体转变为延展性差的原子晶体，这种锡制品在极端寒冷的地方会遭到毁坏就是“锡疫”。

19.（√）解析：Bi(Ⅴ)的电极电势很高，只有氟或氧不会被 Bi(Ⅴ)氧化，故只有含氟或含氧的铋化合物才能保持铋处于 $+5$ 氧化态。

20.（×）解析：由于惰性电子对效应，$5s^2$、$6s^2$ 电子逐渐不易失去或失去后容易被夺回，As(Ⅴ)、Sb(Ⅴ)、Bi(Ⅴ)的氧化性逐渐增强。

二、选择题（单选）

1.（C）解析：在地壳中是指大气层、水圈及地面以下 16km 内（人类目前能探寻到的地方），原子百分比是各元素质量除相对原子质量，排列顺序是 O，H，Si，Al，若纯粹按质量排列顺序是 O，Si，Al，Fe。

2.（C）解析：Na 的化学性质非常活泼，只要接触到氧气或水就能发生化学反应，银白色的新鲜钠表面曝露在空气中即刻变为灰黑色的氧化钠，接触到空气中的水蒸气后生成氢氧化钠并潮解。

3.（D）解析：钠在空气中燃烧时产物大部分是 Na_2O_2，无法控制条件只得到 Na_2O，而加热 $NaNO_3$ 或 $NaHCO_3$ 分别得到 $NaNO_2$ 和 Na_2CO_3，只有控制物质的量时 Na_2O_2 与 Na 作用才能得到较纯的 Na_2O。

4.（B）解析：碱金属中，元素的金属性越强，越易形成含氧高的氧化物。

5.（B）解析：铷和铯的第一电离能非常小，当受到光的照射时，金属表面的电子易逸出，因此，常用来制造光电管。

6.（A）解析：烧碱溶液即 NaOH 溶液的碱性很强，它能与玻璃中的 SiO_2 反应生成 Na_2SiO_3，若在玻璃瓶塞和玻璃瓶接触处生成黏性的 Na_2SiO_3 并脱水，就会使玻璃瓶塞和玻璃瓶粘在一起，无法打开。

7.（D）解析：元素性质同周期从左到右，同主族从上到下的渐变顺序正好相反，故按对角线元素的性质相似性较多，尤其是第二和第三周期元素之间有对角线规则。

8. (B) 解析：含 O_3^-，钾离子的氧化数只能是＋1，应是 KO_3，且只有金属性很强的元素才能形成含 O_3^- 的臭氧化物。

9. (D) 解析：镁条除了能在 O_2 中燃烧生成 MgO 外，还能与 N_2 反应生成 Mg_3N_2，与 CO_2 反应生成 MgO 和 C，但在 CH_4 中不反应。

10. (D) 解析：同一主族，从上到下，氧化物的水化物的酸性逐渐减弱，碱性逐渐增强。或按 R—OH 规则，同一主族金属离子电荷数相同，但半径逐渐增加，离子势逐渐减小，按碱式电离的趋势增加，碱性逐渐增强。

11. (D) 解析：按非挥发性强酸可置换挥发性强酸，可用浓硫酸、浓硝酸（沸点小于HBr)、浓磷酸，但浓硫酸和浓硝酸有较强的氧化性，可把 HBr 氧化成 Br_2 单质，得不到HBr，故只能用氧化性很弱的浓磷酸。

12. (D) 解析：通入氯气后，首先生成 I_2 和 Cl^-，随着氯气的继续通入，氯气与 I_2 会继续反应，生成 ICl_2^- 和 IO_3^-，故产物中以上三种情况都有。

13. (D) 解析：按 R—OH 规则，R 原子电荷数越多、半径越小、离子势越大，按酸式电离的趋势增加，酸性就越强。

14. (B) 解析：氯的含氧酸中，氯的氧化数越高，稳定性越强，形成含氧酸盐后，稳定性增加。

15. (B) 解析：氯气在水中有如下微弱反应：$Cl_2 + H_2O \rightleftharpoons HCl + HClO$，产物 HClO 见光易分解，加入硫酸或 NaCl 都由于同离子效应会使平衡左移，不利于氯水反应，放在黑暗处不利于 HClO 分解，不能使平衡右移，只有加入 NaOH 中和产物中的两种酸，使平衡右移。

16. (B) 解析：氟利昂破坏臭氧层，CO_2 是温室气体，SO_2 或进一步氧化成的 SO_3 有强的酸性，是形成酸雨的主要气体。

17. (B) 解析：原油画的白色颜料是 $PbSO_4$，经长时间被还原后变成黑色的 PbS，用 H_2O_2 作用后，又变回为 $PbSO_4$。$PbS + 4H_2O_2 \longrightarrow PbSO_4 + 4H_2O$。

18. (B) 解析：O 中的氧化数为－1，H_2O_2 虽有还原性，但其电极电势高，以氧化性为主。题中其余几个酸均以还原性为主。

19. (B) 解析：SO_2 最难氧化，需高温和催化剂，H_2SO_3 主要是 SO_2 的水溶液，SO_3^{2-} 最易被氧化。

20. (B) 解析：由于 ZnS 的溶度积常数较大，生成 ZnS 沉淀需要较高的 S^{2-} 浓度，H_2S 溶液中 S^{2-} 的浓度低于与 Zn^{2+} 形成沉淀的条件，故不能生成 ZnS 沉淀。题中其余几种离子硫化物沉淀的溶度积常数较小，H_2S 溶液中 S^{2-} 的浓度已足够与这些离子生成硫化物沉淀。

21. (C) 解析：Na_2S 中 S^{2-} 被氧化成单质 S 后与 Na_2S 生成多硫化物，若含硫较多就成为红棕色。方程式为：$S^{2-} + O_2 + 2H_2O \longrightarrow S + 4OH^-$，$Na_2S + nS \longrightarrow Na_2S_{n+1}$。

22. (A) 解析：同一周期，从左到右，氢化物酸性逐渐增强，同一主族，从上到下，氢化物酸性逐渐增强。

23. (B) 解析：氨气是碱性气体，若用酸性氧化物 P_2O_5 干燥，会发生酸碱反应；若用无水 $CaCl_2$ 干燥，会生成氨合物 $CaCl_2 \cdot 8NH_3$，影响对水分的吸收；故只有用碱性 NaOH 作干燥剂。

24. (D) 解析：$NaNO_3$ 和 KNO_3 受热分解为亚硝酸盐和氧气，S 与 HNO_3(浓)反应的

产物是 NO 和硫酸，只有 $Cu(NO_3)_2$ 分解有 NO_2。

25.（B）解析：H_3BO_3 呈酸性是由于水解，$H_3BO_3+H_2O \rightleftharpoons B(OH)_4^- + H^+$，一分子 H_3BO_3 只能水解出一份 H^+，是一元酸。题中其余的酸是电离出 H^+ 呈酸性，是多元酸。

26.（B）解析：B 原子外层通过共价键达到 8 电子结构后就不属于缺电子化合物，不管是通过何种途径实现的，$H[BF_4]$ 中与 F^- 通过配位键共用一对电子，使 B 外层达到 8 电子结构。

27.（D）解析：Sn^{2+} 在过量的强碱溶液中形成了以 OH^- 为配体的配离子 $[Sn(OH)_4]^{2-}$，在中学教材中被简写为 SnO_2^{2-}。

28.（B）解析：Cr、Fe、Al 是常见的能被浓 HNO_3 钝化的金属，Mn 的氧化物由于结构关系钝化作用小，故认为不能被钝化。

29.（C）解析：$AlCl_3$、PCl_3、$Bi(NO_3)_3$ 均强烈水解，CCl_4 中 C—Cl 共价键很牢固，不会与水中 H^+ 或 OH^- 作用，且不溶于水。

30.（D）解析：Zn^{2+} 和 Al^{3+} 均是两性的，加入 Na_2CO_3 均水解，加入较多的 $NH_3 \cdot H_2O$ 后，Al^{3+} 与之反应生成 $Al(OH)_3$ 沉淀，由于氨水的碱性不够强，$Al(OH)_3$ 沉淀不会溶解，而 Zn^{2+} 能与 NH_3 生成溶于水的 $[Zn(NH_3)_4]^{2+}$ 配离子。

31.（B）解析：碳酸氢盐中破坏碳酸根离子稳定的反极化离子是半径极小、正电荷密度极高的 H^+，故碳酸氢盐易受热分解。

32.（B）解析：两性金属铝既能与盐酸反应，又能与氢氧化钠反应产生氢气。镁只能与非氧化性酸反应产生氢气，与碱不反应。

33.（B）解析：与 H_2SO_4 溶液都能产生白色沉淀的应有 Ba^{2+}，与 $MgCl_2$ 溶液都能产生白色沉淀的应有 OH^- 或 CO_3^{2-}，故应是 $Ba(OH)_2$。

34.（D）解析：Al_2O_3 是两性的，而 MgO 是碱性的，用与碱性氧化物不反应的 NaOH 溶液加入后，NaOH 与 Al_2O_3 反应，生成溶于水的溶液 $NaAlO_2$，而 MgO 仍是固体。

35.（B）解析：$2H_2S+O_2 \longrightarrow H_2O+S\downarrow$，$Na_2SiO_3+CO_2 \longrightarrow Na_2CO_3+SiO_2\downarrow$，$Ca(OH)_2+CO_2 \longrightarrow CaCO_3\downarrow+H_2O$，苛性钠溶液即使与 CO_2 作用生成碳酸钠也溶于水，不产生浑浊现象。

36.（A）解析：题中 H_4SiO_4 和 H_2CO_3 是弱酸，根据 R—OH 规则，R 带相同电荷数时，半径越大，碱式电离倾向大，酸式电离倾向小，故 H_4SiO_4 酸性最弱。

37.（C）解析：加入的 HCl 溶液能与 AlO_2^-，HCO_3^-，HS^- 反应，使其浓度减小，方程式为：$H^+ + AlO_2^- + H_2O \longrightarrow Al(OH)_3\downarrow$，$H^+ + HCO_3^- \longrightarrow CO_2\uparrow + H_2O$，$H^+ + HS^- \longrightarrow H_2S\uparrow$。而在 NH_4^+ 溶液中加入 HCl，会抑制 NH_4^+ 的水解，使 NH_4^+ 浓度增大。

38.（B）解析：在生物新陈代谢过程中，直接或间接从大气中吸收 CO_2，而大气 CO_2 中 ^{14}C 与 ^{12}C 的比例是恒定的，生物体死亡后，生物体中的 ^{14}C 开始衰变成 ^{12}C，这个反应是一级反应，反应速率只与 ^{14}C 的原始含量有关，可通过测定 ^{14}C 的所剩含量来确定该生物死亡时间，从而确定生物体的年代。

39.（C）解析：因碳酸钠会水解，$CO_3^{2-}+H_2O \rightleftharpoons HCO_3^- + OH^-$，溶液中有一定浓度的 HCO_3^-，加入稀 HCl 后，H^+ 中和掉溶液中 OH^-，平衡向右，HCO_3^- 浓度增加；再加入稀 HCl 后，后续反应 $HCO_3^- + H^+ \rightleftharpoons CO_2\uparrow + H_2O$ 使 HCO_3^- 浓度降低。

40.（B）解析：惰性电子对效应就是这么规定的，实际上，在 ds 区也有这种效应，如唯一在常温下呈液态的金属单质 Hg，可解释为由于 $6s^2$ 惰性电子对效应，这对电子有较多概率跑到离核较近的区域，使 Hg 的有效自由电子数很少，金属键很弱，故熔点很低。

三、填充题

1. 80%；氧，硅；铝，铁；汞，溴；铁、铬、锰，有色金属；4.5g/cm^3。

2. NaOH 溶液，灼热的铜网，灼热的镁屑；Ar。

解析：$2NaOH + CO_2 \longrightarrow Na_2CO_3 + H_2O$，$2Cu + O_2 \longrightarrow 2CuO$，$3Mg + N_2 \longrightarrow Mg_3N_2$，稀有气体中主要是 Ar。

3. 减小，大，高，强。煤油，石蜡油，水。

解析：升华热的大小与金属键强弱有关，而金属键的强弱与自由电子密度有关，碱金属从上到下，随着原子序数的增大，半径增大，自由电子密度减小，升华热减小；碱金属与其相邻的碱土金属相比，半径大，自由电子数少，金属键弱，升华热、熔沸点远低于碱土金属。碱金属性质非常活泼，在空气中与氧气和水即刻反应，保存时要和氧气和水隔绝，放在性质不活泼的烷烃煤油中，锂的密度较小，需用石蜡油覆盖。

4. 正常氧化物（M_2O），过氧化物（M_2O_2），超氧化物（MO_2），臭氧化物（MO_3），-2，-1，$-1/2$，$-1/3$。

5. HF＜HCl＜HBr＜HI，HF＞HCl＞HBr＞HI，HF＞HCl＞HBr＞HI，HF＞HI＞HCl＞HBr，F^-＜Cl^-＜Br^-＜I^-。

解析：酸性强弱按解离出 H^+ 反应的平衡常数大小，该反应包括 H^+ 与卤离子化学键的打开和各自离子的水合，由于 H^+ 与 F^- 化学键较强，反应总体放出能量较小，电离反应平衡常数较小，故酸性较弱。HF 之间存在氢键，熔沸点反常地高。

6. sp^3；3C-2e 端基硼氢（B—H）；两个 sp^3 杂化轨道；3C-2e 双硼氢硼（B—H—B）；端氢；桥氢；互为垂直。

7. 两性，$Sn(OH)_4$，$Pb(OH)_2$；Na_2SnO_3，PbO_2；$PbCl_2$，$PbSO_4$，PbS，PbI_2；S_2^{2-}。

解析：根据 R—OH 规律，中心原子半径越小，电荷数越多，酸性越强，反之，碱性越强，故 $Sn(OH)_4$ 酸性最强，$Pb(OH)_2$ 碱性最强。久置的 Na_2S 溶液中，由于 $2S^{2-} + O_2 + 2H_2O \longrightarrow 2S\downarrow + 4OH^-$，$S^{2-} + S \longrightarrow S_2^{2-}$ 反应，有 S_2^{2-} 存在。

四、问答题

1. 含氧酸的稳定性与中心原子和氧原子间键的强度和所需断裂的键的个数有关。X—O 键越强，或需断裂的 X—O 键越多，含氧酸就越稳定。对于同一元素，氧化数越高，被还原需要断裂的 X—O 键越多，含氧酸越稳定，如稳定性顺序为 $HClO$＜$HClO_3$＜$HClO_4$。

含氧酸的酸性取决于含氧酸中 H^+ 的游离程度，含氧酸中可解离的 H^+ 均与氧原子相连，因而氧原子的电子密度是决定酸性强弱的关键，而氧原子的电子密度又与中心原子的电负性、原子半径及氧化数等因素有关：

① 中心原子的电负性越强，酸性越强，如酸性 HClO＞HBrO＞HIO；

② 同一元素不同氧化数的含氧酸中，中心原子氧化数越高，正电性越强，对羟基上氧原子上电子的吸引力越强，氧原子上电子密度降低，氢的游离程度增强，酸性增强；

③ 中心原子周围非羟基氧越多，酸性越强。

2. （1）硫化物和亚硫酸盐均具有较强的还原性，易被空气中的 O_2 氧化，发生的反应为

$$2S^{2-} + O_2 + 2H_2O \longrightarrow 2S\downarrow + 4OH^-$$

$$2SO_3^{2-} + O_2 \longrightarrow 2SO_4^{2-}$$

（2）Cr_2S_3 和 Al_2S_3 在水溶液中发生双水解而不能稳定存在，反应分别为

$$2Cr^{3+}+3S^{2-}+6H_2O \longrightarrow 2Cr(OH)_3\downarrow+3H_2S\uparrow$$

$$2Al^{3+}+3S^{2-}+6H_2O \longrightarrow 2Al(OH)_3\downarrow+3H_2S\uparrow$$

（3）①HgS 的溶度积 $K_{sp}(HgS)=6.44\times10^{-53}$，非常小，溶液中游离的 S^{2-} 浓度非常小，S/S^{2-} 电对的电极电势很高，硝酸无法氧化它，因此不溶于硝酸；非常小的 S^{2-} 浓度更不可能与 H^+ 结合成 H_2S 气体，因此不溶盐酸。

② 在浓硝酸和浓盐酸组成的王水中，Cl^- 对 Hg^{2+} 的配位和硝酸对 S^{2-} 的氧化双管齐下，使 HgS 溶解，反应方程式为

$$3HgS(s)+2HNO_3+12HCl \longrightarrow 3H_2[HgCl_4](aq)+3S\downarrow+2NO\uparrow+4H_2O$$

③ Na_2S 溶液中，HgS 可以生成 $[HgS_2]^{2-}$ 而溶解：

$$HgS(s)+Na_2S \longrightarrow Na_2[HgS_2]$$

④ $(NH_4)_2S$ 溶液中，由于 NH_4^+ 和 S^{2-} 均易水解，即发生双水解反应：

$$(NH_4)_2S \longrightarrow 2NH_3+H_2S$$

由于 $(NH_4)_2S$ 水解程度较大，达到 99%，使解离出的 S^{2-} 浓度较小，难以满足生成 $[HgS_2]^2$ 所需的 S^{2-} 浓度，故 HgS 不溶于 $(NH_4)_2S$ 溶液。

（4）制备金属钾是在 850℃下进行的，反应方程式为

$$Na(l)+KCl \longrightarrow NaCl(l)+K(g)$$

在这一温度时，Na、KCl、NaCl 均为液态，而 K 为气态（K 的沸点为 765.5℃），反应生成的 K 蒸气逸出反应体系，从而使平衡不断向右移动，因此可用 Na 与 KCl 反应制备 K。

（5）Mg 的表面可以形成致密的氧化物保护膜，而 MgO 不与水反应，另外 $Mg(OH)_2$ 也是难溶于水的物质，所以在室温下 Mg 与水无明显反应。

MgO 和 $Mg(OH)_2$ 分别是碱性氧化物和中强碱，它们虽然难溶于水，但可以溶解于酸性的 NH_4Cl 溶液中，所以 NH_4Cl 可以破坏 Mg 表面的氧化物保护膜，也可使 Mg 与水反应生成的 $Mg(OH)_2$ 溶解，这样 Mg 就可以与水不断反应生成 Mg^{2+} 和 H_2。

3. SO_2 的漂白机理是由于 SO_2 和有机色素可逆地结合成无色的加合物，时间长了以后，加合物分解，又恢复到漂白前的颜色；而 Cl_2 漂白的机理是 Cl_2 与水生成 HClO，HClO 具有强氧化性，可以将有机色素不可逆地氧化为无色物质，属于氧化还原反应。

4. 白磷有剧毒。若白磷中毒，急救的方法是用 2% 的 $CuSO_4$ 溶液灌服，直到呕吐为止。因为 Cu^{2+} 将 P 氧化，以解除 P 的毒性。

$$11P+15CuSO_4+24H_2O = 5Cu_3P+6H_3PO_4+15H_2SO_4$$

若实验不慎手指或皮肤沾上白磷，应立即用 $CuSO_4$ 溶液清洗，然后用 2% 的 $CuSO_4$ 溶液浸过的绷带包扎。其反应为

$$2P+5CuSO_4+8H_2O = 5Cu+2H_3PO_4+5H_2SO_4$$

上述两种处理的产物不同，前者为 Cu_3P，后者为 Cu，这是因为 $CuSO_4$ 与 P 的反应条件不同所致，相对而言，前者反应温度较高。

5. 完成下列反应方程式：

（1）$2Na_2O_2+2CO_2 = 2Na_2CO_3+O_2\uparrow$

解题技巧 1：可把 Na_2O_2 写成 Na—O—O—Na，CO_2 借一份水成 H_2CO_3，然后 H^+ 与 Na^+ 相互交换位置，就成为产物 Na_2CO_3 和过氧化氢 H—O—O—H，过氧化氢不稳定，分解成 O_2 和水。Na_2O_2 与酸和水的反应均可这样处理。

技巧 2：可把 Na_2O_2 写成 $Na_2O\cdot O$，可看成一份正常氧化物带一份原子氧，Na_2O 与酸

性氧化物或酸正常反应，一份原子氧变成$\frac{1}{2}O_2$。

(2) $3Na_2O_2+2NaCrO_2+2H_2O = 2Na_2CrO_4+4NaOH$

解析：Na_2O_2 有氧化性，还原产物中O的氧化数为-2，$NaCrO_2$ 中Cr的氧化数为$+3$，在碱性介质中具有还原性，还原产物中Cr的氧化数应为$+6$，可把 Na_2O_2 写成 $Na_2O \cdot O$，正常氧化物与水生成NaOH，原子氧把 $NaCrO_2$ 氧化成 Na_2CrO_4，根据每个O得到2个电子，每个Cr失去3个电子配平，完成反应方程式。

(3) $2KO_2+2H_2O = O_2\uparrow+H_2O_2+2KOH$

解析：可把 $2KO_2$ 写成 $K_2O \cdot 3O$，可看成一份正常氧化物带三份原子氧，正常氧化物与水生成KOH，三份原子氧中二份原子氧变成 O_2，另一份与 H_2O 结合成 H_2O_2。

(4) $Cl_2+H_2O \rightleftharpoons HClO+HCl$

解析：①可把 Cl_2 写成 Cl—Cl，把 H_2O 写成 H—OH，互相交换成分后就是反应产物。若 Cl_2 与NaOH溶液反应，可看成NaOH中和了 Cl_2 与 H_2O 反应的产物，生成NaClO和NaCl，使反应强烈向右进行。若 Cl_2 与 Na_2CO_3 反应，CO_3^{2-} 水解出的 OH^- 中和了HClO和HCl，产物为NaClO、NaCl和 CO_2。若 Cl_2 与碱在加热的情况下与碱反应，$3Cl_2+6NaOH$（热）$\longrightarrow NaClO_3+5NaCl+3H_2O$，NaClO有歧化反应倾向，在加热时有该歧化反应进行；NaBrO、NaIO，歧化倾向很强，即使在常温下，Br_2、I_2 与碱反应的产物是卤化物与卤酸盐，$Br_2+6NaOH \longrightarrow NaBrO_3+5NaBr+3H_2O$，$3I_2+6NaOH \longrightarrow NaIO_3+5NaI+3H_2O$。②该反应产物之一见光易分解成HCl与 O_2，在光照时该反应为 $2Cl_2+2H_2O \rightleftharpoons 4HCl+O_2\uparrow$，而 F_2 通入水中，即使无光照，这种氧化水的反应既快又彻底，$2F_2+2H_2O \rightleftharpoons 4HF\uparrow+O_2\uparrow$。

(5) $BrO_3^-+5Br^-+6H^+ = 3Br_2+3H_2O$

解析：卤素单质在碱性溶液中会发生歧化反应，根据在酸性介质中的电极电势，发生反歧化反应。

(6) $Cl_2+2KI = 2KCl+I_2$

解析：①非金属也有活泼性强的非金属置换活泼性弱的非金属的置换反应，如 $Br_2+2KI = 2KBr+I_2$，$I_2+K_2S = 2KI+S$；②反应是在水溶液中进行的，若 Cl_2 不断通入，Cl_2 还会与生成的 I_2 进一步反应生成无色的ICl和 HIO_3，$I_2+Cl_2 \longrightarrow 2HCl$，$I_2+5Cl_2+6H_2O \longrightarrow 10HCl+2HIO_3$。

(7) $2NaBr(s)+2H_2SO_4$（浓）$= Br_2+SO_2\uparrow+Na_2SO_4+2H_2O$

解析：浓硫酸有较强的氧化性，还原产物是 SO_2，Br^- 有一定的还原性，被还原为 Br_2；若卤离子还原性很弱，则是非挥发性强酸置换挥发性酸制备卤化氢的反应，如 $CaF_2(s)+H_2SO_4$（浓）$= CaSO_4+2HF\uparrow$，$NaCl(s)+H_2SO_4$（浓）$= NaHSO_4+HCl\uparrow$；若卤离子还原性较强，则浓硫酸被还原得更深，产物为 H_2S，$8KI(s)+5H_2SO_4$（浓）$= 4I_2+H_2S\uparrow+4H_2O+4K_2SO_4$。

(8) $H_2O_2+2I^-+2H^+ = I_2+2H_2O$

解析：H_2O_2 是较强的氧化剂，在酸性介质中，能把还原剂氧化，自己还原成氧的氧化数为-2的 H_2O。部分还原剂被氧化的对应产物为：$Fe^{2+} \longrightarrow Fe^{3+}$，$S^{2-} \longrightarrow S$，$PbS \longrightarrow PbSO_4$，$CrO_2^-$（碱性）$\longrightarrow CrO_4^{2-}$ 等。

(9) $2MnO_4^-+5H_2O_2+6H^+ = 2Mn^{2+}+5O_2\uparrow+8H_2O$

解析：H_2O_2 碰到更强氧化剂，显示出还原性，还原成氧的氧化数为0的 O_2。如 Cl_2+

H_2O_2 ══ $2HCl + O_2\uparrow$。

（10）$Cu+2H_2SO_4$(浓) ══ $CuSO_4+SO_2\uparrow+2H_2O$

解析：浓硫酸有强氧化性，能氧化大部分金属，根据金属活动性的强弱，氧化数为+6的硫可以还原到 SO_2、S 和 H_2S，金属越活泼，硫被还原到越低的氧化态。浓硫酸还能氧化非金属单质，把其氧化成高价氧化物或含氧酸，如 $2H_2SO_4$（浓）$+C$ ══ $CO_2\uparrow+2SO_2\uparrow+2H_2O$。

（11）$2S_2O_3^{2-}+I_2\longrightarrow S_4O_6^{2-}+2I^-$

解析：$2S_2O_3^{2-}$ 有较强的还原性，用较弱的氧化剂 I_2 可把氧化数为+2的硫氧化成氧化数为+2.5的 $S_4O_6^{2-}$，记忆时只需把 $S_2O_3^{2-}$ 中的各原子加倍即成 $S_4O_6^{2-}$，该反应是分析化学的碘量法中的主要反应。若用较强的氧化剂，可把 $S_2O_3^{2-}$ 氧化成硫氧化数为+6的硫酸根，如 $4Cl_2+S_2O_3^{2-}+5H_2O$ ══ $2SO_4^{2-}+8Cl^-+10H^+$。

（12）$S+2HNO_3$(浓) ══ H_2SO_4+2NO

解析：HNO_3（浓）有很强的氧化性，能把非金属氧化成高价含氧酸或氧化物，自己被还原成 NO。如 $3C+4HNO_3$(浓) ══ $4NO\uparrow+3CO_2\uparrow+2H_2O$。

（13）$4Zn+10HNO_3$(稀)$\longrightarrow 4Zn(NO_3)_2+N_2O\uparrow+5H_2O$

解析：HNO_3 与金属反应时，金属越活泼，硝酸浓度越稀，氧化数为+5的氮被还原得越深，还原产物分别为 NO_2、NO、N_2O 和 NH_4NO_3，如 $Cu+4HNO_3$(浓) ══ $Cu(NO_3)_2+2NO_2+2H_2O$。

（14）$2Mg(NO_3)_2$ ══ $2MgO+4NO_2\uparrow+O_2\uparrow$

解析：硝酸盐受热易分解，根据金属活动顺序分三种分解方式，金属活动性强于镁的（不包括镁），分解成亚硝酸盐与 O_2，如 $2NaNO_3$ ══ $2NaNO_2+O_2\uparrow$，记忆时可认为每个硝酸根释放出一个原子氧后变为亚硝酸根，$NaNO_2\cdot O\longrightarrow NaNO_2+O$，每两个原子氧结合成一份 O_2；金属活动性在镁和铜之间的（包括镁和铜），分解为金属氧化物、NO_2 和 O_2，记忆时可认为先分解成亚硝酸盐后还要进一步分解成金属氧化物和 NO_2，如 $MgO\cdot 2NO_2\cdot O\longrightarrow MgO+2NO_2+O$；金属活动性弱于铜的（不包括铜），分解成金属单质、NO_2 和 O_2，如 $2AgNO_3(Ag\cdot NO_2\cdot O)$ ══ $2Ag+2NO_2\uparrow+O_2\uparrow$，记忆时可认为先分解成亚硝酸盐，再分解成金属氧化物，最后分解成金属单质。金属越不活泼，其硝酸盐受热分解得越彻底。

（15）$NO_2^-+Fe^{2+}+2H^+\longrightarrow NO+Fe^{3+}+H_2O$

解析：NO_2^- 中氮的氧化数为+3，既有氧化性又有还原性，遇到较强还原剂，得到电子变成氮的氧化数为+2的 NO；遇到较强的氧化剂，则被氧化成氮的氧化数为+5的 NO_3^-，如 $5NO_2^-+2MnO_4^-+6H^+$ ══ $5NO_3^-+2Mn^{2+}+3H_2O$。对于氧化还原反应，知道了氧化剂的还原产物和还原剂的氧化产物，很容易写出反应方程式。

（16）$AsCl_3+3H_2O$ ══ H_3AsO_3+3HCl

解析：非金属卤化物（包括 p 区金属卤化物）大部分易水解，水解产物为对应的含氧酸（金属氧化物或酰卤化物）和卤化氢，如 $BiCl_3+H_2O$ ══ $BiOCl\downarrow+2HCl$。

（17）$Pb_2O_3+2HNO_3$ ══ $Pb(NO_3)_2+PbO_2+H_2O$

解析：Pb_2O_3 中铅的氧化数为+3，但铅的常见氧化数为+2和+4，因为它能失去2个或4个电子，故可把 Pb_2O_3 写成 $PbO\cdot PbO_2$，在与 HNO_3 反应中，PbO_2 部分在反应中不变，PbO 与 HNO_3 反应生成硝酸盐和水。Pb_3O_4 写成 $2PbO\cdot PbO_2$，在与氧化性酸 HNO_3

反应中，PbO 与 HNO_3 反应生成硝酸盐和水。Pb_3O_4（或 Pb_2O_3）若与还原性酸如 HCl，则 PbO_2 部分作为氧化剂氧化 HCl 成 Cl_2，PbO 部分作为普通金属氧化物与酸反应。

（18）$SnCl_2+2HgCl_2 \longrightarrow Hg_2Cl_2\downarrow+SnCl_4$

$Hg_2Cl_2+SnCl_2 \longrightarrow 2Hg\downarrow+SnCl_4$

解析：$SnCl_2$ 逐滴滴入 $HgCl_2$ 溶液可明确看到先生成白色的 Hg_2Cl_2 沉淀，后看到黑色的 Hg 沉淀，$SnCl_2$ 被氧化到 $SnCl_4$。该反应经常用于 Sn^{2+}、Hg^{2+} 的互为鉴定。若在碱性介质中，Sn(Ⅱ)的还原性更强，能把某些金属离子还原成金属单质，如 $3Na_2SnO_2+2BiCl_3+6NaOH \longrightarrow 2Bi\downarrow+3Na_2SnO_3+6NaCl+3H_2O$。

（19）$3CuS+8HNO_3 \longrightarrow 3Cu(NO_3)_2+3S\downarrow+2NO\uparrow+4H_2O$

解析：HNO_3 把 CuS 中解离出的微量 S^{2-} 氧化成 S，HNO_3 还原成 NO，使 CuS 溶解沉淀平衡向右移动：$CuS(s) \rightleftharpoons Cu^{2+}(aq)+S^{2-}(aq)$，其中 2 份 HNO_3 参与了氧化还原反应，6 份 HNO_3 只提供酸根。在物质的量适当时，S^{2-} 一般被氧化成单质 S。

（20）$MnSO_4+NaClO+H_2O \longrightarrow MnO_2\downarrow+NaCl+H_2SO_4$

解析：ClO^- 有很强的氧化性，能将 Mn^{2+} 氧化成 MnO_2，自己一般还原到 Cl^-。各种氯的氧化数不同的 ClO_x^- 在酸性条件下均有较强的氧化性，其还原产物均为 Cl^-。

6. 答　各取少量固体试剂加入一定量的水，易溶者为 Na_2CO_3、$CaCl_2$ 和 Na_2SO_4，难溶者为 $BaCO_3$、$Mg(OH)_2$ 和 $MgCO_3$。

在易溶盐中，各加入稀盐酸，有气体放出者原物为 Na_2CO_3，因为

$$Na_2CO_3+2HCl \longrightarrow 2NaCl+CO_2\uparrow+H_2O$$

另两易溶盐中，各加入 $BaCl_2$ 溶液，有白色沉淀者原物为 Na_2SO_4，因为

$$Na_2SO_4+BaCl_2 \longrightarrow BaSO_4\downarrow+2NaCl$$

而无沉淀者原物为 $CaCl_2$。

在难溶盐中，各加入 H_2SO_4 溶液，沉淀溶解但无气体放出者原物为 $Mg(OH)_2$：

$$Mg(OH)_2+H_2SO_4 \longrightarrow MgSO_4+2H_2O$$

沉淀溶解且有气体放出者原物为 $MgCO_3$：

$$MgCO_3+H_2SO_4 \longrightarrow MgSO_4+CO_2\uparrow+H_2O$$

有气体放出但仍有沉淀者原物为 $BaCO_3$：

$$BaCO_3+H_2SO_4 \longrightarrow BaSO_4\downarrow+CO_2\uparrow+H_2O$$

解析：物质的鉴别或分离要根据物质的不同性质，如溶解性、酸碱性、氧化还原性、配位性或其它特性，本题中主要利用各物质溶解性的不同进行鉴别；鉴别反应需方法简便，现象明显。

五、推断题

1. A 为 KCl，B 为 HCl，C 为 Cl_2，D 为 $KHC_7H_4O_3$。

反应式为

$$2KCl(s)+H_2SO_4(浓) \longrightarrow 2HCl\uparrow+K_2SO_4$$

$$16HCl+2KMnO_4 \longrightarrow 5Cl_2\uparrow+2MnCl_2+2KCl+8H_2O$$

$$Cl_2+2KI \longrightarrow I_2+2KCl$$

$$KCl+NaHC_7H_4O_3 \longrightarrow KHC_7H_4O_3\downarrow+NaCl$$

解析：C 可使湿润的淀粉碘化钾试纸变蓝，可确定 C 为 Cl_2，气体 B 的溶液被 $KMnO_4$ 氧化产生 Cl_2，带有 Cl^- 的溶液产生的刺激性气体便是 HCl，加入酒石酸氢钠溶液，有白色

沉淀生成则确定阳离子是 K^+，最后确定 A 为 KCl。对于推断题，根据所描述现象，首先确定一种物质，然后根据关联现象确定其它物质。

2. A 为 $Na_2S_2O_3$，B 为 SO_2，C 为 S，D 为 Na_2SO_4，E 为 $BaSO_4$。

$$S_2O_3^{2-}+2H^+ = SO_2\uparrow+S\downarrow+H_2O$$

$$2MnO_4^-+5SO_2+2H_2O = 5SO_4^{2-}+2Mn^{2+}+4H^+$$

$$S_2O_3^{2-}+4Cl_2+5H_2O = 2SO_4^{2-}+8Cl^-+10H^+$$

$$SO_4^{2-}+Ba^{2+} = BaSO_4\downarrow$$

解析：与钡盐作用，生成不溶于稀硝酸的白色沉淀，确定白色沉淀 E 为 $BaSO_4$，D 为 Na_2SO_4 溶液，A 为 $Na_2S_2O_3$ 或 Na_2SO_3（能被氧化成 SO_4^{2-}），根据加稀盐酸后有刺激性气体和黄色沉淀同时出现，可断定 A 为 $Na_2S_2O_3$，硫代硫酸盐在酸中会即刻分解成 SO_2 和 S。

3. A 为 $NaNO_3$（硝酸钠），B 为 O_2，C 为 $NaNO_2$（亚硝酸钠）。

反应化学方程式为

$$2NaNO_3 = 2NaNO_2+O_2\uparrow$$

$$2NO_2^-+2I^-+4H^+ = 2NO\uparrow+I_2+2H_2O$$

$$5NO_2^-+2MnO_4^-+6H^+ = 5NO_3^-+2Mn^{2+}+3H_2O$$

$$NO_3^-+3Fe^{2+}+4H^+ = 3Fe^{3+}+NO\uparrow+2H_2O$$

$$Fe^{2+}+NO = [Fe(NO)]^{2+}$$

$$2NO_2^-+2H^+ = NO\uparrow+NO_2\uparrow+H_2O$$

解析：B 可使将要熄灭的火柴棒复燃，基本可确定 B 为 O_2，检验 A 和 C 都可以与 $FeSO_4$ 和酸发生反应而显棕色，A 和 C 为硝酸盐或亚硝酸盐，C 的水溶液既有氧化性，又有还原性，可确定为亚硝酸盐，则 A 为硝酸盐。

4. A 为 KI，B 为浓 H_2SO_4，C 为 I_2，D 为 KI_3，E 为 $Na_2S_2O_3$，F 为 SO_2。

反应方程式为

$$2I^-+2H_2SO_4(\text{浓}) = SO_4^{2-}+I_2+SO_2\uparrow+2H_2O$$

$$I^-+I_2 = I_3^-$$

$$I_2+SO_2+2H_2O = 2I^-+SO_4^{2-}+4H^+$$

$$S_2O_3^{2-}+2H^+ = SO_2\uparrow+S\downarrow+H_2O$$

$$SO_4^{2-}+Ba^{2+} = BaSO_4\downarrow$$

解析：无机物中油状无色液态一般为多羟基浓酸（即多元酸），常见的有浓硫酸或浓磷酸，题中有较强氧化性的应为浓硫酸；紫黑色固体加无色溶液后溶解度增大且溶液是棕色的，可确定为 I_2 溶于 KI 溶液生成 KI_3；遇酸则有淡黄色沉淀及气体产生的多半是硫代硫酸盐；加入 $BaCl_2$ 溶液有不溶于酸的白色沉淀，原溶液中肯定存在 SO_4^{2-}，其来源为被 I_2 氧化 SO_2。

六、无机制备

1. 氯化钠是重要的化工原料之一。以氯化钠为原料能生产许多化工产品。例如：

① 在氯碱工业上，电解氯化钠水溶液生产 NaOH、氯气以及氢气。

$$2NaCl(aq)+2H_2O \xrightarrow{\text{电解}} 2NaOH(aq)+Cl_2(g)+H_2(g)$$

② 电解熔融的氯化钠可生产金属钠和氯气。

$$2NaCl(l) \xrightarrow{\text{电解}} 2Na(l)+Cl_2(g)$$

③ 在制碱工业上，以氯化钠为原料制取 $NaHCO_3$、Na_2CO_3 及 NH_4Cl。

$$NaCl + NH_3 + CO_2 + H_2O \longrightarrow NaHCO_3 + NH_4Cl$$

$$2NaHCO_3 \xrightarrow{\triangle} Na_2CO_3 + CO_2 + H_2O$$

题中，利用 $NaHCO_3$ 溶解度较小与溶解度大的 NH_4Cl 分离，$NaHCO_3$ 分解出的 CO_2 又可投入前面一步反应。

2. (1)

$$CaF_2 + H_2SO_4 = 2HF + CaSO_4$$

$$CaF_2 + K_2CO_3 = 2KF + CaCO_3$$

$$HF + KF = KHF_2$$

$$2KHF_2 \xrightarrow{电解} F_2(阳极) + H_2(阴极) + 2KF$$

(2)

$$2NaCl(l) \xrightarrow{电解} 2Na(l) + Cl_2(g)$$

$$3Cl_2 + 6NaOH \xrightarrow{\triangle} NaClO_3 + 5NaCl + 3H_2O$$

$$2NaClO_3 + H_2SO_4 + H_2C_2O_4 = 2ClO_2 + Na_2SO_4 + 2CO_2 + 2H_2O$$

(3)

$$2KBr + Cl_2 = Br_2 + 2KCl$$

$$Br_2 + 6KOH = KBrO_3 + 5KBr + 3H_2O$$

$$KBrO_3 + F_2 + 2KOH = KBrO_4 + 2KF + H_2O$$

3. (1)

$$S + O_2 \longrightarrow SO_2$$

$$SO_2 + Na_2CO_3 \longrightarrow Na_2SO_3 + CO_2$$

$$Na_2SO_3 + S \longrightarrow Na_2S_2O_3$$

(2) 利用 (1) 制得的 SO_2 和 Na_2SO_3

$$Na_2SO_3 + SO_2 + H_2O \longrightarrow 2NaHSO_3$$

$$2NaHSO_3 + Zn \longrightarrow Na_2S_2O_4 + Zn(OH)_2$$

(3) 利用 (1) 制得的 SO_2

$$2SO_2 + O_2 \longrightarrow 2SO_3$$

$$SO_3 + H_2O \longrightarrow H_2SO_4$$

$$H_2SO_4 + NH_3 \longrightarrow NH_4HSO_4$$

$$2NH_4HSO_4 \xrightarrow{电解} (NH_4)_2S_2O_8 + H_2$$

$$(NH_4)_2S_2O_8 + 2KHSO_4 \longrightarrow K_2S_2O_8 \downarrow + 2NH_4HSO_4$$

第八章　元素化学（2）副族元素

中　学　链　接

电子最后填充在 d 轨道上的原子为副族元素，也称过渡元素。

铁及其重要化合物

1. 物理性质

含碳量小于 2%的铁碳合金称为钢，含碳量大于 2%的为生铁。钢有良好的导热、导电性和磁性，有良好的延展性和强度，常作为结构材料。

2. 化学性质

① 与 O_2 及其它非金属反应

$$3Fe+2O_2 \longrightarrow Fe_3O_4$$

$$Fe+S \longrightarrow FeS$$

$$2Fe+3Cl_2 \longrightarrow 2FeCl_3$$

② 与水、非氧化性酸和某些盐（置换）反应

$$3Fe+4H_2O \xrightarrow{\text{高温}} Fe_3O_4+4H_2$$

$$Fe+2HCl \longrightarrow FeCl_2+H_2$$

$$Fe+CuSO_4(\text{稀}) \longrightarrow FeSO_4+Cu$$

3. 铁的化合物

① 铁的钝化　浓 HNO_3、浓 H_2SO_4 或其它强氧化剂能使铁的表面形成一层致密坚硬的 Fe_3O_4 氧化物保护膜。

② 铁锈　铁在潮湿的空气中生成一种结构蓬松的水合氧化物，主要成分是 $Fe_2O_3 \cdot xH_2O$，它不能阻止空气和水分的进入而继续锈蚀。

③ 绿矾，$FeSO_4 \cdot 7H_2O$；磁铁，Fe_3O_4。

4. 铁的冶炼

① 炼铁　$C+O_2 \longrightarrow CO_2$，$CO_2+C \longrightarrow 2CO$

$$Fe_2O_3+3CO \longrightarrow 2Fe+3CO_2$$

② 炼钢　用氧化的方法降低生铁中的碳含量，并除去硫、磷等杂质，加入合金元素使其含量达到规定范围。

基　本　要　求

① 铬、铁、锰的氧化物，氢氧化物及其重要盐类的性质。

② Cr(Ⅲ)、Cr(Ⅵ)化合物的酸碱性、氧化还原性及其相互转化，离子鉴定。

③ Mn(Ⅱ)、Mn(Ⅳ)、Mn(Ⅵ)、Mn(Ⅶ)等重要化合物的性质，离子鉴定。

④ 铜、银、锌、镉、汞的重要化合物的性质。

知 识 要 点

一、过渡元素通性

过渡元素的价电子构型为 $(n-1)d^{1\sim9}ns^{1\sim2}$，价层电子数目多，可变氧化数多，元素的性质随 d 电子数目的变化而变化，从而过渡元素不同于主族元素的化学特性。

① 它们都是金属，具有熔点高、硬度大、密度大等特性，具有金属光泽，延展性、导电性和导热性都很好。

② 过渡金属的 d 电子在发生化学反应时能够选择性地参与化学反应，表现出多种氧化数。

③ 过渡元素具有能用于成键的空的 d 轨道，容易形成配位化合物。

二、铬、锰

1. 铬

价电子构型为 $3d^54s^1$，常见氧化数为+3，+6。

(1) Cr(Ⅲ)的化合物　重要化合物有 Cr_2O_3、$Cr(OH)_3$ 以及常见的 Cr(Ⅲ)盐。

① Cr_2O_3 和 $Cr(OH)_3$ 显两性

$$Cr_2O_3[\text{或 } Cr(OH)_3]+H^+ \longrightarrow Cr^{3+}+H_2O$$

$$Cr_2O_3[\text{或 } Cr(OH)_3]+OH^- \longrightarrow [Cr(OH)_4]^-$$

② Cr(Ⅲ)的还原性

$$2Cr^{3+}+10OH^-+3H_2O_2 = 2CrO_4^{2-}+8H_2O$$

③ Cr(Ⅲ)的配位化学性质

$$Cr^{3+}+6NH_3 = [Cr(NH_3)_6]^{3+}$$

(2) Cr(Ⅵ)的化合物

① 酸性介质中的氧化性

$$Cr_2O_7^{2-}+3H_2S+8H^+ = 2Cr^{3+}+3S\downarrow+7H_2O$$

② CrO_4^{2-} 和 $Cr_2O_7^{2-}$ 的平衡关系

$$\underset{\text{(黄色)}}{2CrO_4^{2-}}+2H^+ \rightleftharpoons \underset{\text{(橙红色)}}{Cr_2O_7^{2-}}+H_2O$$

③ 沉淀反应

$$CrO_4^{2-}+Ba^{2+} = BaCrO_4\downarrow$$

$$Cr_2O_7^{2-}+H_2O+4Ag^+ = 2Ag_2CrO_4\downarrow$$

(3) Cr(Ⅲ)的鉴定

$$2Cr^{3+}+10OH^-+3H_2O_2 = 2CrO_4^{2-}+8H_2O$$

$$Cr_2O_7^{2-}+4H_2O_2+2H^++2(C_2H_5)O(\text{乙醚}) = 2[CrO(O_2)_2(C_2H_5)O](\text{蓝色})+5H_2O$$

2. 锰

价电子构型为 $3d^54s^2$，常见氧化数为+2，+4，+6，+7。

(1) Mn(Ⅶ)的化合物　最重要的是 $KMnO_4$，强氧化性和不稳定性为其主要性质。

① 强氧化性，其还原产物与介质有关。

在酸性介质中，$2MnO_4^-+5SO_3^{2-}+6H^+ = 2Mn^{2+}+5SO_4^{2-}+3H_2O$

在中性介质中，$2MnO_4^- + 3SO_3^{2-} + H_2O = 2MnO_2\downarrow + 3SO_4^{2-} + 2OH^-$

在碱性介质中，$2MnO_4^- + SO_3^{2-} + 2OH^- = 2MnO_4^{2-} + SO_4^{2-} + H_2O$

② 不稳定性。

$$4MnO_4^- + 4H^+ = 4MnO_2\downarrow + 3O_2\uparrow + 2H_2O$$

（2）锰的+2，+4 价化合物

① MnO_2 的氧化性

$$MnO_2 + 4HCl(浓) = MnCl_2 + Cl_2\uparrow + 2H_2O$$

② Mn(Ⅱ)的还原性

$$2Mn(OH)_2 + O_2 = 2MnO(OH)_2(棕色)$$

$$2Mn^{2+} + 5NaBiO_3 + 14H^+ = 2MnO_4^-(紫红色) + 5Bi^{3+} + 5Na^+ + 7H_2O$$

也是鉴定 Mn^{2+} 的反应。

三、铁系元素

1. Fe、Co、Ni

价电子构型为 $3d^{6\sim8}4s^2$，常见氧化数为+2,+3。

2. M(Ⅱ)的还原性

$$2Fe^{2+} + Br_2 = 2Fe^{3+} + 2Br^-$$

$$4Fe(OH)_2(白色) + O_2 + 2H_2O = 4Fe(OH)_3(红棕色)$$

$$4Co(OH)_2(粉红色) + O_2 + 2H_2O = 4Co(OH)_3(褐棕色)$$

$$2Ni(OH)_2(绿色) + 2NaOH + Br_2 = 2\ Ni(OH)_3(黑色) + 2NaBr$$

3. M(Ⅲ)的氧化性

$$2Fe^{3+} + Cu = 2Fe^{2+} + Cu^{2+}$$

$$2Co(OH)_3 + 6HCl = 2CoCl_2 + Cl_2 + 6H_2O$$

4. 配合物

$$Fe^{2+} + 6CN^- = [Fe(CN)_6]^{4-}$$

$$Fe^{3+} + [Fe(CN)_6]^{4-} + K^+ = KFe[Fe(CN)_6]\downarrow(普鲁士蓝)$$

$$Fe^{2+} + [Fe(CN)_6]^{3-} + K^+ = KFe[Fe(CN)_6]\downarrow(腾氏蓝)$$

分别鉴定 Fe^{2+} 和 Fe^{3+} 的反应。

$$Fe^{3+} + nSCN^- = [Fe(SCN)n]^{3-n}(血红色)$$

四、铜、锌、汞

1. 铜

价电子构型为 $3d^{10}4s^1$，常见氧化数为+1，+2。

（1）Cu(Ⅰ)化合物　主要是 Cu_2O，Cu_2O 的重要性质为遇酸歧化，若能生成 CuX 沉淀 CuX_2^- 配离子，则不一定歧化。

$$Cu_2O + H_2SO_4 = Cu\downarrow + CuSO_4 + H_2O$$

$$Cu_2O + 2HCl = 2CuCl\downarrow + H_2O$$

$$CuCl + Cl^- \rightleftharpoons CuCl_2^-$$

（2）Cu(Ⅱ)化合物

① 较弱的氧化性

$$2Cu^{2+}+4I^{-}=2CuI\downarrow+I_2$$

$$2[Cu(OH)_4]^{2-}+C_6H_{12}O_6=Cu_2O\downarrow+C_6H_{12}O_7+4OH^{-}+2H_2O$$

葡萄糖　　　　　　　葡萄糖酸

② Cu^{2+}的配位反应

$$Cu^{2+}+4NH_3\rightleftharpoons[Cu(NH_3)_4]^{2+}\text{(深蓝色)}$$

③ Cu^{2+}的鉴定

$$2Cu^{2+}+[Fe(CN)_6]^{4-}=Cu_2[Fe(CN)_6]\downarrow\text{(红棕色)}$$

④ Cu(Ⅰ)与Cu(Ⅱ)的相互转化

$$2Cu^{+}=Cu^{2+}+Cu\qquad K^{\ominus}=1.2\times10^{6}$$

2. 锌、汞

锌：价电子构型为$3d^{10}4s^2$，常见氧化数为+2；汞：价电子构型为$5d^{10}6s^2$，常见氧化数为+1，+2。

(1) 锌的重要化合物性质

① ZnO 和 $Zn(OH)_2$ 的两性

$$ZnO+2H^{+}=Zn^{2+}+H_2O$$

$$ZnO+2OH^{-}=ZnO_2^{2-}+H_2O$$

② Zn^{2+}的配位反应

$$Zn^{2+}+4NH_3\rightleftharpoons[Zn(NH_3)_4]^{2+}$$

(2) 汞重要化合物的性质

① 与碱作用

$$Hg^{2+}+2OH^{-}=HgO\downarrow+H_2O$$

$$Hg_2^{2+}+2OH^{-}=Hg\downarrow+HgO\downarrow+H_2O$$

② 与氨水作用

$$HgCl_2+NH_3=NH_2HgCl\downarrow\text{(白色)}+HCl$$

$$Hg_2(NO_3)_2+NH_3=NH_2HgNO_3\downarrow+Hg\downarrow+HNO_3$$

(白色)　(灰黑色)

③ 与 $SnCl_2$ 作用

$$SnCl_2+2HgCl_2=Hg_2Cl_2\downarrow\text{(白色)}+SnCl_4$$

$$Hg_2Cl_2+SnCl_2=2Hg\downarrow\text{(灰黑色)}+SnCl_4$$

上述反应可用作 Hg^{2+}和 Hg_2^{2+} 的鉴定。

习　题

一、判断题

1. 真金不怕火炼，说明金的熔点在金属中最高。 (　)

2. 在所有金属中，熔点最高的和最低的均是副族元素。 (　)

3. 所有副族金属离子与金属单质所组成的电对，标准电极电势均是负的。 (　)

4. 副族元素中，同一族元素原子半径的变化趋势与主族元素相同。 (　)

5. 每个副族元素都有多种氧化态。 (　)

6. 用铜嵌在铁器中可以保护铁或钢，使它们延缓腐蚀的破坏。 (　)

7. 天然矿藏中，以游离态存在的金属主要是副族元素。（　　）

8. 炼钢的主要目的是调节铁中的含碳量，同时减少 Si、S、P 等有害杂质。（　　）

9. 具有顺磁性的物质，其原子或分子都有或多或少的单电子。（　　）

10. 过渡元素比同周期主族金属元素半径小，故较难形成配位化合物。（　　）

11. 铬酸根离子失去电子被氧化为重铬酸根离子。（　　）

12. 铬离子的鉴定反应中形成蓝色的 CrO_5，也可写成 $[CrO(O_2)_2]$，这里 O_2 作为配体。（　　）

13. MnO_4^- 在不同介质中氧化能力不同，还原产物也不同。（　　）

14. 由于在酸性介质中氧化性较强，HCl 能把 Fe 氧化成 Fe^{3+}，而 Cl_2 只能把 Fe 氧化成 Fe^{2+}。（　　）

15. CuO 加热生成 Cu_2O，故 Cu(Ⅰ)的化合物比 Cu(Ⅱ)的化合物稳定。（　　）

二、选择题

1. 对于副族元素，下列说法正确的是（　　）。

A. 都是金属　B. 单质都是银白色　C. 在常温下都是固体　D. 离子溶液都有颜色

2. 下列氢氧化物在空气中稳定的是（　　）。

A. $Fe(OH)_2$　B. $Co(OH)_2$　C. $Ni(OH)_2$　D. $Mn(OH)_2$

3. 不能被浓 HNO_3 钝化的下列金属是（　　）。

A. Cr　B. Mn　C. Fe　D. Al

4. 在 $CrCl_3$ 和 $K_2Cr_2O_7$ 混合溶液中加入过量的 NaOH 溶液，下列离子对浓度最大的是（　　）。

A. Cr^{3+} 和 $Cr_2O_7^{2-}$　B. $Cr(OH)_4^-$ 和 $Cr_2O_7^{2-}$

C. Cr^{3+} 和 CrO_4^{2-}　D. $Cr(OH)_4^-$ 和 CrO_4^{2-}

5. 下列哪种试剂不能把 Mn^{2+} 氧化成 MnO_4^-（　　）。

A. $NaBiO_3$　B. PbO_2　C. $K_2Cr_2O_7$　D. $K_2S_2O_8$

6. 下列各氧化剂中，在酸性条件下还可作指示剂的是（　　）。

A. $K_2Cr_2O_7$　B. $KMnO_4$　C. H_2O_2　D. I_2

7. 可使 MnO_2 溶于其中的下列溶液是（　　）。

A. 稀 HCl　B. HAc　C. 稀 NaOH　D. 浓 H_2SO_4

8. 锰的下列各种氧化物中，酸性最强的是（　　）。

A. MnO　B. MnO_2　C. MnO_3　D. Mn_2O_7

9. 下列试剂中，不能与 $FeCl_3$ 溶液反应的是（　　）。

A. Fe 粉　B. Cu　C. $SnCl_4$　D. KI

10. 要配制标准的 Fe^{2+} 溶液，最好的方法是将（　　）。

A. 硫酸亚铁铵溶于水　B. $FeCl_2$ 溶于水

C. 铁钉溶于稀酸　D. $FeCl_3$ 溶液与铁屑反应

11. $FeSO_4$ 溶液中通入氧气，溶液的 pH 将（　　）。

A. 变大　B. 变小　C. 不变　D. 不能判断

12. 往 $FeCl_3$ 溶液中加入 KSCN 产生血红色溶液，再加入过量的 NaF，其现象是（　　）。

A. 变为无色　B. 红色加深　C. 产生沉淀　D. 没有变化

13. 下列氢氧化物中，既能溶于过量 NaOH 溶液又能溶于氨水的是（　　）。

A. $Al(OH)_3$　B. $Fe(OH)_3$　C. $Cr(OH)_3$　D. $Ni(OH)_2$

14. 下列氧化物中，与浓盐酸作用没有 Cl_2 放出的是（　）。

A. Pb_2O_3　B. Fe_2O_3　C. Co_2O_3　D. Ni_2O_3

15. 下列离子中，与过量氨水形成配合物的希望最小的是（　）。

A. Cd^{2+}　B. Fe^{3+}　C. Ni^{2+}　D. Zn^{2+}

16. 下列物质中不能氧化浓盐酸的是（　）。

A. PbO_2　B. MnO_2　C. $Fe(OH)_3$　D. $Co(OH)_3$

17. 长久暴露在潮湿空气中的铜材，表面会形成一层蓝绿色的铜锈，其组成是（　）。

A. $Cu(OH)_2$　B. $CuCO_3$　C. $Cu(OH)_2 \cdot CuCO_3$　D. CuS

18. 在晶体 $CuSO_4 \cdot 5H_2O$ 中，中心离子 Cu^{2+} 的配位数为（　）。

A. 4　B. 5　C. 6　D. 2

19. 欲除去 $CuSO_4$ 酸性溶液中少量 Fe^{3+}，最好加入（　）。

A. $NH_3 \cdot H_2O$　B. Na_2S　C. $Cu_2(OH)_2CO_3$　D. Cu 粉

20. 下列实验过程中不会有沉淀生成的是（　）。

A. 将 Cu_2O 与稀硫酸反应　B. 向 $AgNO_3$ 溶液中滴入少量 $Na_2S_2O_3$ 溶液

C. 将 KI 加入到 $CuSO_4$ 溶液中　D. 向 $Na_2S_2O_3$ 溶液中滴入少量 $AgNO_3$ 溶液

21. 与汞不能生成汞齐合金的金属是（　）。

A. Cu　B. Fe　C. Na　D. Ag

22. 下列硫化物中，只能用干法制得的是（　）。

A. MnS　B. Cr_2S_3　C. ZnS　D. CuS

23. 下列离子在水溶液中最不稳定的是（　）。

A. Cu^{2+}　B. Hg_2^{2+}　C. Hg^{2+}　D. Cu^+

24. Hg_2^{2+} 中 Hg—Hg 的化学键是（　）。

A. 离子键　B. 金属键　C. σ 键　D. π 键

25. 下列金属与相应的盐可以发生反应的是（　）。

A. Fe 与 Fe^{2+}　B. Cu 与 Cu^{2+}　C. Hg 与 Hg^{2+}　D. Zn 与 Zn^{2+}

26. 下列离子与过量的 KI 溶液反应只得到澄清的无色溶液的是（　）。

A. Cu^{2+}　B. Fe^{3+}　C. Hg^{2+}　D. Hg_2^{2+}

27. 在含有 Al^{3+}、Ba^{2+}、Hg_2^{2+}、Cu^{2+}、Ag^+ 等离子的溶液中加入稀 HCl，发生反应的离子（　）。

A. Cu^{2+} 和 Ag^+　B. Al^{3+} 和 Hg_2^{2+}

C. Hg_2^{2+} 和 Ag^+　D. Al^{3+} 和 Ba^{2+}

28. 下列物质中，难溶于 $Na_2S_2O_3$ 溶液，而易溶于 KCN 溶液的是（　）。

A. AgCl　B. AgI　C. AgBr　D. Ag_2S

29. Co^{2+} 在水溶液中和在氨水溶液中的还原性是（　）。

A. 前者大于后者　B. 二者相同　C. 后者大于前者　D. 都无还原性

30. 下列哪一族金属的活泼性不随原子序数的增加而增强（　）。

A. ⅠA 族　B. ⅠB 族　C. ⅡA 族　D. ⅢA 族

三、填充题

1. 在所有金属中，熔点最高的是__________，熔点最低的是__________，硬度最大的是________，密度最大的是________，导电性最好的是________。

2. 金属铜可与许多金属形成合金，黄铜是________合金，青铜是________合金，白铜是________合金。在铜副族元素中导电性从大到小的顺序为________，在锌副族元素中是________。

3. 锰在自然界主要以________的形式存在。锰有从________到________氧化数的化合物，在酸性溶液中 Mn^{2+} 的还原性________；高锰酸钾是强________，它在酸性溶液中与 H_2O_2 反应的主要产物是________，它在中性或弱碱性溶液中与 Na_2SO_3 反应的产物为________和________；在强碱条件下，高锰酸钾溶液与二氧化锰反应生成________色的________，在该产物中加入 H_2SO_4 后生成________色的________和________色的________。

4. 无水硫酸铜是________色的，把它加入到含少量水的乙醇中变成________色的________；在硫酸铜溶液中加入浓盐酸时，溶液的颜色由________变为________色，然后加入铜屑煮沸，生成________色的溶液，将该溶液稀释时生成________色的________；在该沉淀中加入浓氨水后得到________色的________。

5. 碱性溶液中，在________色的 CrO_4^{2-} 溶液中加入酸后变成________色的________，再加入锌粉，变成________色的________，后又加入过量的 NaOH 溶液，变成________色的________。

6. 银盐中 Ag_2S 能溶于________，AgI 能溶于________，AgBr 还能溶于________，AgCl 还能溶于________；银盐中易溶于水的有________、________、________、________。

四、问答题

1. 过渡元素有哪些共性？并予以解释。

2. 回答下列问题：

(1) 为什么在焊接铁皮时，常先用浓 $ZnCl_2$ 溶液来处理铁皮的表面？

(2) $HgCl_2$ 有剧毒，而 Hg_2Cl_2 却可作为轻泻剂、利尿剂使用，为什么？

(3) $Hg(NO_3)_2$ 在150℃左右分解，但为什么用煤气灯火焰加热盛有 $Hg(NO_3)_2$ 固体的试管时，有时会得不到 HgO?

3. 用离子方程式说明下列各步的实验现象：

(1) $FeCl_3$ 溶液中通入 H_2S，有乳白色沉淀析出；

(2) 将 (1) 溶液过滤，在滤液中加入 NaOH 溶液，形成灰绿色沉淀并逐渐变成红棕色；

(3) 将 (2) 沉淀滤出后用酸溶解，加入几滴 KSCN 溶液，溶液变成血红色；

(4) 在 (3) 溶液中通入 SO_2，血红色很快消失；

(5) 在 (4) 溶液中加入 H_2O_2，血红色又立即出现；

(6) 在 (5) 溶液中加入 NaF，血红色消失。

4. 溶液中含有 Al^{3+}、Cr^{3+} 和 Fe^{3+}，如何将其分离？

5. 回答下列问题：

(1) Fe^{3+} 能腐蚀 Cu，Cu^{2+} 而又能腐蚀 Fe，两者是否矛盾？试应用有关的电极电势说明之。

(2) 如何将 $FeCl_3$ 溶液转变成 $FeCl_2$ 溶液，然后又转回 $FeCl_3$ 溶液？中间不能有杂质离子进入。

(3) 向 $FeSO_4$ 溶液中加入碘水溶液，碘水不褪色，再加入适量的 $NaHCO_3$ 后，碘水褪色，请解释原因。

(4) 如何将金溶解，再将金析出？

6. 完成下列反应方程式。

(1) $K_2Cr_2O_7+H_2S+H_2SO_4 \longrightarrow$

(2) $CrCl_3+NaOH+Br_2 \longrightarrow$

(3) $Pb^{2+}+Cr_2O_7^{2-}+H_2O \longrightarrow$

(4) $KMnO_4+KI+H_2O \longrightarrow$

(5) $MnO_2+H_2SO_4 \longrightarrow$

(6) $MnO_2+KOH+KClO_3 \longrightarrow$

(7) $Mn^{2+}+PbO_2+H^+ \longrightarrow$

(8) $FeCl_3+KI \longrightarrow$

(9) $FeSO_4+Br_2+H_2SO_4 \longrightarrow$

(10) $Cu_2O+H_2SO_4 \longrightarrow$

(11) $Cu_2O+HCl \longrightarrow$

(12) $CuSO_4+KI \longrightarrow$

(13) $Cu+NaCN+H_2O+O_2 \longrightarrow$

五、推断题

1. 一紫色晶体溶于水得到绿色溶液 A，A 与过量氨水反应生成灰绿色沉淀 B。B 可溶于 NaOH 溶液，得到亮绿色溶液 C，在 C 中加入 H_2O_2 并微热，得到黄色溶液 D，在 D 中加入 $BaCl_2$ 溶液生成黄色沉淀 E，E 可溶于盐酸得到橙红色溶液 F。试确定各字母所代表的物质，并写出有关的离子方程式。

2. 一棕黑色固体 A 不溶于水，但可溶于浓盐酸，生成近乎无色的溶液 B 和黄绿色气体 C。在少量 B 中加入硝酸和少量 $NaBiO_3(s)$，生成紫红色溶液 D。在 D 中加入一浅绿色溶液 E，紫红色褪去，在得到的溶液 F 中加入 KSCN 溶液又生成血红色溶液 G。再加入足量的 NaF 则溶液的颜色褪去。在 E 中加入 $BaCl_2$ 溶液则生成不溶于硝酸的白色沉淀 H。试确定各字母所代表的物质，并写出有关的离子方程式。

3. 有一棕黑色固体铁化合物 A，与盐酸作用生成浅绿色溶液 B，同时放出臭鸡蛋味气体 C，将 C 通入 $CuSO_4$ 溶液生成黑色沉淀 D，在 B 中加入 NaOH 溶液得到白色沉淀 E，过了一段时间沉淀转为红棕色 F，加入盐酸后沉淀 F 消失，又得到溶液 G，在 G 中再通入 C 气体变成乳白色沉淀 H。试确定各字母所代表的物质，并写出有关的离子方程式。

4. 一种蓝绿色固体 A 加热分解，生成黑色固体 B 并放出水蒸气及一种可使澄清石灰水变浑浊的气体 C，固体 B 不溶于水，但可溶于热 HCl 生成绿色的溶液 D，向溶液 D 中通入 SO_2 可以生成一种白色沉淀 E，这种白色沉淀在隔绝空气的条件下可溶于氨水生成一种无色的溶液 F，F 暴露在空气中慢慢变为深蓝色溶液 G。试确定各字母所代表的物质，并写出有关的离子方程式。

5. 某氧化物 A，溶于浓盐酸得溶液 B 和气体 C。C 通入 KI 溶液后用 CCl_4 萃取产物，CCl_4 层出现紫色。B 加入 KOH 溶液后析出粉红色沉淀 D，过一段时间此粉红色沉淀变为棕褐色沉淀 E，B 中加入过量氨水得不到沉淀而得土黄色溶液 F，放置后则变为红褐色 G。B

中加入 KSCN 及少量丙酮时生成蓝色溶液。试确定各字母所代表的物质，并写出有关的离子方程式。

答案与解析

一、判断题

1.（×）解析：该说法是在化学知识不太丰富时形成的，实际上也指化学性质稳定，高温时不会被氧化；熔点远比金高的金属有很多，如钨、锰等，甚至铜的熔点（1356.4K）也比金（1337.4K）高。

2.（√）解析：熔点最高的钨和熔点最低的汞均是副族元素。

3.（×）解析：标准电极电势正负是与标准氢电极比较而得，许多不太活泼的金属和其离子所组成的电对的标准电极电势是正的，如 $E(Cu^{2+}/Cu)=+0.34V$，$E(Ag^{+}/Ag)=+0.80\ V$。

4.（×）解析：由于镧收缩，使第二过渡系的原子半径与同族第三过渡系元素的原子半径非常接近。

5.（×）解析：大部分副族元素都有多种氧化态，但少数如锌和镉在反应中只有+2 价。

6.（×）解析：铜嵌在铁器中构成了原电池，反而会加快铁的腐蚀。

7.（√）解析：由于主族金属元素较活泼，天然矿藏中一般无游离态存在，有些副族金属元素很不活泼，在天然矿藏中，有以游离态存在的金属，如金、银及铂系贵金属，汞等。

8.（√）解析：通过在熔化的生铁中通入 O_2，使其中的碳被氧化成 CO_2；另外，把 Si、S、P 氧化，其氧化物与其中的氧化钙结合成钙盐从铁水中分离出来，除去了有害杂质。

9.（√）解析：如无单电子，整个原子或分子中顺、逆时针方向自旋的电子数相同，磁性抵消，在外界磁场作用下，没有能被外界磁场磁化的因素。

10.（×）解析：过渡元素比同周期主族金属元素半径小，电荷数一般较多，更能接受孤对电子，更容易形成配位化合物。

11.（×）解析：铬酸根和重铬酸根中铬的氧化数相同，均为+6，两者互变不存在得失电子的氧化还原行为；重铬酸根是指该离子中有两个铬原子，是重复的意思。

12.（×）解析：这里 O_2 是过氧链 —O—O— ，在蓝色的$[CrO(O_2)_2]$分子中，有两个过氧链，链中的四个 O 的氧化数为−1，另一 O 的氧化数为−2，Cr 的氧化数为+6。

13.（√）解析：MnO_4^- 作氧化剂的半反应有 H^+ 参与，根据能斯特方程，H^+ 浓度与电极电势大小有关，故 MnO_4^- 在不同介质中氧化能力不同，还原产物也不同。

14.（×）解析：在酸性介质中氧化性较强是指还原半反应有 H^+ 参与，HCl 氧化铁中 H^+ 是作为氧化剂，其氧化性本身较弱，只能把 Fe 氧化成 Fe^{2+}；而 Cl_2 作氧化剂的还原半反应无 H^+ 参与，Cl_2 本身氧化性很强，且强弱与酸碱性介质无关，均能把铁氧化成 Fe^{3+}。

15.（×）解析：在不同条件下稳定性不同，可根据反应的 $\Delta_r G_m$ 算出稳定性大小；在两者互变的反应中，$\Delta_r G_m$ 小于 0，说明产物稳定，$\Delta_r G_m$ 大于 0，说明反应物稳定。如在水溶液中，Cu^{2+} 比 Cu^+ 稳定。

二、选择题

1.（A）解析：副族元素最外层电子数为 1～2 个，都是金属元素；但有些金属不是银白色的，如纯金，纯铜是紫红色的；金属键较弱的汞在常温下是液态；副族的离子不全是有颜色的，

d 电子全满的无 d-d 跃迁，如 Ag^{+}、Zn^{2+}、Cu^{+}、Hg^{2+} 等均是无色的。

2. (C)解析：Fe^{2+}、Co^{2+}、Mn^{2+} 的氢氧化物均是不稳定的，会被空气中的氧气氧化成高价的氢氧化物；如 $4Fe(OH)_2+O_2+2H_2O \longrightarrow 4Fe(OH)_3$，$2Mn(OH)_2+O_2 \longrightarrow 2MnO(OH)_2$。

3. (B) 解析：Cr、Fe、Al 均被浓 HNO_3 在表面形成致密的氧化物保护膜即被钝化，而 Mn 与浓 HNO_3 生成溶于水的 $Mn(NO_3)_2$，即不能钝化。

4. (D) 解析：在碱性中，$Cr^{3+}+4OH^{-} \longrightarrow Cr(OH)_4^{-}$，$Cr_2O_7^{2-}+2OH^{-} \rightleftharpoons 2CrO_4^{2-}+H_2O$；故 $Cr(OH)_4^{-}$ 和 CrO_4^{2-} 浓度最大。

5. (C) 解析：$E(Mn^{2+}/MnO_4^{-})=1.51V$，$E(Pb^{2+}/PbO_2)=1.46V$，$E(S_2O_8^{2-}/SO_4^{2-})=1.96V$，$E(Cr^{3+}/Cr_2O_7^{2-})=1.36V$，$E(Bi^{3+}/NaBiO_3)=1.80V$，可见，$NaBiO_3$ 和 $K_2S_2O_8$ 可把 Mn^{2+} 氧化成 MnO_4^{-}，在酸性并不很强时，通过计算可知，PbO_2 也能把 Mn^{2+} 氧化成 MnO_4^{-}（H^{+} 浓度对 MnO_4^{-} 的电极电势影响更大）。

6. (B) 解析：紫红色的 $KMnO_4$ 作氧化剂后被还原成几乎无色的 Mn^{2+}，颜色变化明显，在加热时反应速率快，可兼作指示剂。

7. (D) 解析：MnO_2 能与 H_2SO_4 反应生成溶于水的 $MnSO_4$，$2MnO_2+2H_2SO_4 \longrightarrow 2MnSO_4+2H_2O+O_2$。$MnO_2$ 与稀 HCl、HAc、稀 NaOH 均不反应。

8. (D) 解析：氧化物的酸碱性比较与氧化物的水化物一样可用 R—OH 规则，中心原子（Mn）氧化数越高，半径越小，酸性越强。

9. (C) 解析：根据电极电势，Fe^{3+} 有一定的氧化性，能氧化 Fe、Cu、Sn^{2+}、I^{-} 等，因题中所给 Sn 的氧化数为 +4，已处于最高氧化态，故 $FeCl_3$ 不能氧化 $SnCl_4$。

10. (A) 解析：硫酸亚铁铵是 Fe^{2+} 较稳定的复盐；$FeCl_2$ 溶于水，Fe^{2+} 很容易被氧化成 Fe^{3+}；铁钉溶于稀酸或 $FeCl_3$ 溶液与铁屑反应，虽能保持 Fe^{2+} 状态，但 Fe^{2+} 浓度会发生变化。

11. (A) 解析：反应为 $Fe^{2+}-e^{-} \longrightarrow Fe^{3+}$，$O_2+2H_2O+4e^{-} \longrightarrow 4OH^{-}$，只要不生成 $Fe(OH)_3$ 沉淀，反应使 OH^{-} 浓度增加，溶液的 pH 将变大。

12. (A) 解析：因 $K_f([FeF_6]^{3-})$ 远大于 $K_f([Fe(SCN)_6]^{3-})$，$[Fe(SCN)_6]^{3-}+6F^{-} \rightleftharpoons [FeF_6]^{3-}+6SCN^{-}$，平衡强烈向右，生成无色的 $[FeF_6]^{3-}$。

13. (C) 解析：$Al(OH)_3$ 和 $Fe(OH)_3$ 的溶度积很小，在溶液中它首先达到氢氧化物的溶度积生成沉淀，故不会生成氨的配合物；$Ni(OH)_2$ 是碱性的，在碱溶液中不溶；只有 Cr^{3+} 既呈两性，能在过量 NaOH 中溶解，又有配合性，能与氨形成配离子 $[Cr(NH_3)_6]^{3+}$。

14. (B) 解析：Pb_2O_3、Co_2O_3、Ni_2O_3 都有强氧化性，能把浓盐酸中的 Cl^{-} 氧化成 Cl_2，而 Fe_2O_3 的氧化性较弱，不能把浓盐酸中的 Cl^{-} 氧化成 Cl_2。

15. (B) 解析：$Fe(OH)_3$ 的溶度积很小，在氨的溶液中一定有相对较高浓度的 OH^{-}，在 Fe^{3+} 还未与氨形成配离子时，$c(Fe^{3+})c^3(OH^{-})>K_{sp}[Fe(OH)_3]$，结果生成 $Fe(OH)_3$ 沉淀而不生成 Fe^{3+} 的氨配合物。

16. (C) 解析：理由同 14 题。

17. (C) 解析：铜长久暴露在潮湿空气中表面会形成铜锈，它叫碱式碳酸铜，其组成是 $Cu(OH)_2 \cdot CuCO_3$。

18. (A) 解析：在晶体 $CuSO_4 \cdot 5H_2O$ 中存在着 $[Cu(H_2O)_4]^{2+}$ 配离子，且 Cu^{2+} 的配位数只能是 4。

19.（C）解析：若加入较多 $NH_3 \cdot H_2O$，Fe^{3+} 生成 $Fe(OH)_3$ 沉淀，Cu^{2+} 也生成铜氨配离子；若加入 Na_2S，会生成 CuS 沉淀和 $Fe(OH)_3$ 沉淀，仍无法除去 Fe^{3+}；若加入 Cu 粉，与 Fe^{3+} 反应生成 Fe^{2+}，方程式为：$2Fe^{3+} + Cu \longrightarrow 2Fe^{2+} + Cu^{2+}$，仍不能达到提纯的目的；若加入 $Cu_2(OH)_2CO_3$，稍增加的碱性可使 Fe^{3+} 生成 $Fe(OH)_3$ 沉淀，溶液中硫酸的酸性使 $Cu_2(OH)_2CO_3$ 生成 $CuSO_4$。

20.（D）解析：A 中，$Cu_2O + H_2SO_4 \longrightarrow Cu\downarrow + H_2O + CuSO_4$；B 中，由于是少量 $Na_2S_2O_3$，生成 $Ag_2S_2O_3$ 沉淀；C 中，$4I^- + 2Cu^{2+} \longrightarrow 2CuI\downarrow + I_2$；D 中，由于 $Na_2S_2O_3$ 是大量的，生成 $[Ag(S_2O_3)_2]^{3-}$，无沉淀，反应方程式为：$Ag^+ + 2S_2O_3^{2-} \longrightarrow [Ag(S_2O_3)_2]^{3-}$。

21.（B）解析：汞能与其性质相似的金属形成类似于溶液的金属间化合物，根据汞的比例不同，有固体和液体。ds 区金属和 s 区金属易生成汞齐合金，但铁在汞中溶解度最小，不能生成汞齐合金。

22.（B）解析：因 Cr_2S_3 双水解且很彻底，$Cr_2S_3 + 6H_2O = 2Cr(OH)_3\downarrow + 3H_2S\uparrow$，在水溶液中无法制得 Cr_2S_3。

23.（D）解析：$2Cu^+ = Cu^{2+} + Cu$，$K^{\ominus} = 1.2 \times 10^6$，可见，$Cu^+$ 的歧化趋势很大，在水溶液中最不稳定。

24.（C）解析：在 Hg_2^{2+} 中，两个原子间的化学键是两原子各自提供一个电子组成的共价键，在水溶液中不电离，因是 6s-6s 重叠，是 σ 键。

25.（C）解析：$Hg + Hg^{2+} \longrightarrow 2Hg_2^{2+}$，即金属与其离子反歧化成中间价态离子。

26.（C）解析：$Hg^{2+} + 2I^- \longrightarrow HgI_2\downarrow$，$HgI_2 + 2I^- \longrightarrow [HgI_4]^{2-}$。$Cu^{2+}$、$Fe^{3+}$ 能氧化 I^- 得到棕色溶液和沉淀，Hg_2^{2+} 和 I^- 生成沉淀。

27.（C）解析：常见的氯化物沉淀是 AgCl 和 Hg_2Cl_2。

28.（B）解析：用 K_f 和 K_{sp} 计算配合物与沉淀的转换可知，AgI 难溶于 $Na_2S_2O_3$ 而易溶于 KCN。

29.（C）解析：因为 $K_f[Co(NH_3)_6]^{3+}$ 远远大于 $K_f[Co(NH_3)_6]^{2+}$，意味着游离的 $c(Co^{3+})$ 远远小于 $c(Co^{2+})$，根据能斯特方程，$E^{\ominus}(Co(NH_3)_6]^{3+}/[Co(NH_3)_6]^{2+})$ 远远小于 $E^{\ominus}(Co^{3+}/Co^{2+})$，故 Co^{2+} 在氨水中的还原性大于在水溶液中的还原性。

30.（B）解析：由于镧系收缩，第二过渡系元素的原子半径与第三过渡系半径接近，同一副族，从上到下，核电荷数增加，而原子半径几乎不增加，故金属的活泼性不随原子序数的增加而增强。

三、填充题

1. 钨，汞，铬，锇，银。

2. Cu-Zn，Cu-Sn-Zn，Cu-Ni-Zn。Ag>Cu>Au，Zn>Cd>Hg。

3. $MnO_2 \cdot xH_2O$，+2，+7，较弱，氧化剂，Mn^{2+} 和 O_2，MnO_2，Na_2SO_4，绿，K_2MnO_4，紫红，$KMnO_4$，棕褐，MnO_2。

4. 白，蓝，$CuSO_4 \cdot 5H_2O$，蓝，绿，泥黄，白，CuCl 沉淀；深蓝，$[Cu(NH_3)_4]^{2+}$。

5. 黄，橙，$Cr_2O_7^{2-}$，绿，Cr^{3+}，亮绿，$Cr(OH)_4^-$。

6. HNO_3，KCN，$Na_2S_2O_3$，$NH_3 \cdot H_2O$；$AgNO_3$，AgF，$AgClO_4$，$AgBF_4$。

四、问答题

1. 答：过渡元素的共性有以下几点。

① 过渡元素都是金属元素。过渡元素原子最外层一般只有 1～2 个电子，在化学反应中

易失去电子，故它们都是金属元素。

② 过渡元素的单质有许多是高熔点、高沸点、硬度大、导电和导热良好的金属。这是因为过渡金属原子次外层的d轨道电子参与了金属键，原子半径又较小，自由电子密度高，金属键强引起的。

③ 过渡元素在化学反应中，可以有多种氧化数。通常认为这是与其ns及$(n-1)d$轨道能级相差不多，都能参与成键有关。此区元素的氧化数变化可以是连续的，这与p区元素氧化数变化是跳跃的不同。

④ 过渡元素的水合离子或离子往往带有颜色。这与d轨道在配位场作用下发生能量分裂，d电子发生d-d跃迁有关。

⑤ 过渡元素的原子或离子一般有较强的配位能力。过渡元素离子有较小的半径和较多的电荷，外层或次外层有空的d轨道，较容易接受孤对电子形成配合物。

2. (1) 答：在浓$ZnCl_2$溶液中可形成具有显著酸性的配合物$H[ZnCl_2(OH)]$，这种配合酸可溶解一些金属氧化物，如可溶解铁皮表面的氧化亚铁：

$$FeO + 2H[ZnCl_2(OH)] = Fe[ZnCl_2(OH)]_2 + H_2O$$

焊接铁皮时，利用$ZnCl_2$溶液的这一性质来清除铁皮表面的氧化物，以保证焊接质量。

(2) 答：虽然大多数汞化合物有剧毒，但由于Hg_2Cl_2是一种很难溶的化合物，不能被人体吸收，所以毒性很小，故可作为轻泻剂、利尿剂使用。但若其发生分解生成$HgCl_2$和Hg则会产生毒害。

(3) 答：$Hg(NO_3)_2$在150℃左右分解时生成HgO，NO_2和O_2，但HgO也是一种易分解物质，在温度达到500℃左右时即可分解生成Hg和O_2。当用煤气灯火焰加热盛有$Hg(NO_3)_2$固体的试管时，温度常常超过HgO的分解温度，所以常得不到HgO。

3. (1)
$$2Fe^{3+} + H_2S \longrightarrow 2Fe^{2+} + S\downarrow + 2H^+$$

溶液中初析出细小的硫呈乳白色，长时间加热后聚集成较大颗粒而成黄色。

(2)
$$Fe^{2+} + 2OH^- \longrightarrow Fe(OH)_2\downarrow$$

纯$Fe(OH)_2$呈白色，含有Fe^{3+}杂质则呈灰绿色。

$$4Fe(OH)_2 + O_2 + 2H_2O \longrightarrow 4Fe(OH)_3\downarrow$$

(3)
$$Fe(OH)_3 + 3H^+ \longrightarrow Fe^{3+} + 3H_2O$$
$$Fe^{3+} + SCN^- \longrightarrow [Fe(SCN)]^{2+}$$

Fe^{3+}可结合1～6个SCN^-，$[Fe(SCN)_n(H_2O)_{6-n}]^{(3-n)-}$，结合越多$SCN^-$，颜色越深。

(4)
$$2[Fe(SCN)]^{2+} + SO_2 + 2H_2O \longrightarrow 2Fe^{2+} + SO_4^{2-} + 2SCN^- + 4H^+$$

(5)
$$2Fe^{2+} + H_2O_2 + 2H^+ \longrightarrow 2Fe^{3+} + 2H_2O$$
$$Fe^{3+} + SCN^- \longrightarrow [Fe(SCN)]^{2+}$$

(6)
$$[Fe(SCN)]^{2+} + 6F^- \longrightarrow [FeF_6]^{3-} + SCN^-$$

4. 答：$Al(OH)_3$和$Cr(OH)_3$是两性物质，它们都能在过量的NaOH溶液中生成$[Al(OH)_4]^-$和$[Cr(OH)_4]^-$，而$Fe(OH)_3$不溶于NaOH溶液，可通过过滤将Fe^{3+}分离出来。在溶液中再加入H_2O_2将Cr(Ⅲ)氧化为CrO_4^{2-}，加入$BaCl_2$转化为$BaCrO_4$沉淀，即可将Al^{3+}与Cr^{3+}分离。

解析：本题中，Al^{3+}、Cr^{3+}与Fe^{3+}的分离应用离子酸碱性的不同，Al^{3+}与Cr^{3+}的分离应用离子氧化还原性的不同。

5. 答：(1) 根据标准电极电势可知：

$$E^{\ominus}(Fe^{3+}/Fe^{2+})=0.771V$$
$$E^{\ominus}(Cu^{2+}/Cu)=0.337\ V$$
$$E^{\ominus}(Fe^{2+}/Fe)=-0.44\ V$$
$$E^{\ominus}(Fe^{3+}/Fe^{2+})>E^{\ominus}(Cu^{2+}/Cu)$$
$$E^{\ominus}(Cu^{2+}/Cu)>E^{\ominus}(Fe^{2+}/Fe)$$

所以 Fe^{3+} 可腐蚀 Cu，其反应为

$$2Fe^{3+}+Cu \longrightarrow 2Fe^{2+}+Cu^{2+}$$

而 Cu^{2+} 腐蚀 Fe，其反应为

$$Cu^{2+}+Fe \longrightarrow Cu+Fe^{2+}$$

所以，两者并不矛盾。

（2）向 $FeCl_3$ 溶液中加入纯净的铁粉，充分反应后过滤除去过量的铁粉，剩余的即为 $FeCl_2$ 溶液。反应方程式为：

$$2FeCl_3+Fe \longrightarrow 3FeCl_2$$

向 $FeCl_2$ 溶液中加入 H_2O_2 和盐酸，充分反应后加热除去过量的 H_2O_2，剩余的即为 $FeCl_3$ 溶液。反应方程式为：

$$2FeCl_2+H_2O_2+2HCl \longrightarrow 2FeCl_3+2H_2O$$

或向 $FeCl_2$ 溶液中通入 Cl_2，产物即为 $FeCl_3$。反应方程式为：

$$2FeCl_2+Cl_2 \longrightarrow 2FeCl_3$$

（3）因为，$E^{\ominus}(Fe^{3+}/Fe^{2+})=0.771V$，$E^{\ominus}(I_2/I^-)=0.534V$，故 I_2 不能氧化 Fe^{2+}，溶液不褪色。然而，加入适量的 $NaHCO_3$ 后，溶液呈碱性，Fe^{2+} 和 Fe^{3+} 变为 $Fe(OH)_2$ 和 $Fe(OH)_3$，涉及的电对变成 $Fe(OH)_3/Fe(OH)_2$，电极电势变为 -0.52 V。此时 I_2 很容易将 $Fe(OH)_2$ 氧化成 $Fe(OH)_3$，故碘水褪色。反应方程式为：

$$2Fe(OH)_2+I_2+2OH^- \longrightarrow 2Fe(OH)_3+2I^-$$

（4）可将金溶于王水，再用锌粉将金置换出来。反应方程式为：

$$Au+4H^++NO_3^-+4Cl^- \longrightarrow AuCl_4^-+NO\uparrow+2H_2O$$
$$3Zn+2AuCl_4^- \longrightarrow 3Zn^{2+}+2Au\downarrow+4Cl^-$$

6. 完成下列反应方程式

（1）$K_2Cr_2O_7+3H_2S+4H_2SO_4 = Cr_2(SO_4)_3+3S\downarrow+7H_2O+K_2SO_4$

解析：$K_2Cr_2O_7$ 作为强氧化剂，在酸性介质中能氧化许多还原剂，自己被还原为 Cr^{3+}，某些还原剂对应的氧化产物为：$I^- \longrightarrow I_2$，$Fe^{2+} \longrightarrow Fe^{3+}$，$Sn^{2+} \longrightarrow Sn^{4+}$，浓 $HCl \longrightarrow Cl_2$，$H_2C_2O_4 \longrightarrow CO_2$ 等。

（2）$2CrCl_3+16NaOH+3Br_2 = 2Na_2CrO_4+6NaCl+8H_2O+6NaBr$

解析：Cr^{3+} 在碱性介质中有较弱的还原性，能被强氧化剂氧化成 Cr 的氧化数为 +6 的 CrO_4^{2-}，能氧化 Cr^{3+} 的常见氧化剂还有 H_2O_2、Cl_2、ClO^-、$KMnO_4$ 等，对应的还原产物有 H_2O、Cl^-、Cl^-、MnO_4^{2-}。

（3）$2Pb^{2+}+Cr_2O_7^{2-}+H_2O = 2PbCrO_4\downarrow+2H^+$

解析：CrO_4^{2-} 是重要的沉淀剂，能与许多金属离子生成沉淀，由于铬酸盐的溶度积常数远远小于重铬酸盐的溶度积常数，而在 $Cr_2O_7^{2-}$ 溶液中，存在 $Cr_2O_7^{2-}+H_2O \rightleftharpoons 2CrO_4^{2-}+2H^+$ 平衡，总有 CrO_4^{2-} 存在，故总是生成铬酸盐沉淀。

（4）$2KMnO_4+6KI+4H_2O = 2MnO_2\downarrow+3I_2+8KOH$

解析：$KMnO_4$ 作为强氧化剂，与 $K_2Cr_2O_7$ 一样能氧化许多还原剂，还原剂对应的氧化产物与同 $K_2Cr_2O_7$ 反应相同。$KMnO_4$ 在不同介质中还原产物不同，在酸性介质中，还原产物是 Mn^{2+}，在中性及弱碱性介质中，还原产物为 MnO_2，在强碱性介质中，还原产物为 MnO_4^{2-}。

（5）$2MnO_2+2H_2SO_4 \xlongequal{} 2MnSO_4+O_2\uparrow+2H_2O$

解析：MnO_2 有较强的氧化性，在酸性介质中能氧化许多还原剂，还原产物是 Mn^{2+}。该反应记忆时可与过氧化物与酸反应联系记忆，方程式形式一致。

（6）$3MnO_2+6KOH+KClO_3 \xlongequal{} 3K_2MnO_4+KCl+3H_2O$

解析：在强碱性介质中，MnO_2 能被强氧化剂如 $NaClO$、O_2、Cl_2、Br_2 等氧化成 K_2MnO_4。

（7）$2Mn^{2+}+5PbO_2+4H^+ \xlongequal{} 2MnO_4^-+5Pb^{2+}+2H_2O$

解析：Mn^{2+} 在酸性介质中有微弱的还原性，很强的氧化剂如 $NaBiO_3$、PbO_2、$K_2S_2O_8$ 才能把它氧化成紫红色的 MnO_4^-，对应的还原产物为 Bi^{3+}、Pb^{2+}、SO_4^{2-}。

（8）$2FeCl_3+2KI \xlongequal{} 2FeCl_2+I_2+2KCl$

解析：Fe^{3+} 是中等强度氧化剂，能氧化较强或中等强度还原剂，如 Cu、Fe、S^{2-}、Sn^{2+} 等，自己还原为 Fe^{2+}。

（9）$2FeSO_4+Br_2+H_2SO_4 \xlongequal{} Fe_2(SO_4)_3+2HBr$

解析：Fe^{2+} 是中等强度的还原剂，能被许多常见的氧化剂如 $KMnO_4$、$K_2Cr_2O_7$、O_2、Cl_2、Br_2、NO_2^- 等氧化成 Fe^{3+}。

（10）$Cu_2O+H_2SO_4 \xlongequal{} Cu+CuSO_4+H_2O$

解析：Cu_2O 是碱性氧化物，它与酸反应生成盐和水，但亚铜的可溶性盐即 Cu^+ 在溶液中会歧化，生成单质铜和+2 价铜盐。

（11）$Cu_2O+2HCl \xlongequal{} 2CuCl\downarrow+H_2O$

解析：若 Cu_2O 能反应生成难溶盐或配合物，+1 价盐或配合物是能稳定存在的，如 CuBr、CuI、$CuCl_2^-$、CuI_2^- 等。

（12）$2CuSO_4+4KI \xlongequal{} 2CuI\downarrow+I_2+2K_2SO_4$

解析：Cu^+ 形成难溶盐或配合物，其电极电势 $E(Cu^{2+}/Cu^+)$ 由于 Cu^+ 浓度的急剧减少而升高，如 $E^\ominus(Cu^{2+}/CuI)=0.86V$，有较强的氧化性，能氧化 I^-。

（13）$4Cu+8NaCN+2H_2O+O_2 \xlongequal{} 4Na[Cu(CN)_2]+4NaOH$

解析：常温下，铜是稳定的，但若放入 NaCN 溶液并鼓入氧气，由于 $E^\ominus[Cu(CN)_2^-/Cu]$ 极低，很容易被 O_2 氧化。金、银都有类似的性质，对金、银的湿法冶金就用这种方法。

五、推断题

1. A 为 Cr^{3+}，B 为 $Cr(OH)_3$，C 为 $Cr(OH)_4^-$，D 为 CrO_4^{2-}，E 为 $BaCrO_4$，F 为 $Cr_2O_7^{2-}$。

反应的离子方程式如下：

$$Cr^{3+}+3NH_3\cdot H_2O \xlongequal{} Cr(OH)_3\downarrow+3NH_4^+$$

$$Cr(OH)_3+OH^- \xlongequal{} Cr(OH)_4^-$$

$$2Cr(OH)_4^-+3H_2O_2+2OH^- \xlongequal{} 2CrO_4^{2-}+8H_2O$$

$$CrO_4^{2-}+Ba^{2+} \xlongequal{} BaCrO_4\downarrow$$

$$2BaCrO_4+2H^+ \xlongequal{} Cr_2O_7^{2-}+2Ba^{2+}+H_2O$$

解析：黄色沉淀剂在酸性介质中转变为橙红色，这是 CrO_4^{2-} 和 $Cr_2O_7^{2-}$ 在酸碱中颜色互变的特征，基本可确定下来，再由绿色溶液被 H_2O_2 氧化后变为黄色，可确定是 Cr^{3+} 被氧化成 CrO_4^{2-}，然后很容易再推导出其它物质。

2. A 为 MnO_2，B 为 Mn^{2+}，C 为 Cl_2，D 为 MnO_4^-，E 为 $FeSO_4$，F 为 Fe^{3+}，G 为 $Fe(NCS)_6^{3-}$，H 为 $BaSO_4$。

相关离子方程式为：

$$MnO_2+4H^++2Cl^-(浓) = Mn^{2+}+Cl_2\uparrow+2H_2O$$

$$2Mn^{2+}+5NaBiO_3+14H^+ = 2MnO_4^-+5Bi^{3+}+5Na^++7H_2O$$

$$MnO_4^-+5Fe^{2+}+8H^+ = Mn^{2+}+5Fe^{3+}+4H_2O$$

$$Fe^{3+}+6SCN^- = Fe(SCN)_6^{3-}$$

$$Fe(SCN)_6^{3-}+6F^- = FeF_6^{3-}+6SCN^-$$

$$SO_4^{2-}+Ba^{2+} = BaSO_4\downarrow$$

解析：加入 $NaBiO_3$(s)后生成紫红色溶液，这是检验 Mn^{2+} 的特征反应，可确定 D 为 MnO_4^-，B 为 Mn^{2+}；黄绿色气体是 Cl_2 的特征颜色，可确定 C 为 Cl_2，则 A 为 MnO_2；加入 KSCN 溶液又生成血红色又是 $Fe(SCN)_6^{3-}$ 的特征颜色，G 为 $Fe(SCN)_6^{3-}$，F 为 Fe^{3+}，则 E 为 Fe^{2+}，从加入 $BaCl_2$ 溶液则生成不溶于硝酸的白色沉淀可判断出沉淀是 $BaSO_4$，则 E 为 $FeSO_4$。

3. A 为 FeS，B 为 $FeCl_2$，C 为 H_2S，D 为 CuS，E 为 $Fe(OH)_2$，F 为 $Fe(OH)_3$，G 为 $FeCl_3$，H 为 S。

相关离子方程式为：

$$FeS+2H^+ = Fe^{2+}+H_2S\uparrow$$

$$H_2S+Cu^{2+} = CuS\downarrow+2H^+$$

$$Fe^{2+}+2OH^- = Fe(OH)_2\downarrow$$

$$4Fe(OH)_2+O_2+2H_2O = 4Fe(OH)_3\downarrow$$

$$Fe(OH)_3+3H^+ = Fe^{3+}+3H_2O$$

$$2Fe^{3+}+H_2S = 2Fe^{2+}+S\downarrow+2H^+$$

解析：从臭鸡蛋味气体可确认 C 为 H_2S，铁盐加 NaOH 生成的白色沉淀过了一段时间沉淀转为红棕色沉淀，可确定是 $Fe(OH)_2$ 转化为 $Fe(OH)_3$，E 为 $Fe(OH)_2$，F 为 $Fe(OH)_3$，其它各物也就确定了。

4. A 为 $Cu_2(OH)_2CO_3$，B 为 CuO，C 为 CO_2，D 为 $CuCl_2$，E 为 CuCl，F 为$[Cu(NH_3)_2]^+$，G 为$[Cu(NH_3)_4]^{2+}$。

相关离子方程式为：

$$Cu_2(OH)_2CO_3 = 2CuO+CO_2\uparrow+H_2O$$

$$Ca(OH)_2+CO_2 = CaCO_3\downarrow+H_2O$$

$$CuO+2H^+ = Cu^{2+}+H_2O$$

$$2Cu^{2+}+SO_2+2H_2O+2Cl^- = 2CuCl\downarrow+4H^++SO_4^{2-}$$

$$CuCl+2NH_3 = [Cu(NH_3)_2]^++Cl^-$$

$$4[Cu(NH_3)_2]^++8NH_3+O_2+2H_2O = 4[Cu(NH_3)_4]^{2+}+4OH^-$$

解析：本题的突破口是确定深蓝色溶液 G 为 $[Cu(NH_3)_4]^{2+}$，往上推由 Cu^+ 的氨配合物氧化得来，F 为$[Cu(NH_3)_2]^+$，在 Cu^{2+} 的 HCl 溶液中通入还原剂 SO_2，Cu^{2+} 生成 CuCl

白色沉淀，D溶液为$CuCl_2$；蓝绿色固体A加热分解产生可使澄清石灰水变浑浊的气体C，C为CO_2，同时有水蒸气和黑色固体，则A为$Cu_2(OH)_2CO_3$，B为CuO。

5. A为Co_2O_3，B为$CoCl_2$，C为Cl_2，D为$Co(OH)_2$，E为$Co(OH)_3$，F为$[Co(NH_3)_6]^{2+}$，G为$[Co(NH_3)_6]^{3+}$。

相关离子方程式为：

$$Co_2O_3 + 6H^+ + 2Cl^- = 2Co^{2+} + Cl_2\uparrow + 3H_2O$$

$$2KI + Cl_2 = 2KCl + I_2$$

$$Co^{2+} + 2OH^- = Co(OH)_2\downarrow$$

$$4Co(OH)_2 + O_2 + 2H_2O = 4Co(OH)_3\downarrow$$

$$Co^{2+} + 6NH_3 = [Co(NH_3)_6]^{2+}$$

$$4[Co(NH_3)_6]^{2+} + O_2 + 2H_2O = 4[Co(NH_3)_6]^{3+} + 4OH^-$$

$$Co^{2+} + 4SCN^-(\text{在丙酮中}) = [Co(SCN)_4]^{2-}$$

解析：本题的突破口是加入KSCN及少量丙酮时生成蓝色溶液，这是鉴定Co^{2+}的特征反应，可确定B为$CoCl_2$，由气体C通入KI溶液CCl_4层出现紫色，确定C为Cl_2，则A为Co_2O_3，粉红色沉淀D为Co^{2+}的氢氧化物$Co(OH)_2$，其它物质的判断就很容易了。

参 考 文 献

[1] 曲保中，朱炳林，周伟红．新大学化学．第2版．北京：科学出版社，2007.
[2] 杨宏孝，凌芝，颜秀茹．无机化学．第3版．北京：高等教育出版社，2002.
[3] 程永清．普通化学解题题典．西安：西北工业大学出版社，2003.
[4] 张诚，刘根起，程永清等．大学普通化学教学同步练习题及详解．西安：西北工业大学出版社，2002.
[5] 徐春祥，朱玲．基础化学．北京：科学技术文献出版社，2002.
[6] 曹瑞军，何培之．大学化学　要点与题解．西安：西安交通大学出版社，2006.
[7] [东德] 埃里许・蒂洛，格尔特・布鲁明塔尔．普通化学和无机化学问答．罗湘仁等译．北京：化学工业出版社，1984.
[8] 杨奇，范广．无机化学．第5版．全程导学及习题全解．北京：中国时代经济出版社，2008.
[9] 陆家政，刘云军，梅文杰．无机化学学习与解题指南．武汉：华中科技大学出版社，2008.
[10] 竺际舜．无机化学习题精解．北京：科学出版社，2001.
[11] 大连理工大学无机化学教研室．无机化学学习指导．大连：大连理工大学出版社，2003.
[12] 张锡辉，魏元训，任广柱等．无机化学学习指导．南京：南京大学出版社，1985.
[13] 黄孟键，黄炜．无机化学考研攻略．北京：科学出版社，2004.
[14] 董平安，魏益海，邵学俊．无机化学习题与解答．武汉：武汉大学出版社，2004.
[15] 高中化学复习编写组．高中化学复习．上海：上海教育出版社，1998.
[16] 马骁，朱雪华，许黎中．高中五星级题库・化学．上海：上海科技教育出版社，1995.